180°
160° West
140°
120°
100°
80°
60°
...dpolarmeer
Alaska
Beringstr.
Yukon
Mount McKinley
6198
Großer Bärensee
Mackenzie
Sklavensee
Kanadischer Schild
Hudson-bai
2591
1676
Atlantischer Ozean
Bering-meer
Aleuten
Golf von Alaska
Rocky Mountains
Küstengebirge
Saskatchewan
Winnipeg-see
Oberer See
Montréal
1917
Vancouver
Great Plains
Michigan-see
Missouri
Chicago
New York
Washington
Appalachen
2039
4202
Mt. Elbert
4396
Salt Lake City
Küstenkette
San Francisco
Mississippi
Los Angeles
Rio Grande
New Orleans
Hochland von Mexiko
Golf von Mexiko
Havanna
nördlicher Wendekreis
23,5°
20° Nord
Mexiko-Stadt
5700
Hawaii-Inseln
Karibisches Meer
Kap Gallinas
Panama-Kan.
Caracas
Pazifischer Ozean
Marshall-Inseln
Bogotá
Äquator
Quito
0°
5897
Cotopaxi
Punta Pariñas
Amazonas
Anden
Lima
La Paz
6882
Illimani
20° Süd
23,5°
südlicher Wendekreis
Neu-kaledonien
Aconcagua
6960
Santiago
Montevideo
Buenos Aires
Neuseeland
Wellington
40°
Patagonien
Atlantischer Ozean
Kap Hoorn
Drakestraße
60°
Rossmeer
Weddellmeer
südlicher Polarkreis
66,5°
180°
160° West
140°
120°
100°
80°
60°
40°
20°
0°

DIERCKE GEOGRAPHIE

FÜR GYMNASIEN
IN BAYERN

10

Herausgeber:
Wilfried Büttner, Stein
Werner Eckert-Schweins, Ingolstadt
Bernd-Michael Lipke, Passau

Autoren:
Wilfried Büttner, Stein
Dr. Hans Dimpfl, Erlangen
Volker Dollinger, Feuchtwangen
Werner Eckert-Schweins, Ingolstadt
Hans Müller, Fürth
Bernd Raczkowsky, Königsbrunn
Claudia Reichmann, Dillingen
Katrin Schiller, Augsburg

westermann

Einband:
Arbeiter beim Bau des Shanghai World Financial Center 2006 (492 m, 101 Stockwerke). Es ist nach seiner Fertigstellung im Jahr 2008 das höchste Gebäude Chinas.

Auf verschiedenen Seiten dieses Buches befinden sich Verweise (Links) auf Seiten anderer Internetpräsenzen.
Haftungshinweis: Trotz sorgfältiger inhaltlicher Kontrolle wird die Haftung für die Inhalte der externen Seiten ausgeschlossen. Für den Inhalt dieser externen Seiten sind ausschließlich deren Betreiber verantwortlich. Sollten Sie bei dem angegebenen Inhalt des Anbieters dieser Seite auf kostenpflichtige, illegale oder anstößige Inhalte treffen, so bedauern wir dies ausdrücklich und bitten Sie, uns umgehend per E-Mail unter *www.westermann.de* davon in Kenntnis zu setzen, damit beim Nachdruck der Verweis gelöscht wird.

Druck A^4 / Jahr 2016
Alle Drucke der Serie A sind inhaltlich unverändert.

Verlagslektorat: Ullrich Löbmann, Dirk Fochler
Layout: Thomas Schröder
Herstellung: Yvonne Ullrich
Druck und Bindung: westermann druck GmbH, Braunschweig

ISBN 978-3-14-**114122**-1

Zur Erarbeitung des Grundwissens

Wichtige Begriffe finden Sie im Text dieses Buches fett gedruckt. Sie können diese Begriffe auf einer eigenen Seite im Heft oder auf Karteikärtchen notieren und alphabetisch sammeln.
Im ersten Teil des Minilexikons werden ausgewählte wichtige Begriffe der 5., 7. und 8. Jahrgangsstufe noch einmal erläutert. Auch die geographischen Begriffe der 10. Jahrgangsstufe im zweiten Teil des Minilexikons sollten Sie verstehen und erklären können.
Mit Hilfe der Methodenseiten erlernen und wiederholen Sie geographische Grundfertigkeiten und **Arbeitstechniken**. Alle Arbeitsmethoden, die Sie schon in der 5., 7. und 8. Jahrgangsstufe angewendet haben, werden im Anhang am Ende des Buches noch einmal kurz und knapp beschrieben.
Die Arbeitsaufträge der jeweiligen Kapitel helfen Ihnen bei der Wiederholung und Sicherung Ihres geographischen Grundwissens.

Zur Arbeit mit dem Buch

Heute liegt dieser **Dammfluss** bis zu 10 m über der angrenzenden Ebene.

Wichtige **Begriffe**, **im Text fett gedruckt** – sind auch im Minilexikon zu finden

WWW
Internet-Adressen
zu den einzelnen Themen

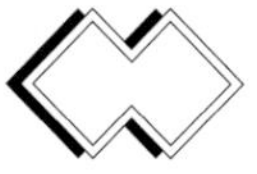

Fächerverbindende Themen und Methoden

Gruppenarbeit

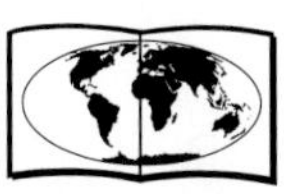

Geo-Grundwissen

Geo-Methode

Blick in den Heimatraum

„Nicht nur mit Erfindungen, sondern mit Verbesserungen macht man ein Vermögen."
(Henry Ford, US-amerikanischer Unternehmer, 1863–1947)

„Was nicht in die Masse dringt, ist unwirksam."
(Karl Jaspers, deutscher Philosoph, 1883–1969)

„Der Staat darf nicht lenken; er soll Bedingungen schaffen."
(Thomas Woodrow Wilson, US-amerikanischer Präsident, 1856–1924)

„Damit die Bürger und Staaten wohlhabend werden, ist zweierlei nötig: Arbeit und Sparsamkeit."
(Thomas Hobbes, englischer Staatstheoretiker, 1588–1679)

„Weltweites Wirtschaftswachstum ist eindeutig mit der steigenden Verfügbarkeit von Ressourcen verknüpft."
(Erklärung des Weltwirtschaftsgipfels 1975 in Rambouillet/Frankreich)

„Die Teilung der Arbeit, durch die sich ein jedes Individuum auf eine besondere Tätigkeit konzentriert, kann allein für den höheren Reichtum verantwortlich gemacht werden."
(Adam Smith, britischer Moralphilosoph, 1723 - 1790)

„Wissen ist der einzige Rohstoff, der auf unserer Erde unbeschränkt zur Verfügung steht und der sich durch Gebrauch nicht abnutzt, sondern sogar vermehrt."
(Horst Köhler, deutscher Bundespräsident, geb. 1943)

„Das höchste Ziel des Kapitals ist nicht nur, Geld zu verdienen, sondern der Einsatz von Geld zur Verbesserung des Lebens."
(Henry Ford, US-amerikanischer Unternehmer, 1863 - 1947)

„Die neue Quelle der Macht ist nicht mehr Geld in der Hand von wenigen, sondern Information in den Händen von vielen."
(John Naisbitt, US-amerikanischer Prognostiker, geb. 1930)

Die Wirtschaftsmächte

Indien und China

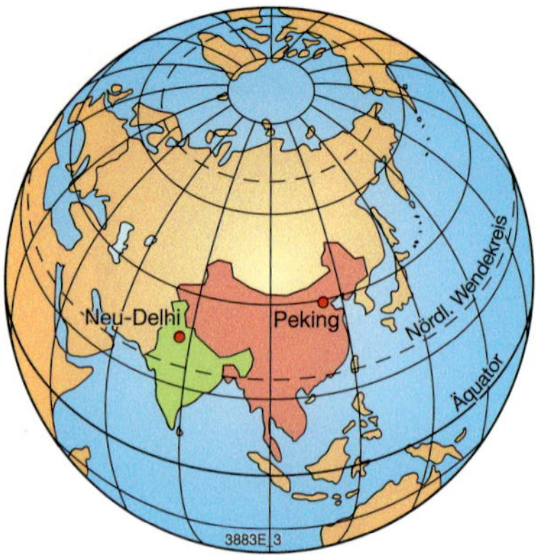

M1 *Lage von Indien und China*

WWW

www.auswaertiges-amt.de/diplo/de/Laender/Indien.html

www.indien-newsletter.de/

www.destatis.de

Der indische Subkontinent

Der Großraum

Südasien umfasst mit einer Fläche von 4,5 Mio. km² neben den Staaten Bangladesch, Pakistan, Sri Lanka, Nepal und Bhutan vor allem Indien als siebtgrößten Flächenstaat der Erde (3,3 Mio. km²). Erdgeschichtlich ist Südasien ein Teil des alten Südkontinents Gondwana. Die indische Lithosphärenplatte driftete vor Urzeiten nach Norden und kollidierte vor etwa 20 Millionen Jahren mit dem Kontinent Asien. Der hierdurch aufgefaltete Hochgebirgsbogen mit dem Himalayagebirge im Norden, das Arabische Meer im Westen und der Golf von Bengalen im Osten verleihen der südasiatischen Halbinsel eine geographische Eigenständigkeit, sodass man auch von einem **Subkontinent** sprechen kann.

Naturräumliches Potenzial

Naturräumlich gliedert sich der indische Subkontinent in drei Großlandschaften: das Hochland von Dekkan, die Tiefländer von Indus, Ganges und Brahmaputra sowie das Hochgebirge des Himalaya.

Das Hochland von Dekkan umfasst den größten Teil der Halbinsel und nimmt mehr als die Hälfte der Republik Indien ein. Diese alte Kontinentalscholle wurde im Laufe der Erdgeschichte zu einem Rumpfgebirge abgetragen und an den Rändern schüsselförmig aufgewölbt. So steigen im Westen die Westghats (Anai Muldi, 2695 m) steil vom schmalen Saum der Malabarküste auf. Nach Osten fällt das Hochland sanft zu den Ostghats (Devodi-Berg, 1680 m) ab. So fließen die meisten Flüsse des Dekkan nach Osten zum Golf von Bengalen, zerschneiden mit breit ausgeräumten Tälern das Hochland und schütten an der Koro-

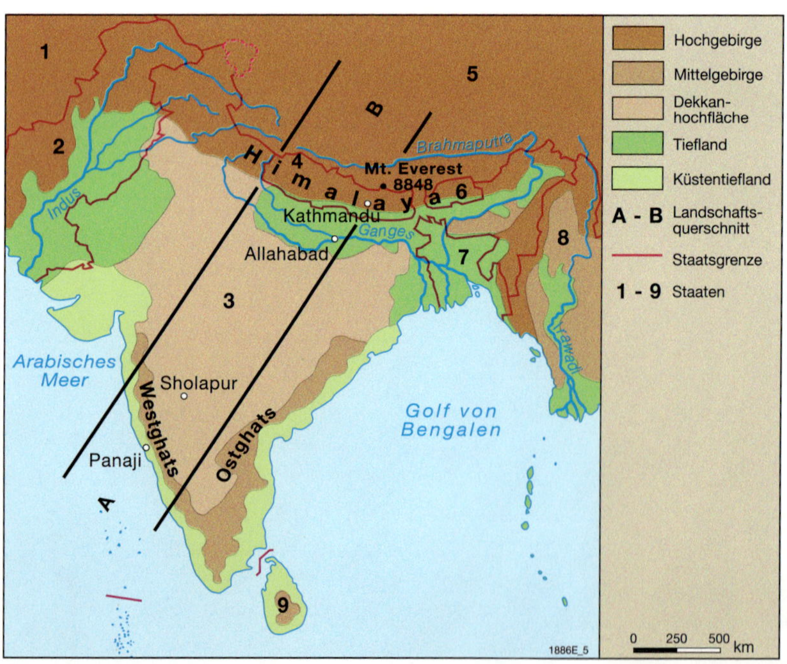

M2 *Staaten und Großlandschaften*

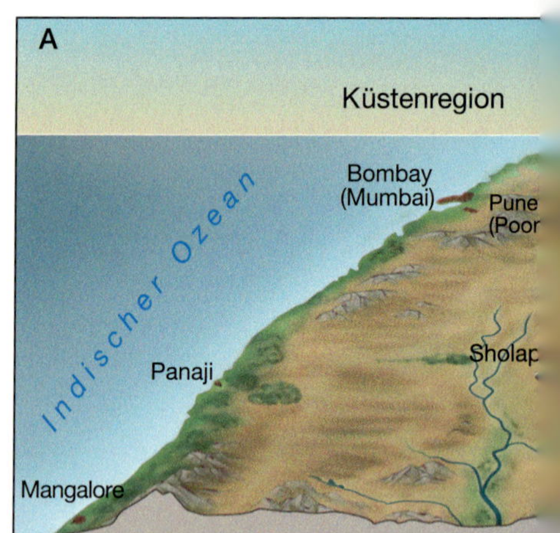

Klimastation (m ü.M.) Jahrestemperatur, -niederschlag	Panaji (22 m) 27,2 °C, 3993 mm
Landwirtschaft	Reis, Zuckerrohr, Kokospalmen, Bananen; mineralstoffreiche Schwemmlandböden
Besiedlung in ländlichen Gebieten	dicht

M3 *Landschafts- und Nutzungsprofil*

mandelküste breite Küstentiefländer auf. Deshalb sind die Küstensäume sowie die den Dekkan durchziehenden Flusstäler mit ihren fruchtbaren Schwemmlandböden sehr dicht besiedelt und landwirtschaftlich intensiv genutzt. Auf der Rumpfflächenlandschaft des restlichen Dekkan findet man hart verkrustete, schwer zu bearbeitende Tonböden sowie mineralstoffarme lateritische Böden, die nur karge Erträge zulassen.

Im Norden und Westen schließen sich die nordindischen Tiefebenen von Indus, Ganges und Brahmaputra an. Hier lagerten im Laufe der Zeit die drei großen Ströme Südasiens die Sedimente aus den angrenzenden Hochgebirgen ab und schufen ausgedehnte mineralreiche Aufschüttungsebenen. Gespeist von den Gletschern der Gebirge liefern sie ganzjährig ausreichend Wasser für die Bewässerungskulturen und ermöglichen einen intensiven Anbau. Mit im Durchschnitt 750 Einwohnern pro km² ist dieses agrarische Gunstgebiet eine der am dichtesten besiedelten Regionen der Erde. Eine Sonderstellung zwischen diesen sehr weit verzweigten Flusssystemen nimmt nur das 250 000 km² große Trockengebiet der Tharr mit seinen ausgedehnten Sand- und Steinwüsten ein.

Im Norden grenzt das Tiefland unmittelbar an das Himalayagebirge, von dem nur ein kleiner Teil zu Indien gehört. Dieses Hochgebirge ist Teil des jungen alpidischen Faltengebirgssystems, das sich von den Alpen bis nach Südostasien erstreckt. Jedoch weist das Himalayagebirge nicht nur die doppelte Längserstreckung der Alpen auf, sondern erreicht mit seinen zehn über 8 000 m hohen Gipfeln (Indien: Nanda Devi, 7 816 m) beinahe deren doppelte Höhe. Stark zerklüftete Gebirgsketten, schluchtartige Täler und riesige Gletscher geben dieser meist nur gering besiedelten Großlandschaft ihren typischen Hochgebirgscharakter.

1 Erstellen Sie mit Daten und Materialien zu Landesstruktur, Bevölkerung und Wirtschaft aus dem Internet ein Länderporträt Indiens.

2 Benennen Sie die Staaten Südasiens in M2 und ordnen Sie ihnen die jeweilige Hauptstadt zu (Atlas, Karte: Asien – Politische Übersicht).

3 Begründen Sie mit Hilfe des Atlas (Karten: Asien – Bevölkerung, Erde – Böden, Asien – Klima) die Bevölkerungsverteilung und die landwirtschaftliche Nutzung in Indien auf der Grundlage der natürlichen Bedingungen.

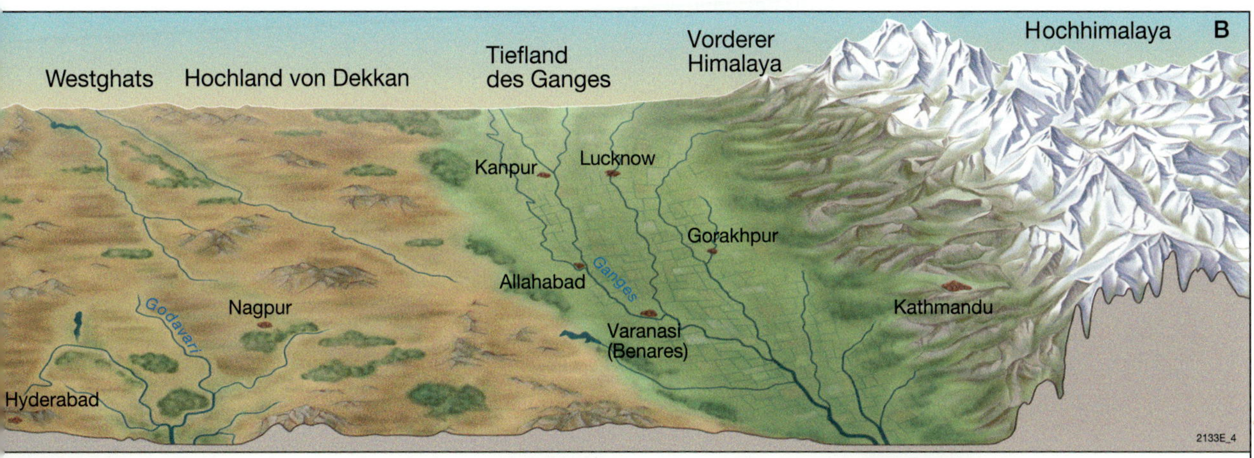

Sholapur (479 m) 27,0 °C, 682 mm	Allahabad (50 m) 28,1 °C, 733 mm	Kathmandu (1337 m) 18,7 °C, 1394 mm
Hirse, Erdnüsse, Baumwolle; schwer bearbeitbare Böden	Reis, Weizen (bis zu drei Ernten mit Bewässerung); mineralstoffreiche Alluvialböden	Reis u.a.; Terrassenanbau
gering	sehr dicht	gering, nur in Tälern dicht

durch den indischen Subkontinent

www

www.ipicture.de/daten/land_china.html

www.bmz.de/de/laender/partnerlaender/china/profil.html

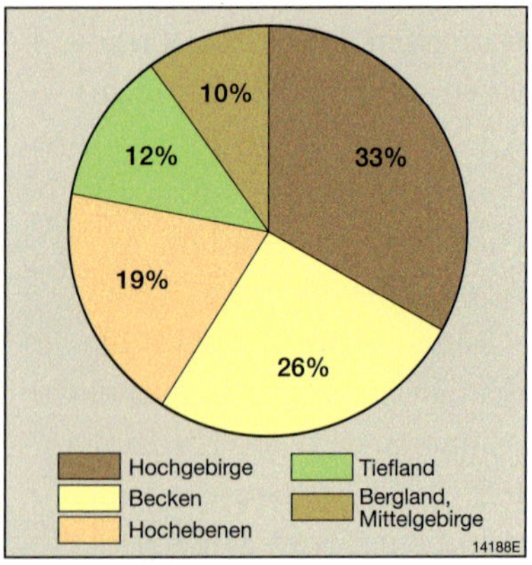

M1 *Anteil der Oberflächenformen Chinas an der Gesamtfläche*

1 Erstellen Sie mit Daten und Materialien zu Landesstruktur, Bevölkerung und Wirtschaft aus dem Internet ein Länderporträt Chinas.

China – Land mit kontinentalen Ausmaßen

Die kontinentale Dimension

China ist mit 9,56 Mio. km² Fläche das drittgrößte Land der Erde. Vom nördlichsten Punkt am Amur bis zur Insel Hainan, dem südlichsten Punkt, sind es über 4 000 km. Zugleich erstreckt sich China über rund 5 000 km in Ost-West-Richtung zwischen den maritim beeinflussten Tiefländern am Ostchinesischen Meer bis zu den kontinental geprägten Wüsten und Bergregionen Zentralasiens.

Daher weist das Land eine große naturräumliche Vielfalt auf. Allerdings sind nur 15 % der gesamten Fläche für die Landwirtschaft gut geeignet. Demgegenüber werden fast 70 % des Landes von Hochgebirgen, vegetationsarmen, mit Abtragungsschutt bedeckten Hochflächen oder von stark zerschnittenen, erosionsgefährdeten Berg- und Hügelländern eingenommen, die nur in sehr eingeschränktem Maße für den Menschen nutzbar sind.

Die Großlandschaften

Das Relief Chinas fällt in drei mächtigen „Treppenstufen" vom Hochland von Tibet im Westen über die Hochebenen und Beckenlandschaften zu den Küstentiefländern im Osten ab.

Den Südwesten Chinas beherrschen die im Zuge der alpidischen Faltung gebildeten Hochgebirgsketten des Himalaya und des Kunlun Shan, die das Hochland von Tibet, die größte Hochebene der Erde, einschließen. Diese hochalpine Bergwelt mit ihren riesigen Gletschern wird auch als das „weiße" China bezeichnet. Auf Grund der Höhenlage, des extremen Klimas sowie der kargen Gebirgsböden ist diese Region nur sehr dünn besiedelt.

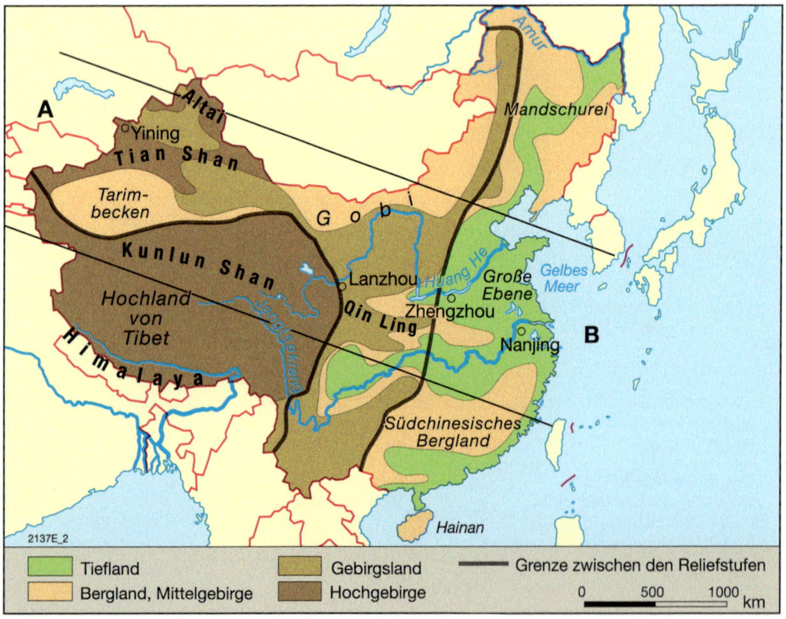

M2 *Großlandschaften Chinas*

Klimastation (m ü.M.) Jahrestemperatur,-niederschlag	Yining (663 m) 8,7 °C, 255 mm
Landwirtschaft	Oasen, Weide, Schafe, Zie
Besiedlung in ländlichen Gebieten	sehr gering

M3 *Landschafts- und Nutzungsprofil*

Die Landschaften Nordwestchinas mit dem von variskischen und kaledonischen Hochgebirgen umrahmten Tarimbecken und der Dsungarei werden als „braunes“ oder „trockenes“ China bezeichnet. Denn diese extrem trockenen Becken und Hochebenen sind von Wüsten, Halbwüsten, Steppen sowie gewaltigen Sanddünen geprägt. Flüsse aus den umliegenden Gebirgen verdunsten in abflusslosen Becken oder enden in flachen Salzseen. Nur an den Gebirgsrändern dieser ebenfalls äußerst dünn besiedelten Region finden sich vereinzelt Oasen, ansonsten ermöglicht schütterer Bewuchs mit Gras und Büschen nur extensive Weidewirtschaft.

Den Südosten Chinas nimmt das Südchinesische Bergland ein. Es ist das größte Karstgebiet der Erde, in dem sich eindrucksvolle Karstkegel und -türme gebildet haben. Die üppige Vegetation sowie der intensive Reisanbau, vor allem in den Beckenlandschaften des Jangtsekiangs, verleihen dem Südosten die Bezeichnung „grünes“ China.

Der Nordosten Chinas wird vom Lössbergland, einer plateaureichen, von vielen Brüchen und Erosionsrinnen zerrissenen Landschaft eingenommen. Sie wurde gebildet aus feinem Flugstaub, der von winterlichen Stürmen aus den westlichen Trockengebieten hinausgetragen und an den Gebirgshängen in einer mächtigen Decke abgelagert wurde. Dieser fruchtbare Lössboden bildet seit jeher einen bedeutenden Siedlungs- und Lebensraum Chinas. Außerdem prägen die Becken- und Gebirgslandschaft der Mandschurei sowie die durch den Huang He und Jangtsekiang gebildeten großen Tiefebenen den Nordosten Chinas. Er wird auch als „gelbes“ China bezeichnet, denn hier lagert der „gelbe Fluss“ Huang He schon seit Urzeiten seine mineralstoffreiche Schwemmlössfracht ab. Die Große Ebene mit ihrer hochintensiven landwirtschaftlichen Nutzung ist deshalb der sehr dicht besiedelte Kernraum Chinas.

Info

Kegel- und Turmkarst

Bei der Hebung der Kalksedimentschichten im Südchinesischen Bergland entstand unter tropischen Klimabedingungen durch chemische Lösung und Abtragung des Kalkgesteins ein Kuppelrelief mit isolierten, steil aufragenden Karsttürmen.

2 Begründen Sie die Disparitäten der Bevölkerungsverteilung sowie die Landnutzung in China, indem Sie mit Hilfe des Atlas (Karten: Asien – Bevölkerung, Erde – Böden, Asien – Klima) die wesentlichen Unterschiede zwischen Südost-, Nordost- und Westchina herausarbeiten.

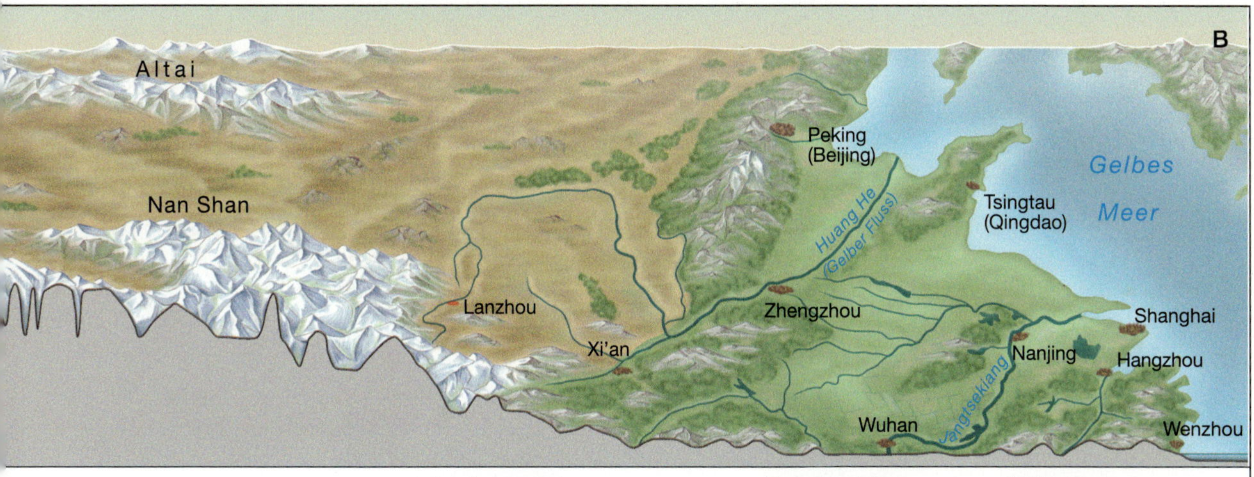

Lanzhou (1 518 m) 9,5 °C, 333 mm	Zhengzhou (110 m) 14,0 °C, 666 mm	Nanjing (62 m) 15,7 °C, 979 mm
Yak-u. Pferdezucht, Hochlandgerste, Kartoffeln	Mais, Weizen, Schweine	Nassreis, Sojabohnen, Tee
gering	sehr dicht	sehr dicht

14250E

durch China

M1 *Hochland von Dekkan in der Trockenzeit und ... in der Regenzeit*

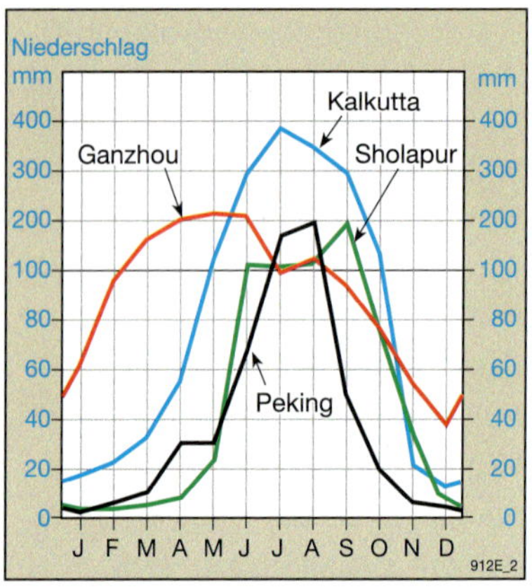

M2 *Jahresgang des Niederschlags indischer und chinesischer Stationen*

Das Klima – vom Monsun bestimmt

Die Lage Indiens in den wechselfeuchten Tropen und Chinas in der gemäßigten Klimazone lassen deutliche Unterschiede erwarten. Und doch wird das Klima beider Länder vom Monsun bestimmt, einem System halbjährlich in entgegengesetzter Richtung wehender Winde. Im Winterhalbjahr bringen nördliche Monsune beiden Ländern als „Hungerwinde" aus Zentralasien kalte, trockene Luftmassen. Im Sommer hingegen weht der Monsun als „Regenbringer" aus südlicher Richtung warme und feuchte Luftmassen vom Meer auf das Festland. Zuverlässigkeit und Ergiebigkeit der Niederschläge des Sommermonsuns stellen Segen und Fluch für die Landwirtschaft beider Länder dar. Er ist jedoch keineswegs durch kontinuierlich anhaltende Regenfälle gekennzeichnet, vielmehr wechseln sich wolkenbruchartige Starkregen, mehrtägige Landregen und Trockenperioden ab.

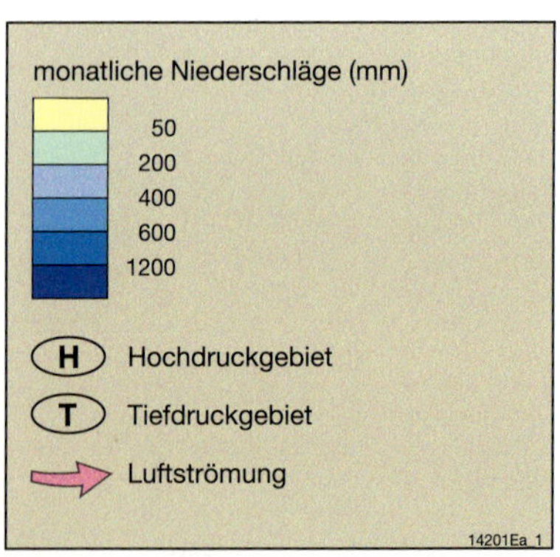

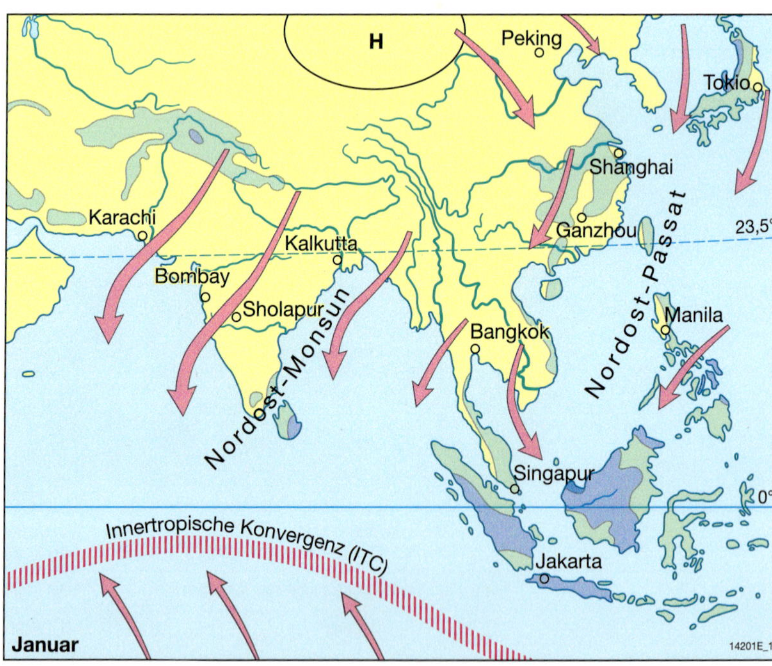

M3 *Wintermonsun in Asien*

Im Sommer erwärmt sich die riesige Landmasse Innerasiens auf Grund der Kontinentalität so stark, dass sich dort ein großräumiges Hitzetief entwickelt. Dadurch verlagert sich die ITC über dem indischen Subkontinent außerordentlich weit nach Norden. Das große Luftdruckgefälle zwischen dem asiatischen Festland und dem Indischen Ozean lässt die Südost-Passate des subtropischen Hochdruckgürtels der Südhalbkugel über den Äquator hinaus nach Norden wehen. Hier werden sie durch die rechtsgerichtete ablenkende Wirkung der Erdrotation (Corioliskraft) zu dem für Indien so wetterwirksamen Südwest-Monsun. Dieser nimmt über dem warmen Indischen Ozean, dem Arabischen Meer und dem Golf von Bengalen viel Feuchtigkeit auf und dringt mit Gewittern und Wolkenbrüchen auf das Land nach Norden vor. Der Sommer-Monsun bringt Indien von Juni bis September 75-90% des Jahresniederschlags. Hierbei erhalten die Küstengebiete im Luv der Westghats bzw. die südexponierten Hänge des Himalayagebirges die höchsten Niederschläge. Cherrapunji im Khasigebirge gilt mit einem Jahresmittel von über 11400mm als der niederschlagsreichste Ort der Erde. Im Lee der Westghats hingegen fallen auf Grund föhnartiger Effekte zum Teil nur unter 500mm Jahresniederschlag. Im Westen in der Wüste Tharr betragen die Jahresniederschläge sogar nur 100mm, da der Sommer-Monsun über der Arabischen Halbinsel nur wenig Feuchtigkeit aufnehmen kann. Von Januar bis März liegt Indien im Bereich des stabilen Nordost-Monsuns, der dem Nordost-Passat entspricht. Er besteht aus trockenen kontinentalen Luftmassen des Kältehochs über Innerasien, die zur ITC strömen, welche sich zu dieser Zeit südlich des Äquators befindet.

M4 *Der tropische Monsun Indiens*

Das ausgeprägte sommerliche Hitzetief über Ostasien lässt den äquatorialen Südwest-Monsun weit nach Norden ausgreifen und auch dem Südwesten Chinas reichliche Sommerniederschläge bringen. Von größerer Bedeutung für die Niederschlagsergiebigkeit in China ist jedoch die Höhe des Druckgefälles zwischen diesem Hitzetief und dem nordwestpazifischen subtropischen Hochdruckgebiet. Aus diesem weht der labile feuchte Südost-Monsun, der dem östlichen China vom Chinesischen Meer bzw. vom Pazifik hohe Niederschläge bringt. Das Vorrücken dieses Sommer-Monsuns über China vollzieht sich schrittweise und langsam von Süden nach Norden. Daraus resultiert eine mittlere Dauer des Sommer-Monsuns zwischen fünf Monaten in den südlichen Landesteilen und nur einem Monat im Nordosten. Nach Westen hingegen verliert der Sommer-Monsun durch die zunehmende Kontinentalität an Ergiebigkeit, sodass jenseits des 105. östlichen Längengrades weniger als 500mm Jahresniederschlag fällt. Im Winter führt das Kältehoch über Zentralchina und Sibirien zu einer in den westlichen Teilen des Landes besonders kalten und sehr trockenen Luftströmung, die nun dem Sommer-Monsun entgegengesetzt als Winter- oder Nordost-Monsun bis in den Süden Chinas weht.

M5 *Der subtropische Monsun Chinas*

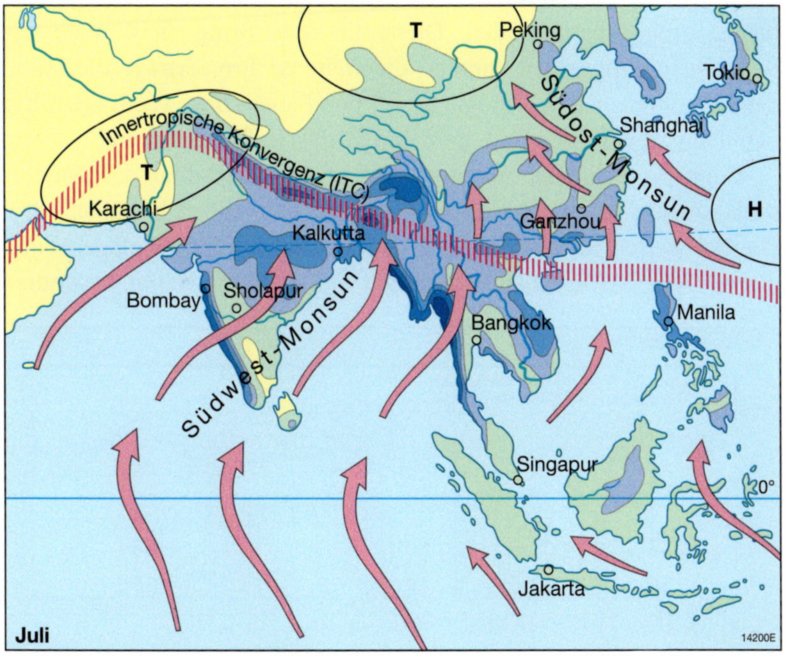

M6 *Sommermonsun in Asien*

1 Ordnen Sie mit Hilfe des Atlas (Karte: Erde – Klima) Indien und China den entsprechenden Klimazonen zu.

2 Erklären Sie mit Hilfe des Atlas (Karte: Südasien – Monsun) und M2 das Einsetzen des Monsuns und die Niederschlagsverteilung in Indien.

3 Legen Sie die Gemeinsamkeiten und Unterschiede in der Genese des Monsuns in Indien und China dar.

M1 *Monsunregen in Bombay (Mumbai)*

Durch den stärksten Monsun-Regen in der Geschichte Indiens könnten nach Einschätzung der Behörden bis zu tausend Menschen ums Leben gekommen sein. Zahlreiche Menschen wurden von einstürzenden Wänden erschlagen, ertranken in überfluteten Fahrzeugen oder wurden durch Stromschläge getötet. Rettungskräfte suchten mit bloßen Händen nach Verschütteten. In Saki Naka, einem Vorort im Norden Mumbais, wurden mehr als 45 Bewohner unter einem abrutschenden Hügel begraben. In der Finanzmetropole Mumbai liegen Leichen und Tierkadaver auf der Straße und erhöhen damit die Gefahr einer Epidemie. [...] Seit dem Beginn des Monsun-Regens sind in der 15-Millionen-Stadt mehrere Zehntausend Menschen ohne Strom- und Trinkwasserversorgung. Die Infrastruktur der Stadt ist komplett zusammengebrochen. [...] die Verbindungen mit Fernverkehrszügen sind für eine Woche gestrichen. Damit sitzen Tausende Passagiere auf den Bahnhöfen fest. Der Flugverkehr ist den zweiten Tag in Folge unterbrochen. Wegen des starken Regens sind die Sichtverhältnisse zum Starten und Landen zu schlecht.

M3 *Bericht (nach: Reuters vom 31.07.2005)*

Weite Teile Indiens werden zurzeit von einer glühenden Hitzewelle heimgesucht. In den vergangenen drei Wochen sind bereits mehr als 1 100 Menschen der extremen Hitze zum Opfer gefallen. In der schwersten Dürre seit 40 Jahren starben die meisten Opfer an Hitzschlägen. Die Temperaturen in der Region liegen seit Wochen etwa um zehn Grad über dem Durchschnitt. Die normalerweise in der ersten Juniwoche einsetzenden Monsun-Regen seien weitaus schwächer als sonst ausgefallen, sodass in einigen Gegenden Wassermangel eingetreten sei. Hunderte von Menschen würden in den Krankenhäusern wegen Austrocknung behandelt. Die Patienten litten auch unter hohem Fieber und Erbrechen. Viele haben offenbar unsauberes Wasser getrunken.

M2 *Bericht (nach: Süddeutsche Zeitung vom 03.06.2003)*

Indien – Leben mit dem Monsun

Der Monsun beeinflusst ganz Indien, vor allem aber prägt er das Leben der ländlichen Bevölkerung entscheidend, da Ergiebigkeit und Dauer der jährlichen Monsun-Regen auf die Höhe der Ernteerträge Einfluss haben. Fällt der Monsun-Regen zum richtigen Zeitpunkt und bringt er über einen langen Zeitraum ausreichend Niederschläge, durchfeuchtet er tiefgründig den Boden und erlaubt so den Bauern bis zu drei Anbauperioden. Dient die erste Ernte meist noch der Selbstversorgung, so bestimmen die weiteren Ernteerträge die Höhe des Einkommens und ermöglichen es den Bauern, ihre Pacht oder ihre Schulden zu bezahlen bzw. geringen Wohlstand zu erlangen.

Allerdings zeigt der Monsun eine große Variabilität der Niederschlagsmengen von Jahr zu Jahr mit Schwankungen bis über 30 %. Hierbei weisen die Gebiete mit geringen Jahresniederschlägen auch die höchste Niederschlagsvariabilität auf und sind damit besonders

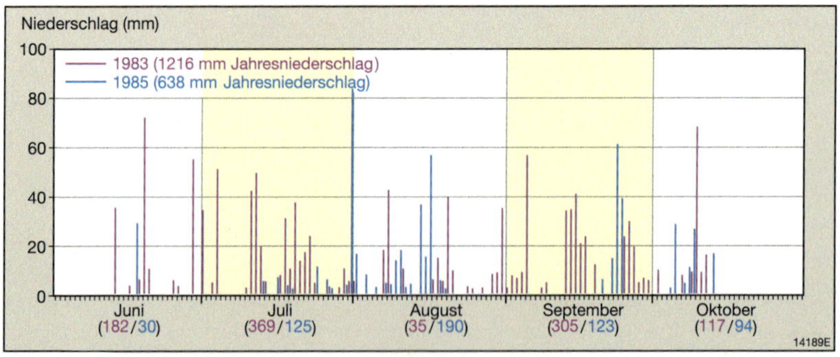

M4 *Niederschläge der Station Indore (Dekkan)*

Heftige Regenfälle und starke Überschwemmungen haben im indischen Unionsstaat Rajasthan mindestens 93 Menschen das Leben gekostet. Im Bundesstaat Assam stehen nach offiziellen Angaben insgesamt 1306 Dörfer unter Wasser. In den vergangenen drei Wochen sind bereits 850000 Menschen aus der Gefahrenzone evakuiert worden und leben nun in Notunterkünften. Das Hochwasser hat die Brunnen mit Unrat und Krankheitskeimen verunreinigt, Fieber und Durchfall breiten sich bereits aus. Neben dem akuten Mangel an sauberem Trinkwasser und an Nahrungsmitteln sind vor allem die langfristigen Schäden enorm: Tausende Hektar Ackerland gelten als verwüstet und Zehntausende Nutztiere ertranken in den Wassermassen.

M5 *Bericht (nach: ZDF vom 27.08.2006)*

M6 *Überschwemmung am Unterlauf des Ganges*

dürregefährdet. Fallen dann in einem Jahr zu wenig Niederschläge, so führt dies in solchen Gebieten zu Ernteausfällen und Hungersnöten. Auch ein verspätetes Einsetzen oder ein zu frühes Ende der Niederschlagsperiode haben meist negative Folgen. Dadurch verkürzt sich die Anbauperiode, sodass meist nur eine Ernte möglich ist oder sogar Missernten auftreten. Ebenso ungünstig sind wochenlange Unterbrechungen des Monsun-Regens. Diese führen schnell zum Vertrocknen der Feldfrüchte, dörren den Boden aus und erschöpfen die Wasservorräte für Mensch und Tier. Aber auch ein Übermaß an Niederschlägen kann Katastrophen zur Folge haben. Heftige Gewitterregen mit Böen von bis zu 60 km/h führen zu großen Schäden der Infrastruktur, ja sogar zu Todesopfern. Innerhalb weniger Stunden anfallende Wassermassen aus Gewittergüssen können die Flüsse nicht entsprechend abführen, sodass sie großflächig über die Ufer treten. Dies ist umso gravierender, da die Siedlungs- und Ackerflächen vorwiegend entlang der Flüsse liegen. So gehen immer wieder besonders an den landwirtschaftlich intensiv genutzten Unterläufen und dem Delta von Ganges und Brahmaputra mehrere Millionen Hektar fruchtbares Ackerland verloren, aber auch ganze Dörfer werden zerstört, da hier der Monsun-Regen mit der Gletscher- und Schneeschmelze im Himalaya zeitlich zusammentrifft.

Verstärkt werden diese Probleme durch die Abholzung der Wälder, besonders im Himalaya. Jedes Jahr verringert sich durch den Bedarf an Bau- und Brennholz die Waldfläche Indiens um etwa die Fläche des Saarlandes (2570 km²). Die heftigen Monsun-Regen können nach der Rodung des Waldes ungehindert abfließen, zerstören die mühevoll errichteten Anbauterrassen und schwemmen wertvollen Ackerboden weg. Die Auswirkungen dieses Raubbaus verstärken die Überschwemmungen in den Tiefländern um ein Vielfaches.

Alle Verbote der indischen Regierung, den Bergwald abzuholzen, bleiben bisher wirkungslos. Zu groß sind der Bedarf an Energieträgern und der Anreiz, etwas Geld zu verdienen.

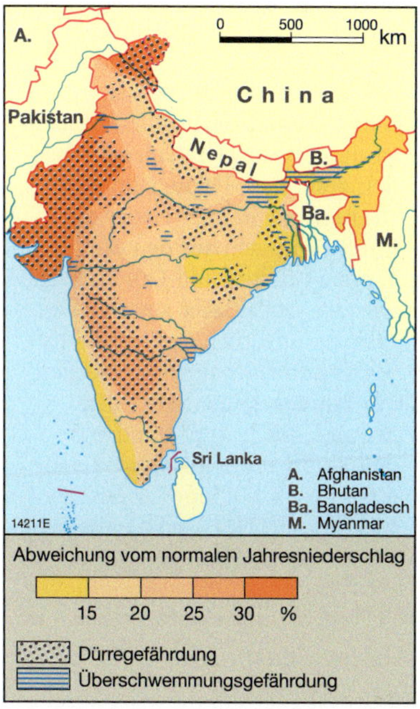

M7 *Variabilität des Niederschlags sowie dürre- und überschwemmungsgefährdete Regionen*

1 Erklären Sie, was den Monsun so unberechenbar macht.

2 Begründen Sie die Lage der dürre- und überschwemmungsgefährdeten Regionen auf Grund der sommerlichen Luftströmungen des Monsuns sowie der naturräumlichen Bedingungen.

China leidet unter einer der schlimmsten Dürrekatastrophen seit Jahrzehnten. Seit über 600 Tagen hat es im Nordwesten Chinas nicht mehr geregnet. Hier zerbröselt die Bodenkrume. Tausende von Brunnen sind bereits versiegt oder werden bald kein Wasser mehr spenden. Alle nördlichen Provinzen Chinas stöhnen unter der extremen Trockenheit. Vielerorts bleiben die Ernten aus und die ohnehin bitterarmen Bauern können sich nur noch eine Mahlzeit am Tag leisten. Auch Peking erlebt die schlimmste Dürre seit 50 Jahren. Seit Januar fielen nur 17 mm Niederschlag – weit weniger noch als im Vorjahr. Der Wasserspiegel des für die Hauptstadt sehr wichtigen Miyun-Wasserreservoirs ist inzwischen dramatisch gefallen. Zudem ist der Grundwasserspiegel erheblich gesunken. Pekings Politiker streiten sich immer wieder mit ihren Genossen aus den umliegenden Städten und Landkreisen, wer wie viel Wasser aus welchen Quellen abzapfen darf. Mehr als 300 Städte, vor allem im Norden des Landes, leiden unter dem Mangel. Nach Angaben der Regierung ist die Trinkwasserversorgung für 14 Millionen Menschen gefährdet. „Die Lage ist ziemlich ernst", warnt Minister Wang.

M1 *Bericht „Millionen ohne Wasser" (nach: DER SPIEGEL vom 16.05.2006)*

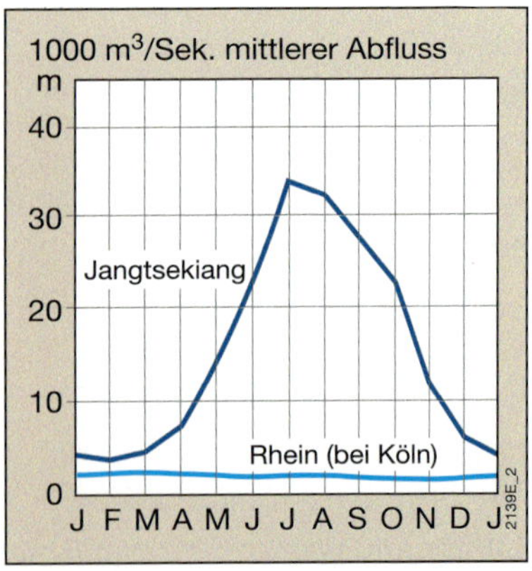

M2 *Abfluss des Jangtsekiang bei Wuhan im Vergleich zum Rhein*

China unter dem Einfluss des Monsuns

Nordchina – von Trockenheit bedroht

Große Gebiete Chinas, vor allem im Nordwesten, zählen traditionell zu den trockensten Gebieten der Erde. Doch in den letzten Jahren wird auch der Nordosten des Landes immer mehr von Dürren heimgesucht. Selbst im Sommer mangelt es vielen der größten Städte Chinas monatelang an Wasser. So leben mehr als 35 Millionen Chinesen in Gebieten mit permanenter Wasserknappheit.

Zudem sorgt der Nordost-Monsun aus den Wüstengebieten Zentralasiens für die Ausbreitung von Ödland, weil er jährlich ca. 2 500 km² fruchtbares Land mit seinen mitgeführten Staub- und Sandmassen begräbt. Da im Norden Chinas nur noch 5 % der Fläche von Wald bedeckt sind, können die Winde ungehindert den wertvollen Boden abtragen und mit ihrer Fracht immer weiter nach Süden vordringen.

Eine Mitschuld an Wasserknappheit und Desertifikaton trägt der Mensch. Denn die Überweidung der Grasländer und die unkontrollierte Abholzung der Wälder verschärfen die natürliche Ungunst. Die Ursachen hierfür sind im enormen Bedarf an Nahrungsmitteln, an Brenn- und Bauholz sowie in der Gewinnung von Ackerflächen zu suchen – Folgen des Bevölkerungswachstums.

M3 *Sandsturm in Peking*

Die Tiefländer Ostchinas – von Überschwemmung bedroht

Die Tiefländer im Osten Chinas sind die Agrarregionen des Landes schlechthin. So werden in der fruchtbaren Schwemmlandebene des Jangtsekiang zwei Drittel der chinesischen Reisproduktion erzeugt. Die dort wohnenden Menschen sind jedoch seit jeher von Überschwemmungskatastrophen bedroht. Ursache hierfür sind die heftigen sommerlichen Monsunniederschläge. Diese Starkregen fließen wegen der geringen Bewaldung und intensiven ackerbaulichen Nutzung in den Bergländern sehr schnell oberflächlich ab und spülen riesige Mengen von Lössboden in die Flüsse. So transportiert der Huang He, der schlammreichste Fluss der Erde, pro Jahr 1,5 Mrd. t Löss in das Tiefland – deshalb auch „Gelber Fluss" genannt. Mit dem Eintreten in die Gro-

Jahr	betroffene Bevölkerung (in Mio.)	betroffene kultivierte Fläche (in km²)	Tote	beschädigte Wohneinheiten	ökonomische Schäden (in Mio. US-$)
1991	50	130 000	3 074	4 980 000	3 658,5
1996	71	46 093	2 700	3 241 000	8 536,6
1998	200	90 000	4 150	6 850 000	20 000,0

M4 *Schäden durch Hochwasser am Jangtsekiang*

ße Ebene, wo sich sein Gefälle sowie seine Transportkraft verringern, verlagerte er nicht nur in der Vergangenheit mehrfach seinen Lauf, sondern sedimentierte dort auch einen Teil der Schwebstoffe. Infolgedessen erhöht er ständig seine Flusssohle und schüttet an seinen Rändern, wo durch Verwirbelung das meiste Sediment abgesetzt wird, Dämme auf. Heute liegt dieser **Dammfluss** bis zu 10 m über der angrenzenden Ebene. Bei starkem Monsunhochwasser tritt er dann über die Dämme und überflutet weite Landstriche. Auch am Jangtsekiang verursachten in den letzten 2 000 Jahren mehr als 800 Überschwemmungskatastrophen Millionen Tote und Obdachlose, Ernteverluste und Hungersnöte.

Um die Flüsse unter Kontrolle zu bringen, baut und erhöht man schon seit Gründung der Volksrepublik China an deren Unterläufen Tausende von Kilometern lange Schutzdeiche – die „Große Mauer am Fluss“ genannt. An den Mittel- und Oberläufen werden Überflutungsbecken sowie Stauseen errichtet, um einen Teil des Hochwassers zurückzuhalten. In der Kampagne „Große Grüne Mauer“ pflanzt man zum Erosionsschutz in den Bergländern Millionen Bäume.

1 Stellen Sie mit mit Hilfe des Atlas (Karte: Huang He – Erosion/Ablagerung) den Zusammenhang zwischen der Erosion im Lössbergland und dem Schwemmlöss in der Großen Ebene her. Erläutern Sie die Hochwasserschutzmaßnahmen als Ergebnis von Flussverlagerung, Dammflussbildung und dem Abfluss des Huang He.

2 Informieren Sie sich im Internet über Zielsetzungen sowie Auswirkungen des „Drei-Schluchten-Projekts“ am Jangtse.

Chinas Führung pflegt Probleme nicht im kleinen Stil zu lösen. Der umstrittene Drei-Schluchten-Staudamm am Jangtse ist gerade eröffnet, da wird mit dem „Nanshui Beidiao“ („Wasser aus dem Süden für den Norden“) das größte Wasserbauprojekt der Erde in Angriff genommen. Über drei Kanäle sollen schon bei den Olympischen Spielen 2008 jedes Jahr 48 Mrd. Kubikmeter Wasser – mehr als Deutschland pro Jahr an Wasser verbraucht – aus dem Jangtse in den Norden Chinas fließen, um die Versorgung der Menschen zu sichern. Dass für den Bau der Kanäle Hunderttausende Chinesen zwangsumgesiedelt werden müssen, erscheint in China als kleineres Problem. Die Ostroute ist mit 1 150 km sechsmal so lang wie der Main-Donaukanal und folgt teilweise dem alten Kaiserkanal. Zur Überwindung von Steigungen sind 30 Pumpstationen mit fünf Milliarden Kilowattstunden Stromverbrauch nötig. Zudem müssen 13 Klärwerke gebaut werden, da das Wasser des Kanals durch Abwasser der Industrie und Landwirtschaft erheblich verschmutzt ist. Bei der 1 250 km langen Mittelroute soll das Wasser unter Nutzung des natürlichen Gefälles aus dem Drei-Schluchten-Staudamm durch offene Kanäle, Pipelines und Aquädukte nach Peking fließen. Die Westroute zapft die Quellflüsse des Jangtse an, die eine gute Wasserqualität aufweisen. Doch muss das Wasser die 4 000 m hohe Tibetische Schwelle überwinden, bevor es in den Huang He geleitet wird. Auf Grund der extremen Kälte sind viele Baumaterialien nicht verwendbar, zudem muss das Wasser durch gewaltige Bergmassive geführt werden. Finanziert werden diese Projekte durch Verdoppelung des Wasserpreises in den Zielgebieten. Der Preisanstieg soll als Anreiz dienen, das Wasser effizienter zu nutzen.

M5 *Bericht „Die kanalisierte Flut“ (nach: Süddeutsche Zeitung vom 04.02.2003)*

Bevölkerungswachstum ohne Ende?

Info

Geburten-, Sterbe- und Wachstumsrate

Unter Geburtenrate versteht man die Anzahl der lebend geborenen Kinder pro 100 (%) oder 1 000 (‰) Einwohner eines Landes in einem Jahr. Die Sterberate ist die Anzahl der Sterbefälle pro 100 (%) oder 1 000 (‰) Einwohner eines Landes im Jahr. Die natürliche Wachstumsrate ist die Geburten- abzüglich der Sterberate. Sie zeigt die natürliche Zu- bzw. Abnahme der Bevölkerung eines Landes an.

1 Arbeiten Sie aus den Materialien die Gemeinsamkeiten und Unterschiede der Bevölkerungsentwicklung in Indien und China heraus.

2 Ordnen Sie die Bevölkerungspyramiden Indiens und Chinas (2000-2050) jeweils einer typischen Pyramidenform zu (M5).

3 Begründen Sie, warum vor 1921 in Indien das Bevölkerungswachstum sehr gering war.

Bevölkerungsentwicklung in Indien und China

1950 lebten in Indien und China noch 361 bzw. 436 Millionen Menschen. Heute sind sie mit über 1,12 bzw. 1,31 Milliarden Menschen die mit Abstand bevölkerungsreichsten Länder der Erde. Gemeinsam stellen Indien und China 37,5 % der Weltbevölkerung. In Indien werden jede Minute 50 Kinder (China: 30) geboren. Das sind etwa 70 000 Geburten pro Tag (China: 44 000). Jedes dritte Kind der Erde erblickt in Indien oder in China das Licht der Welt. Mit einer Zunahme von 18 Millionen Menschen – etwa die gesamte Bevölkerung Australiens – wuchs das indische Volk im Jahr 2006 wie kein anderes der Welt (China: 7 Millionen). Nach Schätzungen dürfte Indien 2050 bereits 1,7 Milliarden Menschen zählen und damit selbst China in den Schatten stellen. Aber auch in China wird die Bevölkerung auf Grund der hohen absoluten Geburtenzahl weiter erheblich wachsen und im Jahr 2050 mit 1,6 Milliarden Menschen einen neuen Höhepunkt erreichen.

Auslöser für das extreme Bevölkerungswachstum waren die verbesserten Lebensbedingungen etwa seit 1920. Dank der Ausweitung der medizinischen Versorgung und hygienischer Maßnahmen sank die Kindersterblichkeit erheblich, Seuchen und Krankheiten wurden eingedämmt. Moderne Anbaumethoden in der Landwirtschaft sicherten zusehends die Versorgung der Bevölkerung mit Lebensmitteln. So stieg die Lebenserwartung der Menschen, die Sterberate sank.
Die Geburtenrate hingegen blieb bis 1921 fast gleich hoch, denn Kinder stellen für die Eltern die einzige soziale Absicherung und Altersversorgung dar, da es in beiden Ländern kaum Renten-, Arbeitslosen- oder Krankenversicherung gibt. Kinder sind zudem nicht nur preiswerte Arbeitskräfte im Haushalt oder in der Landwirtschaft, sondern können auch in Handwerk und Industrie dazuverdienen. Von Bedeutung sind auch die gesellschaftlichen Traditionen. In beiden Ländern steigt das Ansehen einer Ehefrau mit der Anzahl der Söhne, die sie geboren hat. Söhne bedeuten eine bessere Versorgung, sichern den Fortbestand der Familie, bringen bei ihrer Heirat Mitgift und eine billige Arbeitskraft ins Haus. Mädchen hingegen werden als ökonomischer Verlust und „fremdes“ Eigentum angesehen, da sie nach der Heirat das Haus verlassen. So muss man früh heiraten und viele Kinder zeugen, um das Risiko, keine Söhne zu haben, zu minimieren.

M2 *Ursachen des natürlichen Bevölkerungswachstums*

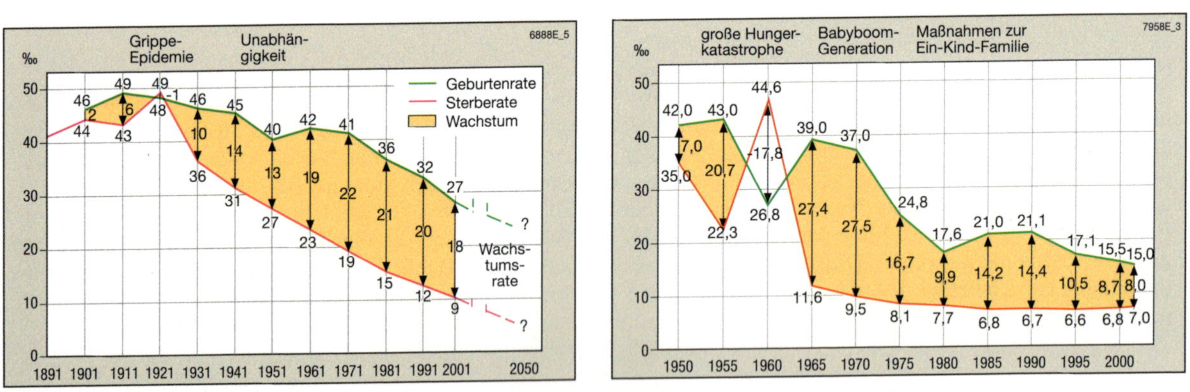

M1 *Geburten-, Sterbe- und Wachstumsraten in Indien (links) ... und China (rechts)*

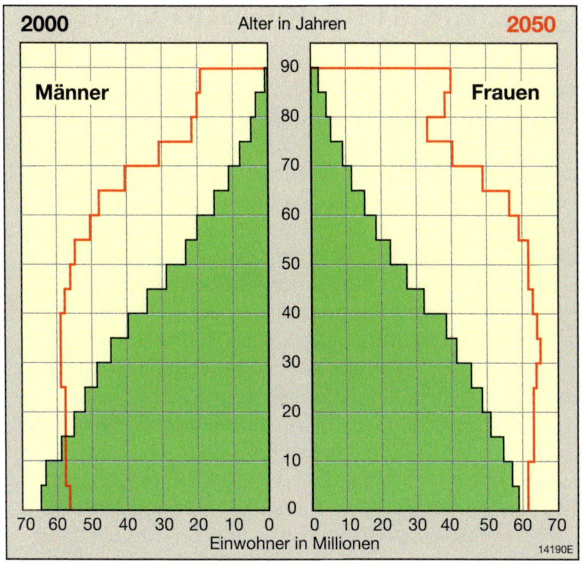

M3 *Bevölkerungspyramide Indiens*

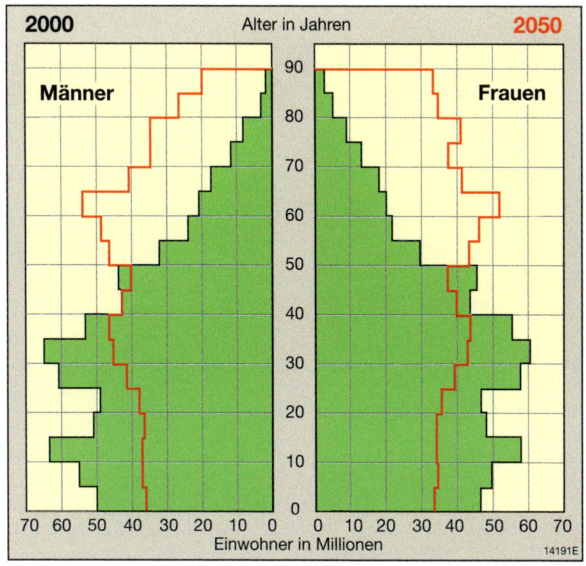

M6 *Bevölkerungspyramide Chinas*

Das Erziehungs- und Gesundheitswesen sowie die Infrastruktur der Länder bleiben oft hinter dem Bevölkerungswachstum zurück. Nahrungsmittel, Arbeitsplätze und Wohnraum für die wachsende Bevölkerung können kaum in ausreichendem Maße bereitgestellt werden. Steigende Arbeitslosigkeit, hohe Analphabetenraten und Armut sind die Folgen. Der wirtschaftliche Fortschritt wird gehemmt, da ein großer Teil des Volkseinkommens die Grundbedürfnisse der Bevölkerung befriedigen muss. Ökologische Probleme durch den „Landhunger" der wachsenden Bevölkerung nehmen zu.

M4 *Folgen raschen Bevölkerungswachstums*

WWW

www.censusindia.net

www.census.gov/ipc/www/idbpyr.html

Auswertung von Pyramidendiagrammen

Eine **Bevölkerungspyramide** ist die graphische Darstellung des Altersaufbaus einer Bevölkerung nach Alter und Geschlecht. Gestapelte Balkendiagramme stellen jeweils eine Altersgruppe dar. Deren Anteile können entweder absolut (Anzahl der Personen) oder relativ (Anteil an der Gesamtbevölkerung) angegeben werden. Aus ihrer Form lassen sich Aussagen über Vergangenheit, Gegenwart und auch Zukunft der Bevölkerungsentwicklung in einem Land oder einer Region machen.

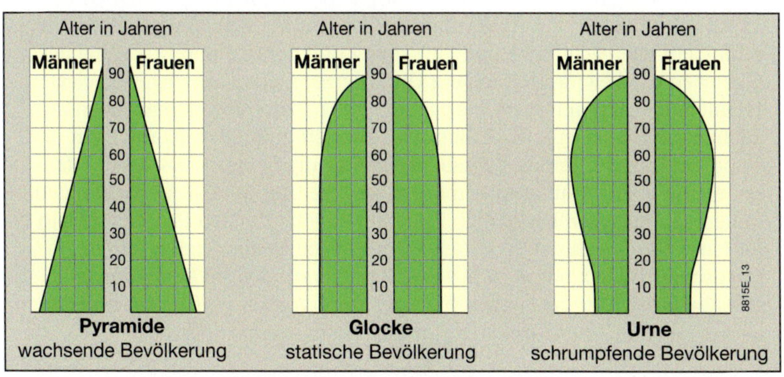

M5 *Typen von Bevölkerungspyramiden*

So wertet man eine Bevölkerungspyramide aus:

1. Beschreibung der Form und Zuordnung zu einem Typus der Bevölkerungspyramiden (M5).
2. Interpretation der auffälligsten Merkmale anhand folgender Fragestellungen:
   – Hat die Pyramide eine breite oder schmale Basis (z. B. wachsende oder schrumpfende Bevölkerung)?
   – Verjüngt sich die Pyramide nach oben stark (z. B. hohe Sterberate)?
   – Reicht die Pyramide weit nach oben (z. B. Lebenserwartung)?
   – Gibt es einen Frauen- oder Männerüberschuss?
   – Weist die Pyramide starke Unregelmäßigkeiten auf (z. B. durch Kriege, Krankheiten, Katastrophen)?
3. Ableitung von Folgerungen:
   – Werden in Zukunft viele Ausbildungs- oder Arbeitsplätze gebraucht?
   – Können die vielen älteren Menschen versorgt werden?

Bevölkerungspolitik in Indien und China

M1 *Indische Briefmarke zur Familienpolitik*

1 Arbeiten Sie in Gruppen. Arbeiten Sie aus den Materialien M1-M8 die bevölkerungspolitischen Maßnahmen sowie die damit verbundenen Probleme heraus. Erläutern Sie Gemeinsamkeiten und Unterschiede der Familienpolitik in Indien und China.

2 Diskutieren Sie die bevölkerungspolitischen Konzepte Indiens und Chinas in Hinblick auf eine zukünftige Entwicklung.

natürliche Wachstumsrate (%)	1,7
Kinder pro Frau (gesamt)	3,3
in der Stadt	2,1
auf dem Land	4,5
Säuglingssterblichkeit (%)	6,4
Kindersterblichkeit (Jungen) (%)	7,8
Kindersterblichkeit (Mädchen) (%)	9,0
Müttersterblichkeit bei Schwangerschaft und Entbindung (%)	5,4
Anwendung von Verhütungsmitteln durch verheiratete Frauen (%)	46
Analphabetenrate Männer (%)	32
Analphabetenrate Frauen (%)	54

M2 *Demographische Daten zu Indien 2006*

Indien war 1952 der erste Staat der Welt, der im Rahmen eines Fünf-Jahres-Planes ein Familienplanungsprogramm formulierte. Als erste Maßnahme wurden landesweit Familienplanungs- und Gesundheitszentren eingerichtet, die Kampagnen zur Benutzung von Verhütungsmitteln starteten. In Fachschulen wurden Berater zur Familienplanung ausgebildet. 1959 wurden die Sterilisation als zusätzliches Mittel der Familienplanung anerkannt und der Schwangerschaftsabbruch in staatlichen „Familienplanungskliniken" legalisiert. Seither konzentrierte sich jede indische Regierung hauptsächlich auf die Vorgabe starrer Sterilisationsquoten in Verbindung mit Prämienzahlungen. All diese staatlich geförderten Maßnahmen der Geburtenkontrolle orientieren sich stets am freiwilligen Prinzip. Da diese ohne nennenswerten Erfolg blieben, ließ die Regierung 1970 im ländlichen Indien 11 Mio. Zwangssterilisationen durchführen. Dies brachte nicht nur die Abwahl der Regierung Indira Gandhis mit sich, sondern erschütterte auch das Vertrauen vieler Inder in die staatliche Familienplanung.
Erst 1994 entwarf die indische Regierung eine neue **Bevölkerungspolitik**, die auf Beratung zur Verbesserung des Gesundheits- und Ernährungsstatus von Mutter und Kind sowie der Rolle der Frau in der Gesellschaft ausgerichtet ist. Die Akzente liegen nunmehr auf der Erhöhung der Lebenserwartung von Kindern, der Alphabetisierung von Frauen sowie der Förderung der Berufstätigkeit der Frau. Als flankierende bevölkerungspolitische Maßnahme wurde das Mindestheiratsalter für Frauen auf 18 Jahre heraufgesetzt. Im Jahr 2000 hat die indische Regierung angekündigt, endlich die Schulpflicht und kostenlosen Unterricht für Mädchen einzuführen. Und schließlich: Wer nur zwei Kinder hat, soll medizinisch kostenlos versorgt werden. Durch Werbung in den Medien sollen die Inder davon überzeugt werden, dass nur eine kleine Familie im Wohlstand leben könne.

M3 *Familienplanung in Indien*

Die vielfältigen Anstrengungen zur Senkung der Bevölkerungszahl hatten bisher keinen durchschlagenden Erfolg. Die Regierung propagiert zwar Sterilisation und Abtreibungen, jedoch fehlen staatliche Fürsorgeleistungen, die Kinder als Altersvorsorge überflüssig machen. Da männlicher Nachwuchs bevorzugt wird, werden im Zeitalter der pränatalen Diagnostik trotz staatlichen Verbots immer mehr weibliche Embryos abgetrieben.
Nach UNICEF sind in den letzten 20 Jahren in Indien 10 Mio. Mädchen abgetrieben oder direkt nach der Geburt getötet worden. Da jeden Tag 7 000 Mädchen weniger geboren werden als statistisch zu erwarten wäre, gibt es bereits heute Frauenmangel. Immer noch sind in vielen Dörfern die meisten Frauen Analphabeten, denn es herrscht die Einstellung vor, dass die Ausbildung für Mädchen nicht nötig und zu kostspielig sei. Doch vor allem Schulbesuch und Ausbildung der Frauen können eine gewisse Aufgeschlossenheit gegenüber Familienplanung und damit einen Rückgang der Geburtenrate bewirken. Auch die Durchsetzung des gesetzlich festgelegten Heiratsmindestalters ist schwierig, denn die meisten Eltern versuchen ihre Töchter möglichst früh zu verheiraten, um sich hohe Mitgiftzahlungen zu ersparen. Jung verheiratete Frauen zeigen wenig Selbstbewusstsein, erfahren nichts über Verhütungsmethoden, was die traditionelle Vorstellung von hohem Kindersegen begünstigt. Zudem mangelt es vielen Paaren an Geld für empfängnisverhütende Mittel. Fehlt es auch in den letzten Jahren am politischen Willen, etwas zu bewegen? So verkündet die Regierung 2006 selbstbewusst: „Ein fast unbeschränktes Reservoir an jungen Arbeitskräften ist sicherlich ein unschlagbarer globaler Wettbewerbsvorteil."

M4 *Probleme der Bevölkerungspolitik in Indien*

Nach dem Tod Mao Zedongs 1976, der eine hohe Bevölkerungszahl als machtpolitisches Instrument bzw. Familienpolitik als „Mord am chinesischen Volk“ ansah, beschlossen seine Nachfolger, durch eine restriktive Politik die Bevölkerungsexplosion in den Griff zu bekommen. Ab 1979 schrieb das Gesetz der „Ein-Kind-Politik“ nach der Geburt des ersten Kindes den Gebrauch von Verhütungsmitteln und bei ungenehmigten Schwangerschaften eine sofortige Abtreibung vor. Das gesetzliche Mindestheiratsalter wurde für Frauen auf 20, für Männer auf 22 Jahre festgelegt. Das „Ein-Kind-Programm“ bestand einerseits aus materiellen Anreizen, sich an die staatliche Vorgabe zu halten. Hierzu gehörten Gehaltszulagen, Präferenzen bei Sozialleistungen, Nahrungsmittelzuteilungen und medizinische Betreuung, Garantie auf Ausbildung, Arbeitsplatz und Wohnraum für Einzelkinder. Andererseits gab es Sanktionen bei der Geburt eines zweiten Kindes, wie Gehaltskürzungen für beide Ehepartner, Geldstrafen bis zu sechs Jahreseinkommen, Degradierung und Entlassung oder Streichung jeglicher Sozialleistungen. Zudem wurde auf Frauen, die zum zweiten Mal schwanger waren, durch einen Kontrollapparat in Betrieben und Dörfern sozialer Druck bis hin zur Zwangsabtreibung ausgeübt. Ebenso herrschte eine Anmeldepflicht für einen Kinderwunsch, und die Behörden bestimmten, welche Familie an der Reihe war, ein Kind zu bekommen. Nur ethnische Minderheiten und Schwerstarbeiter waren von dieser Familienpolitik ausgenommen. Diese rigorosen Maßnahmen konnten nur durchgesetzt werden, weil in China die persönliche Freiheit stark eingeschränkt war.

M5 *Familienplanung in China*

M7 *Ein Plakat zur Bevölkerungspolitik Chinas (übersetzt: „Heiratet später und habt wenige Kinder.“)*

Auf Grund des Rückgangs der Geburtenrate ist die „Ein-Kind-Politik“ in China durchaus als Erfolg zu werten. Allerdings hat sie auch dazu geführt, dass bis zum Jahr 2000 laut chinesischer Familienplanungskommission 300 Mio. Abtreibungen vorgenommen wurden. Die größten Erfolge der Geburtenkontrolle gab es in den Städten, wo die Überwachung am besten funktionierte. Auf dem Land hingegen kümmerte man sich wenig um das Familienplanungsgesetz, denn Söhne tragen mehr zum Familieneinkommen bei als sie an Strafe kosten. Die auf dem Lande üblichen Hausgeburten waren ohnehin nicht zu kontrollieren.

Die rigide Familienpolitik hat zudem die traditionelle Bevorzugung von Söhnen verstärkt. Die Möglichkeit der Geschlechtsbestimmung vor der Geburt wird in China zur Geschlechtsauslese durch Abtreibung genutzt. Dies führt zu einem Missverhältnis von Jungen und Mädchen. Im Jahr 2020 wird es bis zu 70 Mio. mehr Männer als Frauen im heiratsfähigen Alter geben, die es schwer haben werden, eine Ehefrau zu finden. Schon beginnt ein illegaler Frauenhandel, bei dem Frauen entführt und verkauft werden.

Auch stellt sich Chinas Alterspyramide zusehends auf den Kopf. 2040 wird der Anteil der über 60-Jährigen 30 % der Bevölkerung betragen. Weil die Rentenversorgung noch unterentwickelt ist, muss sich ein Einzelkind um beide Eltern und die Großeltern kümmern. Doch die verhätschelten Einzelkinder ohne Geschwister werden als „Millionenheer der kleinen Kaiser“ in Zukunft zweifelsohne Probleme bereiten. Zudem könnte China sogar ein Mangel an Arbeitskräften drohen, sodass es einen bislang bedeutenden Wettbewerbsvorteil verlieren würde.

Deshalb liberalisierte die chinesische Regierung Mitte 2000 die weltweit kritisierte „Ein-Kind-Politik“ und gesteht vermehrt „offizielle Ausnahmen“ zu. So ist Familien auf dem Land, die als erstes Kind eine Tochter bekommen haben, ein zweites Kind erlaubt. Wenn beide Ehepartner Einzelkinder waren, erhalten sie ebenso das Recht, wieder zwei Kinder zu bekommen. Bei Töchtern erhalten sie dann sogar eine Belohnung.

M6 *Folgen der chinesischen Familienpolitik*

natürliche Wachstumsrate (%)	0,6
Kinder pro Frau (gesamt)	1,8
in der Stadt	1,4
auf dem Land	2,2
Säuglingssterblichkeit	3,7
Kindersterblichkeit (Jungen) (%)	3,9
Kindersterblichkeit (Mädchen) (%)	4,7
Müttersterblichkeit bei Schwangerschaft und Entbindung (%)	0,5
Anwendung von Verhütungsmitteln durch verheiratete Frauen (%)	83
Analphabetenrate Männer (%)	5
Analphabetenrate Frauen (%)	13

M8 *Demographische Daten zu China 2006*

Ländliche Räume in Indien und China

Die Stellung des ländlichen Raums in Indien

Indien ist auch heute noch ein Land der Dörfer. In 640 000 Gemeinden leben fast 80 % der indischen Bevölkerung und noch 59 % der Erwerbstätigen sind in der Landwirtschaft beschäftigt. Obwohl der Anteil des Agrarsektors am Bruttoinlandsprodukt seit 1980 von 40 % auf heute 18 % gesunken ist, befindet sich Indien in einem vergleichsweise langsamen Übergang von der Agrar- zur postindustriellen Dienstleistungsgesellschaft. So veränderten sich die in Jahrtausenden gewachsenen gesellschaftlichen Strukturen und die ärmlichen Lebensbedingungen in den in sich autarken Dorfgemeinschaften bislang nicht nennenswert. Das Einkommen in indischen Dörfern liegt um die Hälfte niedriger als in den Städten. Obwohl die infrastrukturelle Ausstattung der indischen Dörfer in den letzten Jahrzehnten verbessert werden konnte, sind noch nicht alle Orte durch Straßen und öffentliche Verkehrsmittel mit der Außenwelt verbunden. In einigen Regionen des Landes sind zwar bereits alle ländlichen Siedlungen, jedoch nicht alle Häuser an das Stromnetz angeschlossen. Noch auf Jahre hinaus müssen Dörfer in Indien ohne Kanalisation oder Wasserleitungen auskommen. Meist dient der Wasserversorgung ein öffentlicher Dorfbrunnen, nur Wohlhabende besitzen einen eigenen Brunnen.

Die soziale Struktur indischer Dörfer

Neben den Nachteilen, die von den natürlichen Bedingungen ausgehen, wird die Entwicklung der indischen Landwirtschaft durch einen Komplex sozialer und wirtschaftlicher Probleme behindert.

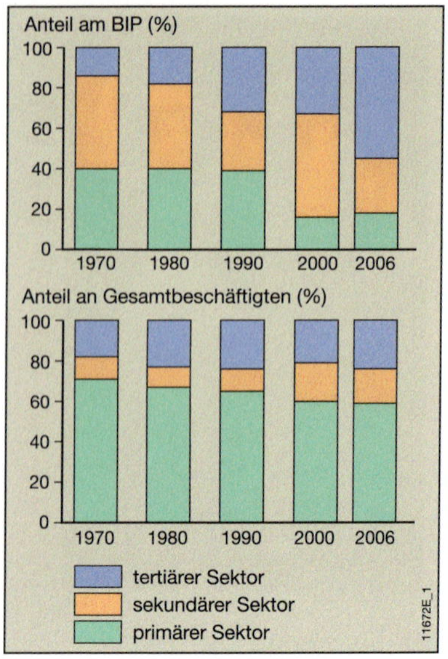

M1 *Veränderung der sektoralen Wirtschaftsstrukturen in Indien*

Betriebs-größe (ha)	Betriebe (Mio.)	Betriebs-fläche (Mio. ha)
unter 1	50,5	19,8
1-2	16,1	23,0
2-4	12,5	34,6
4-10	8,1	48,3
über 10	2,2	37,1
gesamt	*89,4*	*162,8*

M2 *Betriebsstruktur in der indischen Landwirtschaft*

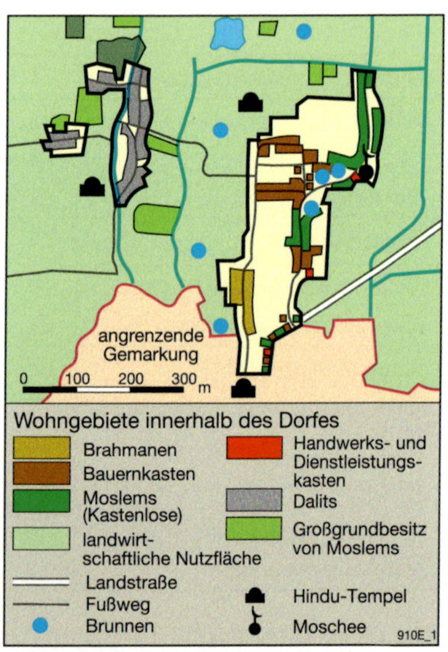

M3 *Dorf Karuppur (Südindien)*

Für die innere Geschlossenheit der indischen Dörfer sind bis heute als wesentliche Voraussetzung das **Kastensystem** und die sich daraus ergebenden wirtschaftlichen Beziehungen verantwortlich.
In den traditionellen Dorfgemeinschaften bestimmt die Kastenzugehörigkeit nicht nur den Beruf und die soziale Stellung des einzelnen, sondern auch seinen Wohnplatz. Die Kasten wohnen in geschlossenen Vierteln, wodurch die Regeln der sozialen Beziehungen, z. B. die Benutzung der Brunnen, besser eingehalten werden können. Obwohl eine Beschäftigung in der Landwirtschaft allen Kasten freisteht, bestimmt der Rang einer Kaste ihre Position beim Landeigentum, bei der Verpachtung von Land, der Anstellung von Landarbeitern sowie der Inanspruchnahme von Dienstleistungen.
Da die berufliche Tätigkeit und die Beziehungen zwischen den Kasten durch das Kastenwesen weitgehend festgelegt sind, haben niedrige Kasten höheren Kasten bestimmte Dienstleistungen zu erbringen. Dieses starke Abhängigkeitsverhältnis, die strikte Reglementierung und der mangelnde Wettbewerb führen dazu, dass agrarische Produktionsmethoden und Erzeugnisse in indischen Dörfern relativ einfach bleiben. Obwohl dieses System heute teilweise von Geldwirtschaft und Lohnarbeit abgelöst worden ist, bleiben die „Unberührbaren“ und die unteren Kasten immer noch die Ärmsten in den indischen Dörfern, und das ländliche Umfeld bietet ihnen wenig Möglichkeiten, ihr Leben zu verbessern.

M4 *Kastensystem und Entwicklung im ländlichen Raum*

M5 *Bauer mit Holzpflug*

Auch die ländliche Sozialstruktur von Großgrundbesitzern, Kleinbauern und Landarbeitern korrespondiert eindeutig mit dem Kastenrang. Bis heute konzentriert sich das Eigentum an Land auf Großgrundbesitzer, die dieses nicht selbst bewirtschaften, sondern verpachten bzw. durch Landarbeiter bearbeiten lassen. Dieser Großgrundbesitz ist auf die britischen Kolonialherren zurückzuführen, welche die Steuereinnehmer zu Grundbesitzern mit vollen Eigentumsrechten machten. Da diese „Absentee Landlords" nur an den Einkünften aus der Pacht bzw. den Verkaufseinnahmen der Produkte interessiert sind, die Pächter jedoch keine Mittel für Investitionen in die Landwirtschaft besitzen, führt dies zum Festhalten an veralteten Agrarmethoden.
Demgegenüber steht eine große Anzahl von Bauern mit Klein- und Zwergbetrieben. Die Ursache für die Entstehung dieser Besitzgrößen ist die Realerbteilung. Jeder Erbe erhält gleiche Teile an jedem Feld, an guten und schlechten Böden, an bewässertem und unbewässertem Land. Dies führt zu einer extremen Flurzersplitterung mit über die ganze Flur verstreuten Parzellen. Manche sind so klein, dass sie nicht mehr sinnvoll bearbeitet werden können. Wegen der langen Wege benutzen die Bauern immer noch einen Holzpflug, der sich auf der Schulter von Feld zu Feld tragen lässt. Der größte Teil der Ernte dient der Selbstversorgung, und so bleiben kaum Überschüsse, die auf dem Markt verkauft werden können. Oftmals sind die Felder so klein, dass sie nicht mehr ausreichen, um eine Familie zu ernähren. Deshalb sind die meisten Betriebe auf Zupacht angewiesen. Dies führt wiederum bei Missernten zum Verlust des Landes an Großgrundbesitzer und damit zu einer wachsenden Anzahl landloser Arbeiter. Deren Einkommen ist äußerst gering und unsicher, denn sie erhalten oft nur saisonal, also etwa bei der Aussaat oder der Ernte, die Möglichkeit, eine Beschäftigung zu finden. Manche dieser Landlosen arbeiten sogar in Schuldknechtschaft ihre Kredite ab. Sie haben nicht einmal die Freiheit, ihr Dorf zu verlassen und anderweitig Geld zu verdienen.
Auf Grund der vielfältigen Abhängigkeiten der Bauern gegenüber den Landbesitzern veränderten Landreformen, d.h. Begrenzung des Grundbesitzes, gesetzliche Festlegung der Pachtverhältnisse und der Löhne, kaum etwas an der ungleichen Verteilung des Landeigentums und der überkommenen herrschaftlichen Struktur, was sich insgesamt sehr entwicklungshemmend auf die Landwirtschaft in Indien auswirkt.

M6 *Besitzverhältnisse im ländlichen Raum*

Info

Das Kastensystem

Grundlage des Kastensystems bildet eine aus dem Hinduismus stammende Einteilung nach verschiedenen Graden ritueller Reinheit in vier Stände, die so genannten Varnas (Oberkasten): Brahmanen (Priester), Kshatriyas (Krieger), Vaishyas (Händler) und Shudras (Bauern). Im Laufe der Jahrtausende haben sich daraus ca. 3000 „Jatis" (Geburtsgruppen) gebildet, die Kasten im eigentlichen Sinne. Mit der Geburt ist der Inder bis zu seinem Tod unwiderruflich an seine Kaste gebunden. Diese Kastenzugehörigkeit legt den sozialen Rang, die sozialen Kontakte sowie religiöse und alltägliche Gebote, Verbote und Privilegien fest: Jeder Kaste ist ein eigener erblicher Beruf zugeordnet, sodass die freie Berufswahl oder ein Berufswechsel ausgeschlossen sind. Die unterste Stufe dieser sozialen Hierarchie bilden die „Unberührbaren" bzw. „Niedergedrückten" (Dalits) oder „Kastenlosen" (andere Religionen), denen ein Viertel der Bevölkerung Indiens angehört. Sie dürfen nur niedrigste, so genannte unreine Arbeiten verrichten und leben abseits der Gesellschaft. Obwohl das Kastenwesen per Gesetz seit der Unabhängigkeit 1949 abgeschafft ist, ist es in der Realität vor allem auf dem Land der überragende Bestimmungsfaktor der Gesellschaft.

1 Arbeiten Sie aus M2, M4 und M6 die Hindernisse zur Entwicklung einer produktiven Landwirtschaft in Indien heraus.

Info

Reis

- *wichtigstes Nahrungsgetreide der Erde:* über 80 % der Weltproduktion und -anbaufläche in Asien (59 % der Weltproduktion in Indien und China)

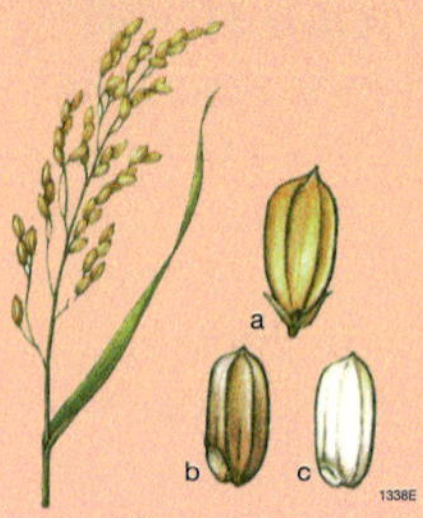

Reis-Ähre, a: Korn mit Spelzen, b: geschält, c: poliert

- *tropische Getreidepflanze:* Keimung ab 18 °C, Wachstumszeit bei mind. 20 °C und mind. 800 - 1 500 mm Niederschlag; Höhe 80 - 180 cm, Rispe: 100 - 150 Körner
- *Reispflanze (Oriza sativa):* ca. 5 000 Sorten
- *Wachstumszeit:* traditioneller Reis 185 Tage, „Philippinischer Wunderreis" (IR8) 110 Tage bzw. (IR64) 70 Tage im Rice Research Institut auf Los Baños (Philippinnen) gezüchtet
- *Ertrag:* traditioneller Reis 4,5 t/ha, IR8 8 t/ha bzw. IR64 10 t/ha
- *Nassreisanbau:* Pflanze bis zur Ernte im Wasser, „ewiger" Anbau auf demselben Feld (Sauerstoffaufnahme über oberirdische Organe, Mineralstoffe über Wasser), 2 - 3 Ernten im Jahr (sehr arbeitsintensiv, aber hohe Erträge auf kleinen Flächen)
- *Trockenreisanbau:* im Regenfeldbau, deshalb nur eine Ernte im Jahr

	1965	2005
bewässerte Fläche (Mio. ha)	24,7	57,2
Düngemittelproduktion (Mio. t)	0,15	9,04
Düngemittelimport (Mio. t)	0,49	3,16
Schädlingsbekämpfungsmittel (t)	891	75 000
Traktoren (1 000)	8	11 350

M1 *Entwicklungen in der indischen Landwirtschaft*

„Grüne Revolution" – der indische Weg

Nach den Dürrekatastrophen von 1965 und 1966 setzte die indische Regierung ein Programm zur Modernisierung der Landwirtschaft in Gang. Dessen Ziele waren neben der Verringerung der Abhängigkeit der landwirtschaftlichen Produktion vom wechselhaften Monsuneinfluss, der Verbesserung der Einkommensverhältnisse und Lebensbedingungen auf dem Land und der Unabhängigkeit von teuren Nahrungsmittelimporten vor allem die Überwindung von Hunger sowie die gesicherte Selbstversorgung der schnell wachsenden Bevölkerung. Da eine Vergrößerung der Anbauflächen nicht möglich war, zielte das Programm auf eine Erhöhung der Flächenerträge ab. Eine wichtige Voraussetzung dafür war die Einführung schnell reifender Hochertragssorten: in Mexiko entwickelter „Kurzstrohweizen" sowie „Philippinischer Wunderreis". Der Anbau dieser Getreidesorten war mit einem Bündel von Maßnahmen verbunden. Dazu gehörte auch die Beratung der Bauern, wie durch den gezielten Einsatz von Bewässerung, Mineraldünger und Pflanzenschutzmitteln eine zusätzliche Ernte und höhere Erträge erzielt werden können. Man vergab Kredite zum Kauf von Motorpumpen, landwirtschaftlichen Geräten, Dünger und Saatgut. Zudem trieb man die Verbesserung der Bewässerungssysteme sowie die Elektrifizierung zum Betrieb von Pumpen voran. Die Steigerung der Getreideproduktion in Indien war so eindrucksvoll, dass sie als „**Grüne Revolution**" bezeichnet wird. Heute kann sich Indien, das noch in den 1960er-Jahren in beträchtlichem Maß von Nahrungsmittelimporten abhängig war, weitgehend selbst versorgen.

Trotz dieser erfolgreichen Intensivierungsmaßnahmen sind ein niedriger Technisierungsgrad, Kapitalmangel, Arbeitskräfteüberschuss und eine geringe Produktivität der Arbeitskräfte für die indische Landwirtschaft immer noch prägend. Denn während in den westlichen Ländern mit der Agrarrevolution eine industrielle Revolution einherging und die ländliche Bevölkerung in die Industrie strömte, bietet die indische Industrie auch heute noch viel zu wenig Arbeitsplätze.

1 Stellen Sie die Vorteile der „Grünen Revolution" den Nachteilen gegenüber.

2 Beschreiben und begründen Sie die Entwicklung der Getreideproduktion in Indien (M2).

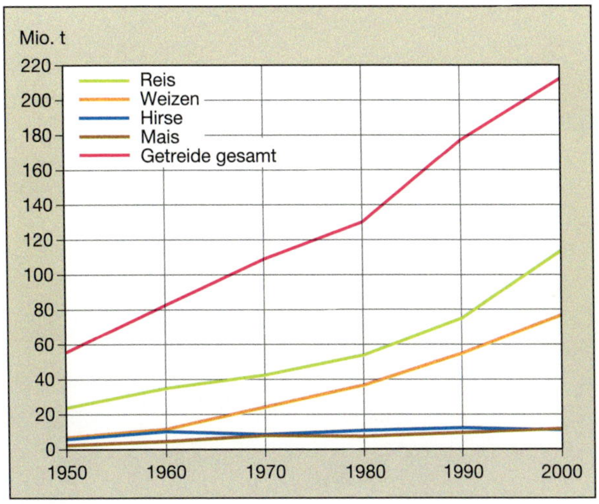

M2 *Getreideproduktion Indiens (Mio. t)*

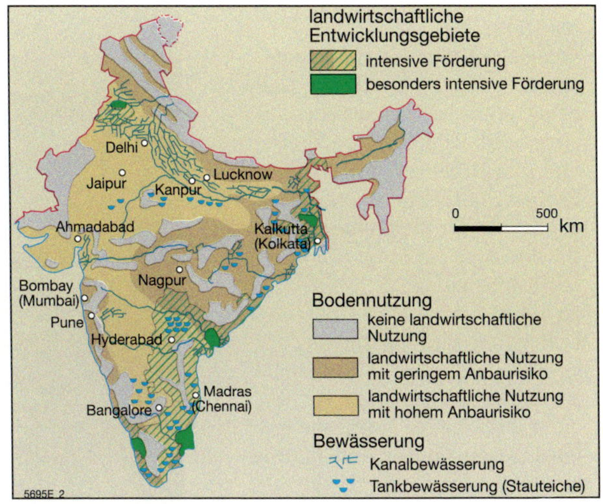

M4 *Fördergebiete der „Grünen Revolution"*

Herr Singh, Indien kann sich heute selbst versorgen und ist von teuren Importen unabhängig. Dann war die „Grüne Revolution" ja wohl ein voller Erfolg?
Der Erfolg betraf vor allem die Weizenproduktion, da diese im Rahmen der „Grünen Revolution" zum größten Teil auf Bewässerungsfeldbau umgestellt wurde. Beim Reis, der ja schon seit jeher bewässert wurde, nahm der Anteil der bewässerten Fläche nur von 37 auf 42 % zu. In den semiariden Räumen, wo traditionell Hirse angebaut wird, brachte die „Grüne Revolution" nur geringe Zuwächse. Die hier künstlich angelegten Tanks, welche die Monsun-Regen in Teichen stauen, sind für eine regelmäßige Bewässerung nicht ausreichend.

Inwieweit spielten die neuen „Wundergetreide" eine entscheidende Rolle?
Diese waren natürlich der Auslöser für die Produktionssteigerungen. Doch wird die Bewässerung einmal unterbrochen oder nicht genügend Dünger zugeführt, dann sind die Erträge wesentlich geringer als bei herkömmlichem Saatgut. Zudem benötigen sie durch ihre geringe Widerstandskraft einen vermehrten Einsatz von Pflanzenschutzmitteln. Obwohl wir auf Grund des erhöhten Bedarfs die Produktion von Dünger und Pflanzenschutzmitteln erheblich gesteigert haben, müssen wir noch große Mengen importieren. Problematisch erweist sich auch der geringe Kenntnisstand der Bauern über die Gefahren von Dünger und Pflanzenschutzmittel für Menschen und Umwelt.

Brachte die „Grünen Revolution" in ganz Indien die gleichen Erfolge?
Um die begrenzten finanziellen Mittel sinnvoll einzusetzen, konzentrieren sich die Maßnahmen der „Grünen Revolution" auf diejenigen Regionen, die auf Grund der natürlichen Ausstattung die größten Erfolge versprechen. So waren regionale Disparitäten vorprogrammiert, denn Gebiete mit Böden von geringer Speicherkapazität und ohne sichere Bewässerungsmöglichkeiten sind von der „Grünen Revolution" ausgeschlossen.

Wie wirkte sich die „Grüne Revolution" auf die soziale Struktur in indischen Dörfern aus?
Die finanziell aufwändigen Maßnahmen zur Steigerung des Ertrags konnten sich nur wohlhabende Großgrundbesitzer leisten, da sich die Aufwendungen für Dünger und Pflanzenschutzmittel sowie der Einsatz von Traktoren erst ab einer bestimmten Besitzgröße lohnen. Für die Millionen von Kleinbauern waren die Investitionen zu teuer. Diese produzieren weiterhin nur für den Eigenbedarf. Auch können sich nur wohlhabende Großbauern Motorpumpen und Tiefbrunnen leisten. Die Kleinbauern müssen sich heute in Trockenjahren Wasser von diesen Brunnenbesitzern zu horrenden Preisen kaufen. Durch die Mehrfachernten ist jedoch der Bedarf an Landarbeitern gestiegen. Auch ist zu Zeiten der Arbeitsspitzen ein Anstieg der Löhne zu verzeichnen.

Wie beurteilen sie die „Grüne Revolution"?
Da die Sozialstruktur in den Dörfern den Neuerungen entgegenstand, kam die Förderung besonders den größeren Betrieben zugute. Die erwarteten „Trickle-Down-Effekte" für die ärmere Landbevölkerung sind ausgeblieben. Daher kann man die „Grüne Revolution" als Wachstum der Produktion ohne ländliche Entwicklung charakterisieren. Der Vorwurf jedoch, die „Grüne Revolution" habe die Reichen reicher und die Armen ärmer gemacht, ist nur in seinem ersten Teil richtig. Ein Teil der Armen hat sogar sein Einkommen verbessern können, und den meisten geht es nicht schlechter als früher.

M3 *Interview mit einem indischen Agrarexperten*

bis 1949:
ungleiche Besitzverteilung zwischen Großgrundbesitzern, Kleinbauern (mit Kleinstparzellen in einer stark zersplitterten Flur) und Landarbeitern; ungerechte Pachtverhältnisse → Verelendung der Masse der kleinbäuerlichen Bevölkerung bei meist nur reiner Subsistenzwirtschaft.
ab 1949:
Enteignung und Vertreibung der Großgrundbesitzer; Verteilung des Landes an bisherige Pächter und Landarbeiter → geringe Erfolge wegen Kleinstparzellierung und fehlendem Kapital.
ab 1951:
Bildung von landwirtschaftlichen Produktionsgenossenschaften (bis zu 250 Haushalte); Zusammenfassung von Arbeitstieren, Geräten und Feldern; Produktion nach staatlicher Vorschrift; Entlohnung nach Punkten → wesentliche Steigerung der Erntemengen.
1958 - 1978:
Schaffung von Volkskommunen als wirtschaftliche, kulturelle und verwaltungsmäßige Einheit (bis zu 5 000 Haushalte, bis 4 500 ha Fläche); Einbeziehung von Handwerk, Industrie und Dienstleistungen; Verbot von Privateigentum; gemeinschaftliches Alltagsleben (z. B. Gemeinschaftsküchen); Entlohnung nach Bedürfnissen → Unterversorgung und Hungersnöte durch starken Produktionsrückgang.

M1 *Die landwirtschaftliche Entwicklung in China bis 1978*

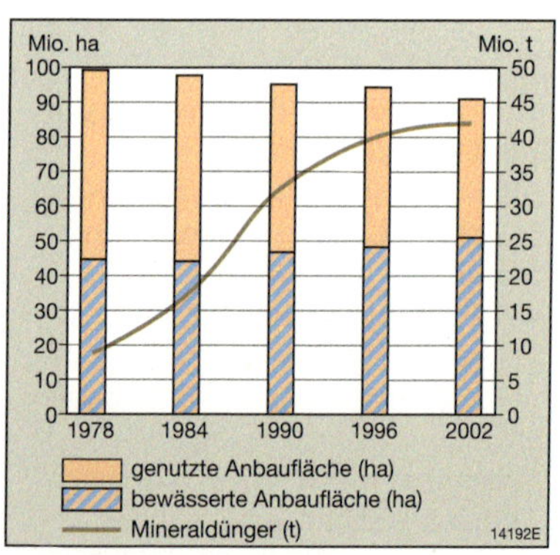

M2 *Intensivierung in der chinesischen Landwirtschaft seit 1978*

M3 *Intensive „Gartenbaukultur" am Stadtrand von Guilin*

Chinas Weg zur Steigerung der landwirtschaftlichen Produktion

Zentrales Problem der chinesischen Landwirtschaft ist die Sicherung der Ernährung des Milliardenvolkes. Vor 1978 versuchte man dies im Rahmen staatlicher **Planwirtschaft** zu erreichen. Die chinesische Regierung schrieb vor, welche Produkte in welcher Menge angebaut werden sollten. Die Bauern mussten dann alle Agrarprodukte an den Staat abliefern, der sie zur Verteilung brachte.

Nach der politischen Wende 1978 versuchte der Staat durch das System der „vertragsgebundenen Produktionsverantwortung" für die Bauern Anreize zu einer höheren Produktivität zu schaffen. Der bäuerliche Familienbetrieb und die Genossenschaften sollten wieder die Grundlage der landwirtschaftlichen Produktion werden. Bestehende Volkskommunen wurden aufgelöst und die Verwaltung ging an Dorfkomitees über. Zwar blieb der Boden im Besitz des Staates bzw. der neu geschaffenen Genossenschaften, doch konnten die Bauern Land bis zu 50 Jahre zur privaten Bewirtschaftung pachten. Jetzt durften sie auch wieder selbstständig und eigenverantwortlich über den Anbau entscheiden. Jedoch mussten sie einen festgelegten Teil ihrer Ernte zu niedrigen Verkaufspreisen an den Staat abgeben. Der Überschuss konnte vom Bauern selbst oder durch die Genossenschaft vermarktet werden. Dadurch erlebten die zuvor verbotenen Bauernmärkte einen raschen Aufschwung. Die Genossenschaften wiederum sorgten für die Realisierung von Infrastrukturmaßnahmen wie Straßenbau, Kanalbau oder Dammbau, fungierten wie Banken als Kreditgeber sowie Verwalter von Spareinlagen und übernahmen die gewerblichen sowie industriellen Betriebe der ehemaligen Volkskommunen. Diese „ländliche Industrie", die im Auftrag von großen Unternehmen Kleinteile fertigt, erwirtschaftet heute schon fast ein Drittel des industriellen Gesamtproduktionswerts Chinas.

M4 *Anbauregionen in China*

1 Legen Sie den grundlegenden Wandel in der Landwirtschaft Chinas dar.

2 Erklären Sie, wodurch es China erreicht hat, die Versorgung seiner Bevölkerung zu gewährleisten.

3 Erläutern Sie, welchen Einfluss eine zunehmende Mechanisierung auf die Struktur in der chinesischen Landwirtschaft haben würde.

Auf das Verteilungsmuster des Anbaus in China hatten die Reformmaßnahmen kaum Einfluss, doch wandelten sich die riesigen Blockfluren der Kommunen wieder in die Streifenparzellen der kleinbetrieblichen Strukturen. In dieser traditionellen „Gartenbaukultur“ erwirtschaften die Bauern bei hoher Arbeitsintensität durch gezielte Fruchtfolgen, leistungsfähige Sorten, vermehrten Düngereinsatz und Bewässerung die höchsten Erträge, wobei China mit über 50 % Anteil an der Nutzfläche die größte Bewässerungsfläche der Welt aufweist. Demgegenüber ist bis heute der Mechanisierungsgrad wegen der sehr kleinen Flächen, des fehlenden Kapitals sowie des hohen Angebots an billigen Arbeitskräften relativ gering. Es herrschen vielfach noch Handarbeit und einfache Geräte vor.

Die in der Landwirtschaft auf Drängen der Partei und der staatlichen Behörden durchgeführten Reformen waren insgesamt ein großer Erfolg. Die Möglichkeit, mehr Geld zu verdienen, spornte die Bauern zu einer erhöhten Produktivität an. Da zuerst die Preise für Fisch, Fleisch und Gemüse freigegeben wurden, spezialisierten sich viele Bauern schnell auf diese Produktionszweige. Weil hierdurch der Anbau von Reis und Weizen vernachlässigt wurde, dürfen mittlerweile alle Agrarprodukte zu Marktpreisen verkauft werden. Somit hat es China geschafft, die rasch wachsende Bevölkerung nicht nur ausreichend zu versorgen, sondern auch das Angebot zu diversifizieren.

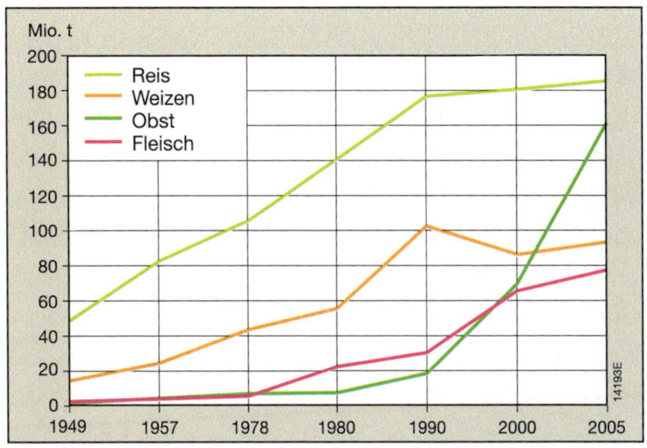

M5 *Produktionsentwicklung in der chinesischen Landwirtschaft (Mio. t)*

M6 *Bauern auf dem Weg zum Markt*

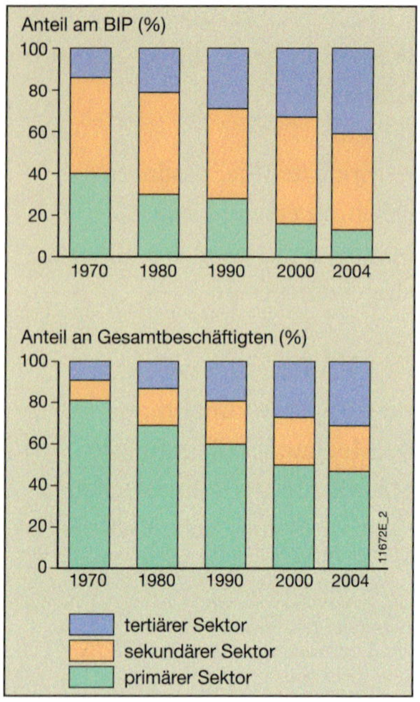

M1 *Veränderung der sektoralen Wirtschaftsstrukturen in China*

M3 *In einem chinesischen Dorf*

Der ländliche Raum in China

Rund 800 Millionen Chinesen wohnen heute noch auf dem Land, 650 Millionen leben von der Landwirtschaft. Obwohl durch die Reformen in den letzten Jahrzehnten die Bauern teilweise ihr Einkommen steigern konnten, ist ihre Lage in den stadtfernen Gebieten immer noch unbefriedigend. Hier liegen die Einkünfte ein Drittel unter denen der städtischen Bevölkerung. Im Durchschnitt muss jeder dritte Landbewohner mit weniger als 10 Yuan, also umgerechnet einem Euro am Tag auskommen. Der Besuch einer Schule kostet pro Kind und Jahr zwar nur 35 Yuan, gleichwohl können viele Menschen auf dem Land kaum lesen und schreiben. Die Infrastruktur in den Dörfern ist oft nur wenig entwickelt, ein Großteil der Haushalte hat weder elektrischen Strom noch fließend Wasser. Und die Hälfte aller Dörfer ist nur schwer über Straßen zu erreichen, sodass auch auf Grund der großen Entfernungen zu den Bauernmärkten in den Städten viele Bauern ihre Produkte notgedrungen zu niedrigen Preisen an den Staat abgeben müssen. Deshalb wird in den abgelegenen Gebieten vorwiegend Getreide angebaut, das zwar einen geringeren, aber sicheren Gewinn bringt.

1 Erläutern Sie die wesentlichen Gründe für die erkennbaren Wanderungsströme in China vor dem Hintergrund der Neuorientierung der chinesischen Politik (M4).

2 Erklären Sie die strukturellen Unterschiede zwischen stadtnahen und stadtfernen ländlichen Räumen in China.

M2 *Vom Ackerland zur Siedlung*

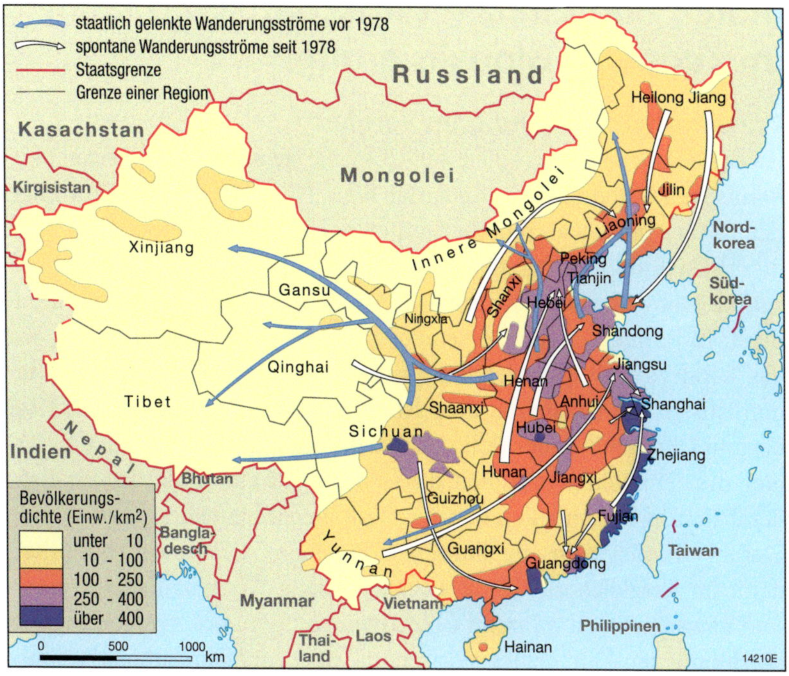

M4 *Wanderungsströme in China*

M5 *Rückkehr von Wanderarbeitern nach den Neujahrsfeiertagen nach Shanghai*

Demgegenüber profitieren die Bauern der Dörfer in Stadtnähe von der Infrastruktur, der Kaufkraft und der gestiegenen Nachfrage der aufstrebenden Städte. Sie haben sich auch besonders auf die Produktion hochwertiger Erzeugnisse wie Gemüse, Geflügel und Obst spezialisiert, die auf den städtischen Märkten hohe Preise erzielen. Ihr neuer Wohlstand zeigt sich am Bau großer, komfortabler Häuser sowie am Einsatz von Techniken des Intensivanbaus, wie Folienkulturen.

Allerdings führen vor allem im Osten des Landes gerade im Umkreis der Städte Verstädterung und Industrialisierung zu Verlusten an Agrarland. So hat sich die Ackerfläche pro Einwohner in China auf 0,08 ha verringert – etwa die Größe des Strafraums eines Fußballfeldes. Zugleich weisen die ländlichen Räume Chinas zurzeit noch einen Überhang an Arbeitskräften auf. Da durch die Reform der Landwirtschaft jedoch immer mehr Arbeitskräfte freigesetzt werden und es außerhalb der Landwirtschaft kaum zusätzliche Arbeitsplätze gibt, ist aus früherer verdeckter Unterbeschäftigung offene Arbeitslosigkeit geworden. Deshalb verließen zwischen 1990 und 2005 200 Millionen Menschen die ländlichen Räume und suchten als „Wanderarbeiter" besonders in den Wachstumsräumen Ostchinas nach einer einträglichen und dauerhaften Beschäftigung. Die Regierung duldet diese Wanderungen im Gegensatz zu früher, als man in seinem Geburtsort wohnen bleiben musste. Diese Arbeitsmigranten tragen, da sie für äußerst geringe Löhne arbeiten, mit zum wirtschaftlichen Aufschwung Chinas bei. Viele sparen „eisern" und schicken das Geld nach Hause. Dies wiederum führt zu einer Verbesserung der sozialen Situation und der Lebensbedingungen in den abgelegenen ländlichen Räumen.

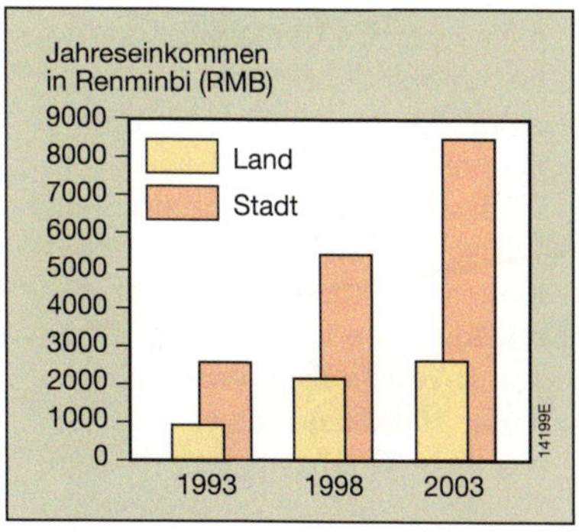

M6 *Einkommensentwicklung in Land und Stadt (10,34 RMB entsprachen 2003 im Durchschnitt 1 €)*

	Dorf	Stadt
Fahrräder	120	98
Waschmaschinen	40	95
Nähmaschinen	69	64
Farbfernseher	84	135
Computer	2	42
Kühlschränke	20	90

M7 *Anzahl der Gebrauchsgegenstände je 100 Haushalte im Jahr 2005 in China*

M1 *Karikatur: Entwicklung der Weltwirtschaft*

bis 1947 Kolonialzeit:
kein Interesse der Briten an einer Industrialisierung, Indien Rohstofflieferant und Absatzmarkt für die britischen Kolonialherren → Agrarstaat, nur bescheidene Ansätze von Konsumgüter- und Textilindustrie.
ab 1947 Unabhängigkeit:
forcierte Industrialisierung zur Überwindung der wirtschaftlichen und sozialen Rückständigkeit; Abschirmung Indiens vom Weltmarkt durch Zölle; Einfuhrverbote und Handelsbeschränkungen gestützt auf einen riesigen Binnenmarkt und reiche Bodenschätze; Modell der „gemischten Wirtschaft" zwischen Markt- und Planwirtschaft, d.h. alle **Schlüsselindustrien** wie **Grundstoff-** und **Investitionsgüterindustrie** in der Hand des Staates sowie staatliche Kontrolle der privaten Wirtschaftsbetriebe → trotz langsamen Wirtschaftswachstums von durchschnittlich 3,5 % weitgehende Selbstversorgung.

M2 *Die industrielle Entwicklung Indiens bis 1991*

1 Arbeiten Sie Gemeinsamkeiten und Unterschiede in der Wirtschaftspolitik und -entwicklung Indiens und Chinas heraus.

2 Vergleichen Sie mit Hilfe von Daten aus dem Internet die Wirtschaftsentwicklung Deutschlands, Japans und der USA mit der Indiens und Chinas (M3).

Indien und China – Wirtschaftswachstum im Zuge der Globalisierung

Wirtschaftsentwicklung im Vergleich

Zweifelsohne gehören Indien und China heute zu den wichtigsten ökonomischen Wachstumsregionen der Welt. Nach dem Neubeginn Ende der 1940er-Jahre waren beide Staaten noch Länder mit einem äußerst niedrigen Entwicklungsstand. Zudem verhinderte jeweils über Jahrzehnte planwirtschaftliche Staatskontrolle privatwirtschaftliche Initiativen: In Indien herrschte eine alles regulierende Staatsbürokratie, die das Land vom Welthandel abschirmte, in China verordnete die kommunistische Einheitspartei eine Isolations- und Autarkiepolitik. 1978 begann China mit seiner Politik der Öffnung und der Wirtschaftsreformen dreizehn Jahre vor Indien, das sich erst 1991 zu einer Wirtschaftsliberalisierung entschließen konnte. Deshalb eilt heute der „erwachende Elefant" Indien dem „dynamischen Drachen" China weit hinterher, denn im Vergleich zu China wächst Indiens Wirtschaft immer noch sehr langsam. Doch während China heute immer noch als „**verlängerte Werkbank** der Welt" seinen Wirtschaftserfolg vor allem billigen Arbeitskräften und einem exportorientierten industriellen Fertigungssektor verdankt, setzt Indien auf die wachstumsträchtigen Zukunftsbranchen der Informationstechnologien und avanciert mit gut ausgebildeten, kostengünstigen Fachkräften in immer stärkerem Maße zum „globalen Dienstleister".

	Indien				China			
Jahr	*1980*	*1990*	*2000*	*2005*	*1980*	*1990*	*2000*	*2005*
BIP (Mrd. US-$)	126	294	430	797	224	424	959	2 235
BIP pro Kopf (US-$)	190	330	460	720	360	370	750	1 700
Wirtschaftswachstum (%)	-5,2	4,2	6,1	7,3	7,9	7,7	11,2	9,3
Exporte (Mrd. US-$)	13	15	48	80	18	62	249	762
Anteil der Exporte am Weltmarkt (%)	0,4	0,5	0,8	0,9	0,9	1,8	4,1	8,8
Importe (Mrd. US-$)	7	23	53	95	19	53	225	660

M3 *Wirtschaftsentwicklung Indiens und Chinas*

Indien – „der Elefant erwacht"

Über Jahrzehnte hinweg galt Indien als Synonym für Armut, Hunger und Unterentwicklung. Zwar sind diese Probleme keineswegs völlig beseitigt, doch vollzog das Land in den vergangenen 15 Jahren eine wirtschaftliche Entwicklung, die viele Experten Indien als neue Weltwirtschaftsmacht sehen lässt.

Ein ineffektiver Staatsapparat, geringe Produktivität der Wirtschaft und hohe Staatsschulden bewogen die indische Regierung 1991 zur

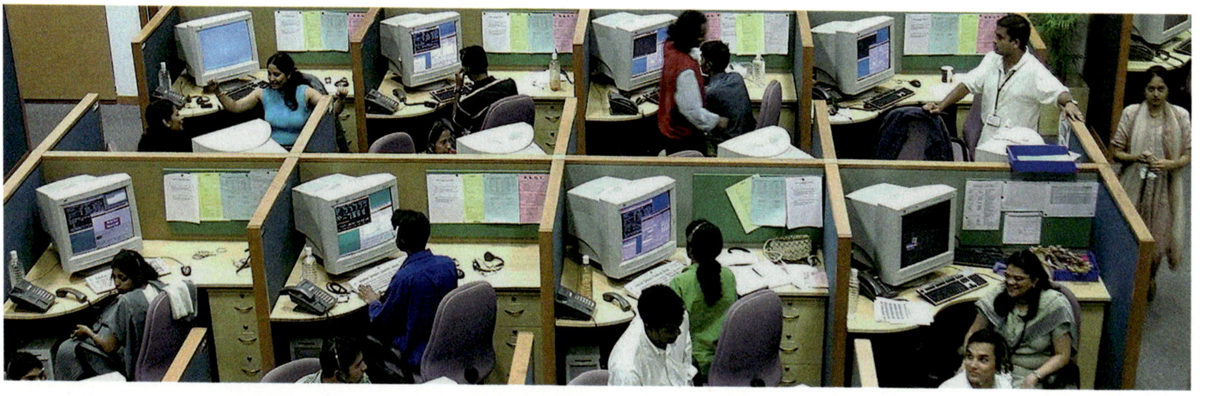

M4 *Callcenter einer US-amerikanischen Versicherung in Bangalore*

wirtschaftspolitischen Öffnung und Liberalisierung. Eine Privatisierung der Wirtschaft wurde eingeleitet, der Import von Investitionsgütern freigegeben, Zölle wurden gesenkt, Hemmnisse für ausländische Investoren abgebaut und die vorgeschriebene indische Mehrheitsbeteiligung an ausländischen Unternehmen abgeschafft. Seither treiben indische Privatunternehmer und auch weltweit agierende Konzerne auf der Basis **ausländischer Direktinvestitionen** den Wachstumsprozess voran.

Der indische Wirtschaftsboom besteht in erster Linie im Aufstreben einzelner Branchen wie Informationstechnologie (IT), Pharmazie, Raumfahrttechnik, Automobilzubehör sowie Biotechnologie, in denen das Land auf hohem Niveau international konkurrenzfähig ist. Schon jetzt gilt Indien nicht nur als „verlängerte Werkbank" und „Forschungslabor", sondern vor allem als „Schreibtisch" der Welt. Motor dieser Wirtschaftsentwicklung ist die Softwarebranche. Anfangs auf einfache Dienstleistungen wie Datenerfassung und -verwaltung beschränkt, etablierte sich rasch eine eigene IT-Industrie, die Software für den internationalen Markt entwickelt. Ebenso dominiert Indien als wichtigster Off-shoring-Standort den weltweiten Handel mit IT-Dienstleistungen. Nicht Rohstoffe oder industrielle Arbeitskraft, sondern die hohe Anzahl von jährlich drei Millionen Hochschulabsolventen sowie einer halben Million IT-Ingenieuren und Programmierern sind die Grundlage für diesen Aufschwung. Denn Software-Entwicklung braucht nicht viel Kapital, sondern englischsprachige Fachkräfte, die zu sehr günstigen Konditionen arbeiten, wodurch die im Hightech-Sektor hohen Forschungs- und Entwicklungskosten gesenkt werden können.

Mit Wachstumsraten von über 50 % ist der IT-Sektor für Indiens Wirtschaft von enormer Bedeutung. Zwar beträgt sein Anteil am BIP zurzeit nur 3,5 %, doch über 50 % aller Dienstleistungsexporte und 15 % aller Warenausfuhren werden heute in dieser Sparte von etwa 1 Mio. Menschen erwirtschaftet. Besonders wichtig ist, dass das IT-Wissen die Aufholjagd von indischen Unternehmen in klassischen Branchen wie Fahrzeug- oder Maschinenbau beschleunigen wird, denn indische Softwareunternehmen schreiben auch Programme zu Automatisierung und Computerisierung für Produktionslinien internationaler Konzerne.

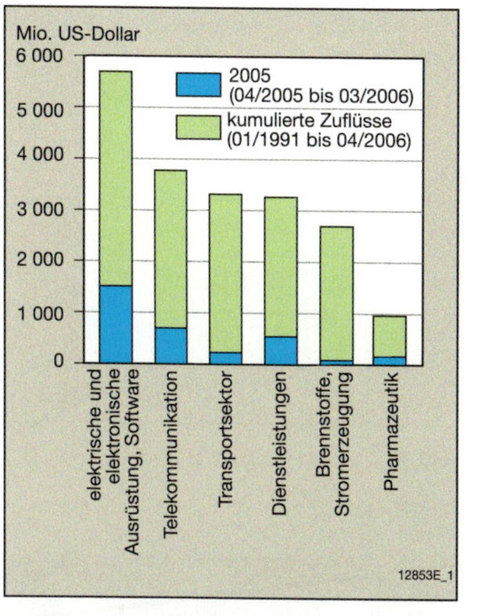

M5 *Ausländische Direktinvestitionen in Indien*

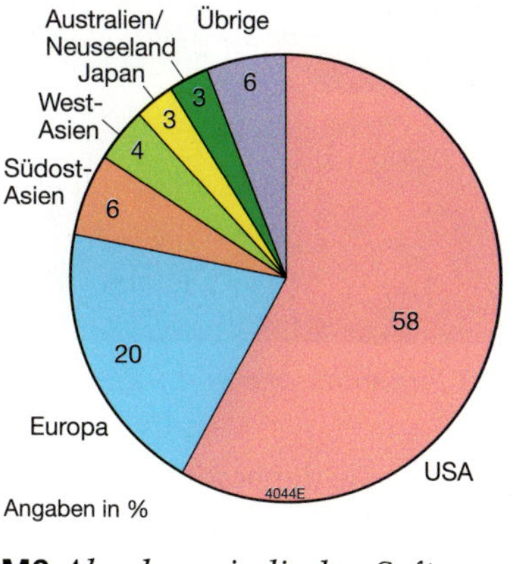

M6 *Abnehmer indischer Software 2006*

M1 *IT-Cities in Indien*

Jahr	Indien	Bangalore
1991-1992	104	60
1995-1996	420	310
1999-2000	2500	1500
2004-2005	12100	4900

M2 *Softwareexporte Indiens (Mio. US-$)*

M3 *Firmenanlage von Infosys*

1 Legen Sie die besonderen Voraussetzungen dar, die Bangalore zu einem globalen IT-Standort gemacht haben.

1981 gaben sechs junge Inder ihre Jobs als Programmierer auf und gründeten die Firma Infosys. Ein angemietetes Zimmer und ein Computer im Wert von 250 US-Dollar waren das Startkapital. Heute fahren Golfwagen zwischen den zwei Dutzend Gebäuden im Firmengelände in Electronic City. Die Cafeteria ist der Oper in Sydney nachempfunden, am Swimming Pool liegen stets frische Handtücher, in einer Boutique können sich Mitarbeiter Hemden und Sporttaschen mit Infosys-Emblem kaufen. Inzwischen beschäftigt das Softwareunternehmen weltweit 28000 Mitarbeiter und unterhält Niederlassungen in Kanada und Japan, in Großbritannien und den USA. Gopalakrishnan, einer der Infosys-Gründer, berichtet: „Im April 2004 hat die Firma erstmals die Grenze von einer Milliarde US-Dollar Umsatz durchbrochen und die Gewinne der Firma legen jedes Jahr um rund 30 % zu. 97 % unseres Umsatzes bringen Aufträge aus Amerika und Europa. So wickeln wir mit maßgeschneiderten Programmen z. B. komplette Geschäftsprozesse für ausländische Firmen ab, von der Buchhaltung bis zur Personalverwaltung."

M4 *Erfolgsgeschichte des indischen Unternehmens Infosys*

Entwicklungspol Bangalore

Die Grundsteine für den Aufstieg Bangalores zu einem der weltweit bedeutendsten Standorte von Softwareprogrammierung und IT-Dienstleistungen wurden schon bald nach der Unabhängigkeit Indiens im Jahr 1947 gelegt.

Damals wurden hier auf Grund der besonderen strategischen Lage im Hochland von Dekkan und der durch die Höhenlage günstigen klimatischen Bedingungen Staatsunternehmen der Luftfahrt, der Raumfahrt und der Rüstungsindustrie angesiedelt. Zusätzlich investierte die indische Regierung in vier Eliteuniversitäten und zahlreiche Forschungsinstitute. Dieses Potenzial und die große Anzahl englischsprachiger sowie gut ausgebildeter Arbeitskräfte veranlassten in den 1980er-Jahren Computerfirmen wie Microsoft, IBM, Texas Instruments und Hewlett-Packard, sich in Bangalore anzusiedeln. Ihr Ziel war es auch, mit Hilfe der Satelliten-Kommunikation die Zeitverschiebung für eine 24-stündige Entwicklung und Herstellung ihrer Produkte rund um den Globus zu nutzen.

Der Aufstieg Bangalores resultierte aber nicht nur aus den Niederlassungen großer internationaler Softwareunternehmen, sondern auch aus Firmenneugründungen indischer Computerexperten wie Infosys oder Wipro, die sich selbst zu Global Players entwickelt haben. Heute wird in über tausend Firmen von Großunternehmen mit bis zu 10000 Mitarbeitern ebenso wie von einer Vielzahl kleiner Garagenfirmen alles, was mit dem Computer zu tun hat, zu niedrigen Kosten mit hoher Qualität erledigt. Sie erstellen Tickets für Fluggesellschaften, gleichen ärztliche Verschreibungen und Gehaltsabrechnungen ab, schreiben Programme für Industrieroboter, organisieren die Lagerhaltung oder führen die Buchhaltung von internationalen Konzernen. Auf der untersten Stufe der „Outsourcing"-Industrie stehen unzählige Callcenter, in denen akzentfrei Englisch sprechende Universitätsabsolventen Kundenanfragen aus aller Welt beantworten.

Bangalore – Indiens Stadt der Zukunft?

Konzentrierten sich zunächst die Softwarebetriebe in Bürohochhäusern im Zentrum der Stadt, so entstanden später am Stadtrand entlang der Ausfallstraßen neue Softwareparks wie „Electronics“ oder „Cyber City“. Von hohen Mauern umgeben sorgen hier campusähnliche Bürokomplexe mit Grünanlagen, Restaurants und Ladenpassagen nach westlichen Standards für ein entspanntes Umfeld der im Durchschnitt 25-jährigen Softwarespezialisten. Mittlerweile sind auch in anderen Megastädten wie Bombay, Kalkutta, Delhi, Madras und Hyderabad neue IT-Zentren entstanden. Denn nur hier sind die infrastrukturellen und sozialen Voraussetzungen für diesen Fortschritt vorhanden – Hochschulen, Flughäfen als internationale Verkehrsverbindungen und kaum noch vorhandene Einschränkungen durch traditionelle Vorschriften des Kastenwesens. Derartige „Fortschrittspole“ liegen räumlich isoliert wie Inseln in einem „Meer von Rückständigkeit und Tradition“.

So hat sich zwar die Einwohnerzahl Bangalores in 25 Jahren auf 6,5 Millionen verdoppelt – aber wie in anderen indischen Großstädten wächst die Infrastruktur nicht mit dem Wirtschaftswachstum von 12 % mit. Die Softwareexperten kommunizieren mit dem Ausland zwar in Lichtgeschwindigkeit, aber die 12 km lange Fahrt vom Stadtzentrum zu den Industrieparks am Stadtrand dauert auf holprigen, verstopften Straßen über eineinhalb Stunden. Da ein leistungsfähiger öffentlicher Nahverkehr nicht existiert, chauffieren die Softwarefirmen als Fuhrunternehmer ihre Mitarbeiter mit eigenen Bussen zwischen der Firma und den weit verstreuten Wohngebieten in der Stadt. Wasser kommt per Tankwagen, der Strom fällt jeden zweiten Tag aus und wird daher durch firmeneigene Generatoren erzeugt. Auch ist die Abwasser- und Abfallentsorgung meist ungelöst. Angestrebte Verbesserungen blockiert immer noch die schwerfällige staatliche und städtische Verwaltung.

In einem abgedunkelten Zimmer rotiert ein Hirn. Es scheint im Raum zu schweben, losgelöst vom Bildschirm. Dr. Arjun Kalyanpur, ein studierter Radiologe, sitzt mit zusammengekniffenen Augen davor, bewegt das Hirn mit dem Cursor. Das Hirn gehört einem Mann, der Minuten zuvor gestürzt ist – irgendwo an der amerikanischen Ostküste. In der Notaufnahme eines Krankenhauses wurde sein Kopf mit einem Computertomographen geröntgt. Die Bilder wurden per Datenleitung nach Bangalore versandt, weil es Nacht ist in den USA und kein Radiologe mehr Dienst tut. Doch in Bangalore scheint die Sonne. Hier wird Dr. Kalyanpur anhand der Bilder feststellen, dass es sich um eine Hirnprellung handelt, die sofort operiert werden muss. Seine Diagnose wird er sofort digital nach Amerika übermitteln.

(nach: Geo Spezial, 2004)

M6 *Dienstleistungszentrum Bangalore*

2 Begründen Sie, inwieweit infrastrukturelle Probleme die IT-Industrie in Bangalore beeinflussen.

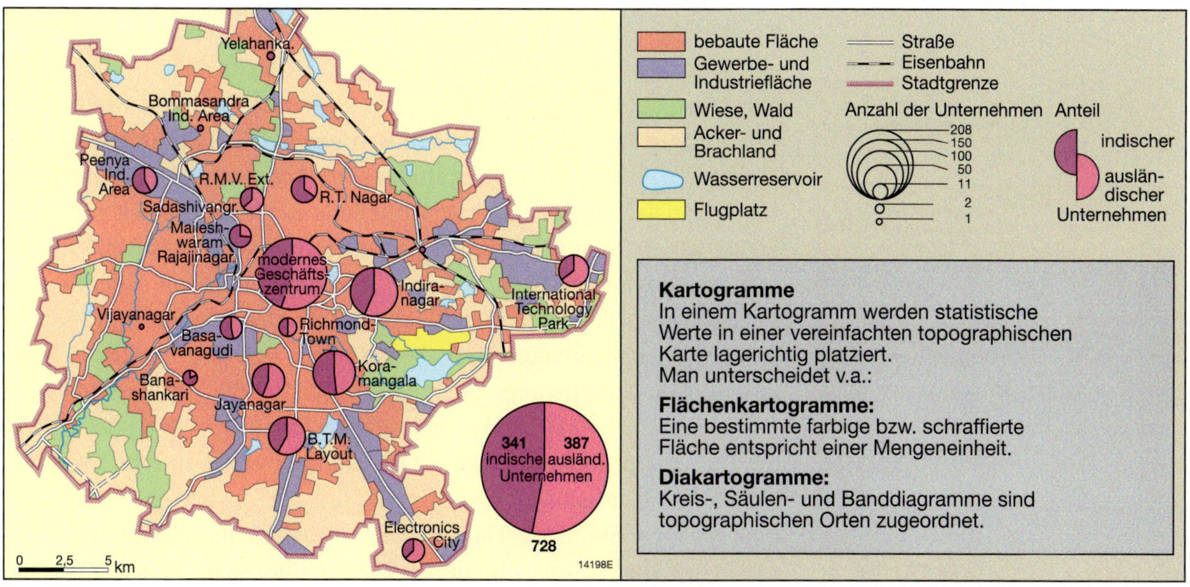

M5 *Diakartogramm der Standorte der IT-Unternehmen in Bangalore*

bis 1952:
Industrie von geringer wirtschaftlicher Bedeutung und nur an der Küste in ausländischen Pacht- und Schutzgebieten → Agrarstaat, Bevorzugung des Küstenraums.
ab 1953:
Verstaatlichung der Industrie, Einführung der Plan- und Zentralverwaltungswirtschaft, Aufbau von Schwerindustrie im Binnenland → Vernachlässigung der Investitions- und **Konsumgüterindustrie**.
ab 1958:
Dezentralisierung als eigener chinesischer Weg, Errichtung schwerindustrieller Kleinbetriebe im ganzen Land (Kleinhochöfen in den Volkskommunen) → extreme Produktionsausfälle, Versorgungsnotstand sogar bei einfachen Werkzeugen.
ab 1966:
Abkopplung von der Weltwirtschaft, Einsatz von Arbeitskraft statt Kapital, Bevorzugung einfacher, angepasster Technologien → Stagnation in der Industrie, Produktion nur des Lebensnotwendigsten, geringe Qualität der Waren durch fehlenden Wettbewerb und uneffektive Produktionsmethoden.

M1 *Phasen der wirtschaftlichen Entwicklung in China bis 1978*

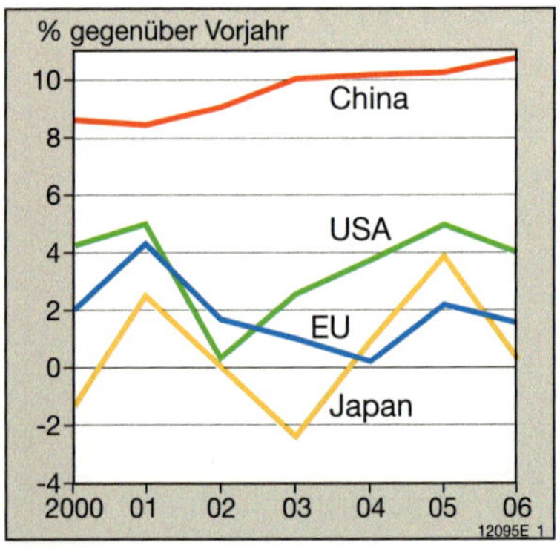

M2 *Chinas Wirtschaftswachstum im Vergleich (Quartalswerte)*

China – Wirtschaftswunder „im Reich des Drachen"

Die beeindruckende wirtschaftliche Entwicklung Chinas begann 1978, als die Kommunistische Partei Chinas beschloss, durch den Umbau der Planwirtschaft zur Marktwirtschaft und durch Gewinnung von Kapital aus dem Ausland die Industrialisierung voranzutreiben, die Effizienz der Unternehmen zu steigern sowie zusätzliche Arbeitsplätze für die wachsende Bevölkerung zu schaffen. Seither entwickelt sich die chinesische Wirtschaft mit den weltweit höchsten Wachstumsraten in einem solch atemberaubenden Tempo, dass sich China nicht nur in einem rasanten Strukturwandel von der Agrar- über die Industrie- zur Dienstleistungsgesellschaft, sondern auch auf dem Weg zur wirtschaftlichen Großmacht befindet. Das Durchschnittseinkommen der Chinesen hat sich seitdem mehr als verdoppelt, die Industrieproduktion vervierfacht. Die Küstenregion mit Weltstädten wie Hongkong und Shanghai hat das stärkste wirtschaftliche Wachstum weltweit. China gehört schon heute in einigen Industriezweigen zur Weltspitze: größter Stahlproduzent, größter Hersteller von Fernsehgeräten, größter Exporteur von Bekleidung und Spielzeug, Produzent jedes zweiten Mobiltelefons. Und im Jahr 2007 hat China bereits Deutschland als drittgrößte Volkswirtschaft der Erde abgelöst und rangiert weltweit nur noch hinter den USA und Japan.

Die chinesischen Wirtschaftsreformen

Ab 1984 fand in China mit der Umstrukturierung der staatseigenen Betriebe in Kapitalgesellschaften, der Zulassung von privaten inländischen Unternehmen und von Firmen mit ausländischem Kapital eine Liberalisierung der Industriepolitik statt. Den Firmenmanagern wurden vom Staat die Entscheidungsgewalt und die Verantwortung für ihre Unternehmen übertragen, die seither Produktion und Vermarktung selbst planen. Sie entscheiden über die Höhe der Löhne sowie die Einstellung und Entlassung ihrer Mitarbeiter. Auch die Preise werden jetzt selbst kalkuliert. Gewinne müssen nicht mehr an den Staat abgeführt, sondern können wieder in die Firma investiert werden. Da jedoch viele der bisher staatlichen Betriebe auf Grund ihrer veralteten Strukturen nicht konkurrenzfähig waren, kam es ab 1997 zusehends zur Privatisierung oder gar zur Schließung der kleinen sowie mittleren Staatsbetriebe und Millionen Arbeiter mussten entlassen werden. Nur strategisch wichtige Branchen wie Telekommunikation, Energie und Medien verblieben noch in der Hand des Staates. Die neu gegründeten kollektiven und privaten Betriebe hingegen sind die Träger des wirtschaftlichen Aufschwungs. Sie beschäftigten um die Jahrtausendwende schon weit über 70 % der Arbeitskräfte und bereits 1996 entfielen 70 % der Industrieproduktion auf sie. Der Kommunistischen Partei verblieb nur noch die Macht als Ordnungsfaktor, als Garant der politischen und sozialen Stabilität. Da an den politischen Rahmenbedingungen nichts geändert wurde, wird dieses Wirtschaftssystem als „sozialistische Marktwirtschaft chinesischer Prägung" bezeichnet.

M3 *Spielzeugherstellung*

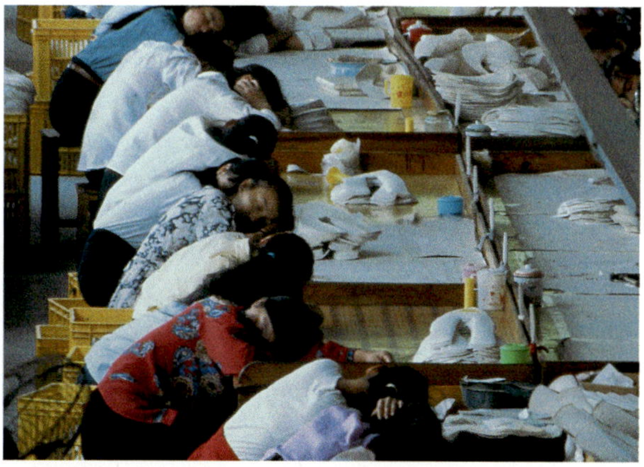

M5 *Mittagspause in einem Betrieb*

Die Liberalisierung der Preise und die Zulassung der Privatwirtschaft führten zu einem Boom in der arbeitsintensiven Konsumgüterindustrie. Aber auch Branchen wie Maschinenbau, Automobilherstellung und elektronische Industrie erlebten einen ungeheueren Aufschwung. Und in jüngerer Zeit setzt die Regierung auf die Entwicklung von technologisch hochwertigen Produkten der Informations- und Biotechnologie.

Die Reform hat aber auch den Ehrgeiz eines Volkes geweckt, dessen größtes Ziel der Reichtum und dessen größter Reichtum sein schier unerschöpfliches Reservoir an Arbeitskräften ist, die häufig mehr als 60 Stunden in der Woche bei einem Monatsverdienst von durchschnittlich 50 € arbeiten. Hohen Anteil am Erfolg der chinesischen Wirtschaft haben aber auch die rund 200 Millionen „Wanderarbeiter" aus dem ländlichen Raum und dem Landesinnern: kostengünstige und anspruchslose Arbeitskräfte, meistens ohne Arbeitsverträge. Ihre Arbeitszeiten richten sich nur selten nach den gesetzlichen Standards, oft ist ihre Arbeit gesundheitsgefährdend, eine soziale Absicherung meist nicht vorhanden.

Stadt	Stundenlohn
Oslo	21,34 €
Chicago	16,80 €
München	16,20 €
Tokio	14,70 €
Singapur	6,10 €
Moskau	3,80 €
Kuala Lumpur	3,00 €
Peking	1,50 €
Bombay	1,30 €
Quelle: nach einer Studie der Schweizer UBS-Bank	

M6 *Durchschnittliche Stundenlöhne in Städten 2006 (Auswahl)*

Für ein paar Cent schuften viele in 12-Stunden-Schichten – und schätzen sich dabei noch glücklich, denn daheim ginge es ihnen viel schlechter. Das weiß auch die 20-jährige Liu Yong, die beim weltgrößten Sockenproduzenten an der Spindel steht und jeden Tag 1400 Paar Socken für den Export herstellt. „Bei uns im Dorf gab es nichts zu tun", lächelt sie. „Hier verdiene ich genug Geld, um gut zu leben, und kann immer noch meinen Eltern etwas davon schicken."

Aber für andere war der Traum vom besseren Leben schnell ausgeträumt. „Mein Leben ist für diese Gesellschaft keinen Pfifferling wert", seufzt Liu Jiuping. Er war mit 16 Jahren aus seinem Bergdorf in die Glitzerstadt Shenzhen aufgebrochen, um in einer Spielzeugfabrik zu arbeiten. Kuschelpandas wurden dort hergestellt. Aber er arbeitete nur für drei Tage, dann hackte die Stopfmaschine ihm den rechten Arm ab. Entschädigung gab es keine. Die Firma sagte, er habe eben die Maschine falsch bedient. „Der wirtschaftliche Boom wird mit dem Blut und der Gesundheit unserer Arbeiter bezahlt", sagt sein Anwalt Zhou Litai.

(Quelle: Anhalt, G.: Werkbank der Welt. ZDF-Dokumentation vom 23. 03. 2006.)

M4 *Berichte zu den Arbeitsverhältnissen in China*

1 Beschreiben Sie den Umbau Chinas von der Planwirtschaft zur „sozialistischen Marktwirtschaft".

2 Erklären sie den wirtschaftlichen Erfolg Chinas.

M1 *Wirtschaftsräume in China*

Auf der Chinareise von Bundeskanzlerin Angela Merkel haben deutsche Unternehmen wieder lukrative Verträge mit China abschließen können. So schloss Siemens eine Vereinbarung über den Bau von 500 Lokomotiven. Der Energieversorger STEAG liefert Technik für die Sicherheit von Kohlegruben in China, in denen es schon schwerste Unglücke gegeben hat. Der Softwarehersteller SAP liefert Software für mittelständische Unternehmen. Die Lufthansa einigte sich mit Air China über die Aufnahme der chinesischen Fluglinie in das Luftverkehrsbündnis Star Alliance. Mit Blick auf die Diskussion über Produktpiraterie und Technologiediebstahl versprach Chinas Ministerpräsident, dass China alles unternehmen werde, um das geistige Eigentum intensiver zu schützen. So verpflichtet sich China in einem Abkommen, Unternehmen zu bestrafen, die unzulässig Produkte nachahmen.
(nach: „Millionenabschlüsse und feierliche Versprechen", Donaukurier Ingolstadt vom 23.05.2006)

M4 *Bericht „Deutsche Kooperation mit China"*

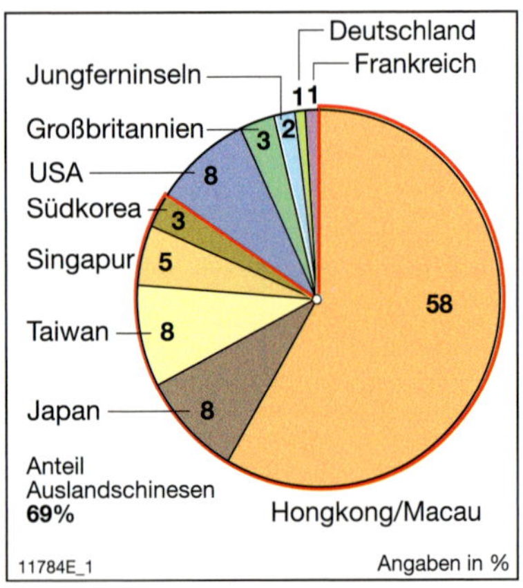

M2 *Herkunftsländer ausländischer Direktinvestitionen in China 1990-2005 (absolut 265 Mrd. US-$)*

Rohstoff	Rang 1	Rang 2	Rang 3
Kohle	China 31 %	USA 22 %	EU 9 %
Eisenerz	China 30 %	USA 25 %	EU 18 %
Stahl	China 27 %	EU 16 %	USA 12 %
Erdöl	USA 31 %	EU 18 %	China 8 %
Zement	China 40 %	Indien 6 %	USA 5 %

M3 *Rohstoffverbrauch 2005*

Chinas wirtschaftliche Öffnung nach außen

Nach vielen Jahren selbst gewählter Abschottung vom Weltmarkt öffnete sich die chinesische Volkswirtschaft ab 1978 dem Ausland mit dem Ziel, durch die Ansiedlung ausländischer Firmen eine eigene leistungsfähige Industrie aufzubauen. Um die staatliche Kontrolle zu gewährleisten, wurden als Versuchsfelder für marktwirtschaftliche Experimente in Südchina fünf vom Binnenland abgegrenzte **Sonderwirtschaftszonen** ausgewiesen. Damit sollten Investitionen, moderne Technologie und Managementwissen aus dem westlichen Ausland und den asiatischen Nachbarstaaten angelockt werden. Diese Zonen sollten den ausländischen Investoren durch staatliche Vergünstigungen und reduzierte administrative Vorschriften die Möglichkeit bieten, unter Ausnutzung der niedrigen chinesischen Löhne Güter für den Export, aber auch für den riesigen chinesischen Absatzmarkt zu produzieren. Da China lange Zeit ausländischen Firmen nicht die Gründung reiner Tochterunternehmen erlaubte, erfolgte die Zusammenarbeit häufig in Gemeinschaftsunternehmen chinesischer Unternehmen und ausländischer Investoren, so genannten Joint Ventures.

Mit all diesen Maßnahmen verfolgte China von Anfang an das Ziel, für den Weltmarkt zu produzieren. Da sich die Qualität chinesischer Produkte durch westliche Qualitätsstandards und Technologie rasch verbesserte, wurden diese konkurrenzfähig und erfolgreich. China rückte weltweit innerhalb von drei Jahrzehnten von einem vom Weltmarkt isolierten Land zur drittgrößten Exportnation der Welt auf – hinter den USA und Deutschland, aber vor Japan. Durch die gezielte Exportorientierung erhöhten sich zudem die Deviseneinnahmen, sodass China mit 670 Milliarden US-Dollar heute nach Japan die zweitgrößten Devisenreserven der Welt hat. Zudem konnte das Land durch eine gesteigerte Eigenproduktion seine Importausgaben erheblich senken.

Der durch die geregelte Öffnung erzielte Erfolg führte dazu, dass ab 1984 weitere 14 „geöffnete Küstenstädte“ einen besonderen Status erhielten. In der 1990er-Jahren folgten dann „geöffnete Städte“ im Landesinneren, um die großen Disparitäten zum Küstenraum abzubauen. 1992 öffnete schließlich China landesweit alle Stadtregionen für ausländische Direktinvestitionen. So haben bisher knapp 2000 deutsche Unternehmen in China investiert, auch in der Hoffnung, den mit mehr als einer Milliarde möglicher Kunden verlockend riesigen Markt für sich zu erschließen. Deshalb ist China heute neben den USA das wichtigste Empfängerland von ausländischen Investitionen.

China und die Weltwirtschaft

Für viele ausländische Unternehmen sind die chinesischen Betriebe nichts anderes als eine verlängerte Werkbank. Sie liefern dorthin Einzelteile, lassen sie zusammenbauen und exportieren die Fertigwaren sofort wieder. Das Unternehmen Galanz etwa fertigt mit einem Weltmarktanteil von 40 % Mikrowellen für 80 ausländische Marken, ohne selbst in Erscheinung zu treten.

Seit vielen Jahren kauft China in hoch entwickelten Industrieländern ganze Produktionsanlagen auf, die, sorgfältig zerlegt, in China wieder zusammengesetzt werden, um dann nach westlichen Standards zu produzieren.

Zunehmend übernehmen chinesische Firmen wie der Elektronikhersteller TCL Corp, der größte TV-Hersteller der Welt, auch insolvente ausländische Unternehmen wie das französische Unternehmen Thomson und den bayerischen Hersteller Schneider, weil chinesische Unternehmen neben Vertriebsstrukturen vor allem auch eine anerkannte Marke brauchen, um auf dem Markt der Industriestaaten erfolgreich zu sein. Mittelfristig dürfte China aber auch mit eigenen Marken in westlichen Industrieländern aktiv werden, so wie Chinas Haushaltsgeräte-Gigant Haier, weltweit fünftgrößter Hersteller von Kühlschränken und Waschmaschinen. Mit dem Bestreben, ausländische Unternehmen aufzukaufen, aber auch im Ausland chinesische Fertigungsanlagen zu errichten, will China zu einem Global Player werden.

Die Ausweitung des Außenhandels wird zum Teil auch durch Verstöße gegen das Urheberrecht erreicht. Der Druck der chinesischen Regierung zu Joint Ventures und Technologietransfer führt oftmals zu Fälschungen von Produkten renommierter Markenhersteller, denn das „Abkupfern“ von Produkten oder Designs erspart eigene Forschungs- und Entwicklungskosten. So leiden auch viele deutsche Unternehmen unter Umsatz- und unter Imageeinbußen, weil in China produzierte Kopien wesentlich günstiger, aber mit geringerer Qualität unter ihrem Markennamen vertrieben werden.

Chinas florierende Wirtschaft verschlingt zusehends einen Großteil der weltweit verfügbaren Rohstoffe und Grundmaterialien. Durch die hohe Nachfrage Chinas verteuern sich weltweit die Preise z. B. von Erz, Koks, Öl und Stahl.

2002 wurde die stillgelegte Dortmunder Kokerei Kaiserstuhl an einen chinesischen Bergbaukonzern verkauft. 16000 technische Zeichnungen, zwei Lkws voller Akten, 35 t Maschinen, Rohre, Kabel werden von 300 chinesischen Arbeitern nummeriert und zerlegt. Auf Frachtschiffe verladen, erreichen sie nach 30 Tagen den Hafen Qingdao. China ist hungrig nach Stahl und deshalb hungrig nach Koks. 60 Kokereien sind in China im Bau, und Kaiserstuhl soll eine der größten werden. Etwas mehr als den Schrottwert zahlte der chinesische Unternehmer für Kaiserstuhl. Da China für seine Stahlwerke selbst viel Koks braucht, wird Koks auf dem Weltmarkt knapper und der Preis steigt.
(nach: „Herr Mo holt die Fabrik“, DIE ZEIT vom 23.09.2004)

M5 *Kauf von Industrieanlagen*

Der Unternehmer Vietz, Weltmarktführer für Maschinen zur Verlegung von Pipelines, ist eines der Opfer der rüden Geschäftsmethoden in China. Der chinesische Partner von Vietz verschwand mit einem Laptop voller Baupläne, im Dezember klaute er den Hauptrechner und den Tresor voller geheimer Firmenunterlagen. Der Chinese und seine Hintermänner treten nun mit nachgebauten Schweißraupen bei Messen als Konkurrenz auf. „Uns entstehen Verluste in Millionenhöhe“, schimpft Vietz. Inzwischen hat er die Chinaproduktion zurück ins deutsche Stammwerk verlegt.
(nach: „Die Jahre des Esels“, Der Stern, 21/2006)

M6 *Produktpiraterie*

1 Begründen Sie die Anteile der Herkunftsländer an den Direktinvestitionen in China.

Shenzhen

- 6 Mio. Einwohner, zusätzlich ca. 3,5 Mio. Wanderarbeiter
- 1 953 km² Fläche, davon 396 km² Sonderwirtschaftszone
- 61 Mrd. US-$ BIP (4. Stelle in China) 7 000 US-$ BIP pro Kopf (zum Vergleich: China 1 700 US-$)
- 16,3 % durchschnittliches Wirtschaftswachstum (2001 - 2005)
- 34,5 Mrd US-$ Exportvolumen (ein Siebtel aller chinesischen Exporte)
- 20 000 Joint Ventures, 6 000 Kooperationen mit Unternehmen aus anderen Teilen Chinas
- größtes Containerterminal der Welt

M1 *Steckbrief Shenzhen 2005*

Shenzhen – die erste Sonderwirtschaftszone Chinas

Noch 1970 war Shenzhen ein armseliges Fischerdorf mit wenigen Tausend Einwohnern, aber mit einer Bahnstation gleich hinter der Grenze zu Hongkong. Heute ist es eine der florierendsten Millionenstädte und einer der bedeutendsten Wirtschaftsstandorte Chinas, denn 1979 wurde Shenzhen von der chinesischen Regierung als Pilotprojekt zur Einführung neuer Betriebsformen und als Experimentierfeld für die friedliche Koexistenz von freier Marktwirtschaft und Kommunismus als erste Sonderwirtschaftszone auserkoren. Dies wurde von der chinesischen Zentralregierung gefördert, indem man die Infrastruktur Shenzhens ausbaute, von den Unternehmen nur geringe Pachtgebühren verlangte und ihnen mehrjährige Steuerfreiheit bzw. günstige Kredite einräumte.

Der Hauptgrund für diese Pionierfunktion Shenzhens ist die geographische Lage direkt an der Grenze zum damals unter britischer Verwaltung stehenden Hongkong. Die Finanzierung des Aufschwungs erfolgte mit dem Kapital aus Unternehmen von Auslandschinesen aus Hongkong oder den südostasiatischen Nachbarländern. Zusätzlich sorgte die Verlagerung von Produktionskapazitäten aus Hongkong für den Aufschwung Shenzhens, weil Hongkong-Chinesen dort Unternehmen gründeten und dorthin ausländische Rohmaterialien oder Halbfabrikate lieferten, die unter den günstigen chinesischen Produktionsbedingungen über Hongkong wieder in die Welt exportiert wurden. Während in den ersten Jahren hauptsächlich die arbeitsintensive Industrie zur Produktion etwa von Bekleidung gefördert wurde, fand in den 1990er-Jahren ein Wandel zur Herstellung von Hightech-Gütern wie Computern oder Geräten der Telekommunikation statt. So entwickelte sich Shenzhen innerhalb weniger Jahrzehnte zu einer der bedeutendsten „verlängerten Werkbänke“ der Welt, wo hochwertige Güter insbesondere für den Export hergestellt werden.

Jedes Jahr werden im Hafen von Shenzhen Waren im Wert mehrerer Milliarden US-Dollar in Container verpackt und auf Schiffe verladen. Das Erfolgsgeheimnis der Region wird mit drei Buchstaben abgekürzt: OEM – Original Equipment Manufactorers. Das System funktioniert so: Eine Firma aus Hongkong gründet eine Fabrik in Shenzhen, die von Hongkong aus gemanagt wird. Westliche Markenhersteller bestellen ihre Produkte bei der Hongkonger Firma, eine Million Paar Schuhe, Laptops oder Mobiltelefone. Die OEMs in Shenzhen produzieren und kleben nachher den Namen des Auftragsgebers auf das Produkt. Die Kunden sehen den Waren ihre Herkunft nicht an. Das System ist unschlagbar, denn die Mischung aus Kapital und Management aus Hongkong, westlichen Einkäufern und den chinesischen Billigarbeitern funktioniert perfekt.
(nach: „Beton und Kapitalismus“, Süddeutsche Zeitung vom 17.05.2005)

M2 *Die „Werkbank“ Shenzhen*

1984 wurde in Shanghai mit dem Modell Santana von VW in einem Joint Venture mit der chinesischen Firma FAW (First Automobile Works) das erste „westliche“ Auto in China gebaut. Dem VW-Konzern wurde jedoch vorgeschrieben, dass er einen Teil seiner Vorprodukte lokal beziehen muss. China wollte nicht nur isolierte ausländische Montagewerke haben, sondern die Effekte nutzen, die durch die Zulieferung von Produkten aus anderen Industriezweigen entstehen. Viele Staatsunternehmen haben so ihre Produktion mit Hilfe multinationaler Unternehmen modernisiert. So hat sich auch um VW Shanghai und die 1997 gegründete General Motors Shanghai die chinesische Unternehmensgruppe Shanghai Automotive Industrial Corporation (SAIC) entwickelt. Dem SAIC-Netzwerk gehören heute 27 Joint Ventures mit ausländischen, vor allem aber mit deutschen Zulieferern an. Die meisten ausländischen Firmen produzieren in China, weil sie hoffen, damit einfacher auf den chinesischen Binnenmarkt zu kommen. Teilweise ist dies von Erfolg gekrönt. Für VW etwa ist China der wichtigste Auslandsmarkt, der etwa ein Drittel zum gesamten Betriebsgewinn beisteuerte. Doch der Marktanteil von ca. 60 % sinkt stetig, denn heute gibt es in China schon 20 Pkw-Joint Venture-Unternehmen und die ehemaligen chinesischen Partner treten auf Grund des Technologietransfers und der ausgebildeten Fachkräfte als Wettbewerber von VW auf.

M3 *Das Joint Venture VW Shanghai*

M4 *Shanghais Sonderwirtschaftszone Pudong*

Shanghai – „geöffnete Küstenstadt" und Metropole der Zukunft

Bereits im 19. Jahrhundert war Shanghai das wichtigste Handels-, Finanz- und Industriezentrum Chinas, denn die Stadt gehörte in der Kolonialzeit zu den wenigen chinesischen Städten, in denen sich Ausländer ansiedeln und Handel treiben durften. Nach der maoistischen Revolution 1948 wurde Shanghai jedoch systematisch benachteiligt. Erst im Zuge der wirtschaftlichen Reformen wurde 1984 Shanghai zur „offenen Küstenstadt" und 1993 ihr Stadtteil Pudong als bisher letztes Gebiet zur Sonderwirtschaftszone erklärt. Seither errichteten ausländische Firmen, oftmals als Joint Venture wie etwa VW Shanghai, hier neue Produktionsstätten oder gründeten Handelsniederlassungen. Heute ist jeder dritte der weltgrößten Konzerne in Shanghai vertreten. Besonders das westlich des Flusses gegenüber dem Stadtzentrum liegende Pudong erlebte einen unbeschreiblichen Wirtschaftsboom. 1993 bestand Pudong noch aus Holz- und Steinhäusern mitten in einem Sumpfgebiet. Heute wird dieses Gebiet mit unzähligen Wolkenkratzern der Finanz- und Handelszone und einem 130 m hohen Börsengebäude als „Manhattan des Ostens" bezeichnet. In unmittelbarer Nähe liegt das chinesische „Silicon Valley", in dem sich viele Firmen aus den Bereichen Mikroelektronik, Biomedizin und Raumfahrttechnik angesiedelt haben. In enger Verbindung zu dieser Industriezone wurden Universitäten und Forschungsinstitute errichtet, um einen Technologietransfer zu gewährleisten. Aber auch der ideologisch bisher unterdrückte tertiäre Sektor erlebte in Shanghai eine ungeheuere Entfaltung: Luxushotels, Einkaufszentren, wie etwa das größte Einkaufsgebäude Asiens „Super Brand Mall", und Vergnügungsviertel finden in ausländischen Geschäftsleuten oder den chinesischen Gewinnern des wirtschaftlichen Aufschwungs ein zahlungskräftiges Publikum.

Shanghai

- 9,2 Mio. Einwohner, zusätzlich ca. 4,3 Mio. Wanderarbeiter
- 50 000 ausländische Arbeitnehmer
- 114 Mrd. US-$ BIP (2. Stelle in China), 8 000 US-$ BIP pro Kopf (zum Vergleich: China 1 700 US -$)
- 12,1 % durchschnittliches Wirtschaftswachstum (2001 - 2005)
- weltgrößter Tiefseehafen
- einzige Formel 1-Rennstrecke Chinas, erste öffentliche Magnetschwebebahn der Welt, Weltausstellung 2010

M5 *Steckbrief Shanghai*

1 Legen Sie die wirtschaftlichen Merkmale der Sonderwirtschaftszone Shenzhen dar.

2 Stellen Sie aus Sicht eines deutschen Unternehmens den Vorteilen die Nachteile eines Joint Ventures gegenüber.

M1 *Soziale Gegensätze – „befreite Arbeitssklaven" und Autokauf in China*

	Indien	China	Deutschland
HDI (Rang)	127	94	19
BIP/Einw. (US-$)	720	1 700	25 270
Einw. mit weniger als 2 US-$/Tag (%)	83	47	0
städt. Bevölkerung (%)	28	39	88
Pkw-Dichte je 1 000 Einw.	70	90	550
Internetnutzer je 1 000 Einw.	30	60	420
Einw. je Arzt	1 700	697	271

M2 *Sozioökonomische Merkmale im Jahre 2005 im Vergleich*

„Jeder Chinese hat heute die Chance, reich zu werden", lacht Motorrad-Mogul Zuo aus Chongqing und weiß, wovon er spricht. Aus einer kleinen Reparaturwerkstatt hat er in zwanzig Jahren einen mächtigen Motorrad-Konzern mit 18 000 Arbeitern aufgebaut und ist zum Multimillionär geworden. Heute wohnt Herr Zuo in einer Villa über der Stadt, die von 60 Bediensteten in Schuss gehalten wird, und lässt sich in einem Hummer-Luxusauto chauffieren.

(Quelle: Anhalt, G.: Werkbank der Welt. ZDF-Dokumentation vom 23.03.2006.)

M3 *Chinas neue Oberschicht*

Disparitäten – global, regional, lokal

Indien und China – Entwicklungs- oder Industrieländer?

Der Wirtschaftsboom in Indien und China sollte nicht darüber hinwegtäuschen, dass beide Länder in ihrem gesellschaftlichen Entwicklungsstand immer noch zum unteren Drittel aller Länder der Erde gehören. Und auch nach dem Pro-Kopf-Einkommen liegen Indien bzw. China wirtschaftlich nur auf dem Niveau eines Entwicklungslandes. In den ländlichen Räumen beider Staaten leben noch immer Millionen Menschen am Rande des Existenzminimums. Oft nur wenige Kilometer von den aufstrebenden Städten entfernt wohnen sie in Behausungen ohne sauberes Trinkwasser und sanitäre Einrichtungen. Obwohl sich seit dem wirtschaftlichen Aufschwung die Einkommenschancen für die armen Bevölkerungsschichten verbessert haben, vergrößern sich in beiden Ländern die sozioökonomischen Unterschiede immer mehr.

Regionale und soziale Disparitäten in China

Durch die atemberaubende Dynamik der Öffnung zur Marktwirtschaft sind in China erhebliche regionale Disparitäten entstanden: An der Küste finden sich prosperierende Regionen, in denen moderne Industriegebiete und neue Stadtteile nach westlichem Vorbild aus dem Boden schießen, das Landesinnere bleibt vorwiegend agrarisch geprägt, wo vielerorts die Entwicklung stehen geblieben ist.

In der Folge wanderten in den letzten beiden Jahrzehnten rund 250 Millionen Landbewohner in die boomenden Küstenstädte. Dort arbeiten sie teilweise unter unzumutbaren Bedingungen und wohnen auf der Straße, auf dem Fabrikgelände oder in provisorisch errichteten Wohnheimen. Durch den Zusammenbruch vieler Staatsunternehmen wurden Hunderttausende von Menschen vorübergehend arbeitslos. Allerdings fehlen nach wie vor ein staatlich organisiertes Gesundheits- und Rentensystem sowie eine Arbeitslosenversicherung. Arbeiter und Angestellte vieler moderner Privatbetriebe hingegen verfügen als neue städtische Mittelschicht über steigende Einkommen und einen höheren

Lebensstandard. Schließlich gibt es noch die reichen Neu-Unternehmer, die eigentlichen Gewinner des Wirtschaftsbooms. So hat sich aus der einst sozialistischen Gesellschaft innerhalb zweier Jahrzehnte eine doch sehr ungleiche Sozialstruktur entwickelt. Dass diese Gegensätze und das große Einkommensgefälle zu gesellschaftlichen Spannungen führen können, weiß auch Chinas Staatschef Hu Jintao, der auf dem 17. Parteitag der Kommunistischen Partei 2007 in Peking verkündete: „China strebt nicht nur nachhaltiges Wachstum an, sondern stellt auch wieder den Menschen in den Mittelpunkt." Durch Konzentration staatlicher Fördermaßnahmen auf das rückständige Landesinnere soll vor allem den benachteiligten Menschen in den ländlichen Räumen geholfen werden.

Indien – Gegensätze zwischen Stadt und Land

Trotz des wirtschaftlichen Aufschwungs ist auch Indien nach wie vor durch tiefe soziale Gegensätze geprägt. Allerdings werden heute in den großstädtischen Zentren Indiens die traditionellen Unterschiede nach Herkunft und Religion zusätzlich von einkommensbedingten Disparitäten überlagert und verstärkt. Ausschließlich eine neue Mittelschicht und die bestehende Oberschicht profitieren von der Entstehung hochwertiger Arbeitsplätze und den in einigen Wirtschaftsbereichen gestiegenen Einkommen. Durch den zunehmenden Bedarf des nachwachsenden Dienstleistungssektors an Räumlichkeiten steigen die Grundstückspreise im Zentrum der Großstädte erheblich. Hier entstehen moderne Bürokomplexe und Einkaufszentren, oft in enger Nachbarschaft zu noch vorhandenen innerstädtischen Slums. So liegt die Downtown oft nicht mehr als eine Straßenzeile oder ein kleines Stadtviertel von den Elendsvierteln entfernt. Der städtischen Armutsbevölkerung, zu der ungefähr drei Viertel aller Stadtbewohner zählen, bleibt hingegen auch auf Grund meist unzureichender Ausbildung die grundlegende Verbesserung ihrer Lebenschancen verwehrt. Das kleinräumliche Nebeneinander von hochmodernen Stadtvierteln und Elendssiedlungen, von westlichem Lebensstil und extremer Armut, von größeren Freiheiten im sozialen Umgang und tief verwurzelter Tradition prägt derzeit das Gesicht indischer Großstädte.

31 Arbeiter wurden in China über ein Jahr in einer Ziegelei festgehalten und mussten bis zu 20 Stunden täglich schuften – ohne Lohn, nur für Wasser und Brot, wie die „Beijing News" berichtet. Der Fabrikbesitzer sei so lange unbehelligt geblieben, weil er der Sohn des örtlichen Bürgermeisters sei. Jetzt aber befreite die Polizei die Arbeitssklaven. Acht waren so geschwächt, dass sie den Polizisten noch nicht einmal sagen konnten, woher sie kamen oder wie sie heißen. Viele hätten Wunden und Verbrennungen am ganzen Körper gehabt, weil sie ungekühlte Ziegel schleppen mussten.

(nach: „Kein Lohn, Kaum Essen", SPIEGEL ONLINE, 2007)

M4 *Illegale Arbeitsverhältnisse in China*

M5 *Technologiepark Whitefield in Bangalore in unmittelbarer Nähe eines Slums*

Etwa 1 000 € Monatsgehalt bekommen junge Softwareexperten, Callcenter zahlen ihren Beschäftigten bis zu 300 €, ein Vielfaches von dem, was die Eltern dieser Angestellten verdienen, und genug, um abends in ein Fast Food- Restaurant oder in einen Club zu gehen. Hier ragen Hochhäuser in den Himmel, einige noch im Rohbau. Männer mit weißen Lendentüchern und Frauen mit verdreckten Saris tragen Bastkörbe mit Ziegelsteinen auf ihren Köpfen in die oberen Etagen. Gleich daneben stehen ihre Zelte oder notdürftig hergerichtete Hütten. Die Männer verdienen als Bauarbeiter in Bangalore 2 € im Monat, die Frauen gerade einmal 50 Cent.

(nach: „Bangalore Now", Geo Spezial, 5/2004)

M6 *Disparitäten im indischen Bangalore*

1 Suchen Sie im Atlas oder im Internet weitere Daten, mit denen sich der Entwicklungsstand Indiens und Chinas charakterisieren lässt.

2 Zeigen Sie die Disparitäten auf, die durch das rasante Wirtschaftswachstum in Indien und China entstanden sind.

M1 *Abfallentsorgung im indischen Kalkutta*

M4 *Giftgasexplosion in der chinesischen Stadt Jilin*

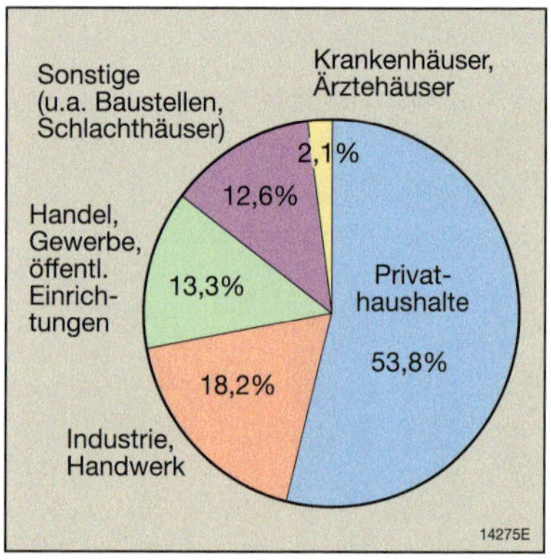

M2 *Abfallaufkommen in Kalkutta nach Verursachern*

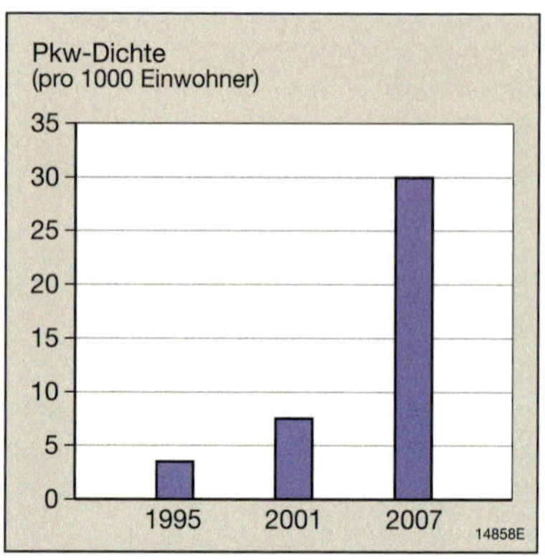

M3 *Pkw-Dichte in China*

Ökologische Probleme – Kehrseite des rasanten Wirtschaftswachstums

Die Folgen des Bevölkerungswachstums und vor allem der rasanten Industrialisierung haben in Indien, besonders aber in China zu erheblichen Umweltproblemen geführt. Die Einleitung ungeklärter Industrie- und Haushaltsabwässer beeinträchtigt in vielen Regionen die Wasserqualität und führt zu Mangel an sauberem Trinkwasser. Immer mehr Menschen vor allem in den Großstädten leiden unter der Luftverschmutzung. Auch im Hinblick auf das Abfallaufkommen in beiden Ländern sind die ökologischen Folgen des schnellen Übergangs von 2,4 Milliarden Menschen in die Konsumgesellschaft nach westlichem Vorbild beängstigend. Die Kosten der Umweltschäden in China sind mit schätzungsweise 10 Prozent des Bruttoinlandsprodukts so groß wie das Wirtschaftswachstum. Für die Regierungen beider Staaten gilt es, ein Gleichgewicht zwischen dem wirtschaftlichen Wachstum und dem verantwortungsvollen Umgang mit Boden, Luft und Wasser zu finden. Umweltbewusstes Handeln muss zur zweiten Natur jedes Unternehmens und jedes Einzelnen der Gesellschaft werden, sagte der chinesische Regierungschef Wen Jiabao. Beharrlich lehnt Peking jedoch aus Angst vor der Verlangsamung seiner Entwicklung die Begrenzung seiner Emissionen von Treibhausgasen ab. So werden in beiden Ländern, sei es aus politischen Gründen, sei es aus Mangel an Personal oder Geld, bestehende Umweltgesetze und Umweltschutzstandards nicht umgesetzt. Oft beschränkt man sich nur darauf, Umweltschäden zu verwalten oder auch nur davor zu warnen.

	CO_2- Emissionen je Einwohner (t)	CO_2- Emissionen (Mio. t)	Primärenergieverbrauch je Einwohner (t Rohöleinheiten)
Indien	1,0	1065	0,3
China	2,6	3390	0,9
Deutschland	10,1	833	4,0
USA	19,4	5703	7,8

M5 *Energiekenndaten 2005 im Vergleich*

1 Arbeiten Sie in Gruppen. Entnehmen Sie aus den Materialien M6 - M8 Ursachen und Folgen der ökologischen Probleme in Indien bzw. China.

Indien bekommt zunehmend die Schattenseiten seines Wirtschaftswachstums zu spüren. Besonders in den Städten kommt es zu einem riesigen Aufkommen an Abfall, insbesondere Hausmüll. Obwohl ein erheblicher Teil der städtischen Ausgaben in die Müllabfuhr fließt, ist eine geregelte Entsorgung der ungeheuren Abfallmengen nicht möglich. Die Inder scheinen gewohnt zu sein, mit Schmutz, Müll und Gestank zu leben. Essensreste, Unrat, Exkremente, Glas – alles entsorgt man am Straßenrand, einfach dorthin, wo schon was liegt. Oder man lagert und verbrennt den Müll neben dem Haus oder auf freien Flächen, wo wilde Deponien entstehen. Zusehends verschärfen steigender Konsum und die Zunahme des Verpackungsmaterials das Problem. Auch durch die rasch wachsende Menge elektronischer Altgeräte, vor allem aber durch die Produktion der internationalen IT-Unternehmen fallen jährlich mehr als 150 000 t Elektroschrott an, der aus Mangel an geeigneten Recyclinganlagen auf Müllhalden entsorgt wird, wo toxische Bestandteile das Grundwasser verseuchen.
Ebenso belasten Abwässer die Umwelt, da die meisten indischen Haushalte nicht an ein Abwassersystem angeschlossen sind. Abwasserbeseitigung ist nach der Struktur der traditionellen Gesellschaft Aufgabe jener Menschen, die auf der sozialen Leiter ganz unten stehen. Es ist unter der Würde vieler Inder, die Toilette zu reinigen. Dies überlassen sie den „Unberührbaren“, die die Exkremente in den nächsten Abwassergraben tragen. Diese meist offenen Abwasserkanäle sind Brutstätten vieler Krankheitserreger. Die Belastung von Boden und Grundwasser durch Müll und Fäkalien und die Entnahme verseuchten Trinkwassers sind die Ursache vieler Erkrankungen.

M6 *Umweltprobleme Abfall und Abwasser in Indien*

Tote Fische treiben zu Tausenden im verseuchten Fluss Song Hua. In der Millionenstadt Harbin warten lange Menschenschlangen auf die Ausgabe von Trinkwasser. Ursache der Vergiftung war eine Explosion in einer Chemiefabrik in Jilin 80 km flussaufwärts, wobei tonnenweise hochgiftiges und krebserregendes Benzol in den Fluss gelaufen war, welches die Schadstoffbelastung des ohnehin schon stark verschmutzten Flusses um das 30-Fache über dem Normalwert erhöht hat. Ausgerechnet aus diesem Fluss stammt der größte Teil des Trinkwassers für Harbin. Damit die Einwohner nicht das vergiftete Wasser tranken, stellten zwar die Behörden das Wasser ab, verschwiegen aber eine Woche lang das Ausmaß der Umweltkatastrophe. Die Reaktion erscheint Beobachtern typisch für das bürokratische kommunistische Funktionärssystem, das in dieser alten Industrieregion noch herrscht. Diese Katastrophe führt eines deutlich vor Augen: Chinas Wasservorräte sind ebenso wie 70 % der Flüsse verschmutzt, denn vielerorts pumpen Unternehmen ihre Abwässer ungeklärt in Flüsse oder Seen und sparen sich dadurch eine teure Entsorgung. Verschmutztes Wasser ist in China nach offiziellen Angaben verantwortlich für den vorzeitigen Tod von jährlich 60 000 Menschen. „Im vergangenen Jahr war die Hälfte des getesteten Wassers der sieben größten Flüsse Chinas wegen der Umweltverschmutzung als Trinkwasser völlig unbrauchbar“, heißt es in einem Bericht des Volkskongresses. So mangelt es 300 Millionen Chinesen an trinkbarem Wasser – eine Erfahrung, die plötzlich auch vier Millionen Einwohner von Harbin machen mussten. 70 % der Chinesen trinken Wasser, das gesundheitlich bedenklich ist, denn auch der größte Teil der 18 Mrd. t Industrie- und Haushaltsabwässer, die jährlich in Städten anfallen, wird ungeklärt in Flüsse geleitet. Zusätzlich bringen die Bauern nicht mehr nur tierischen Dung auf ihre Felder, sondern setzen zur Ertragssteigerung dreimal so viel Stickstoff- und Phosphordünger pro Hektar ein wie im weltweiten Durchschnitt. So sehen chinesische Wissenschaftler eine Verbindung zwischen der Wasserverschmutzung und der extrem hohen Krebsrate der Bevölkerung.

M7 *Umweltproblem Wasserbelastung in China*

China ist heute schon weltweit der größte Produzent des den sauren Regen verursachenden Schwefeldioxids. Wenn seine Wirtschaft weiterhin so stark wächst wie in den letzten Jahren, wird China die USA bis zum Jahr 2010 als größten Produzenten des Treibhausgases Kohlendioxid überholt haben. Nach den Vereinbarungen von Kyoto muss China als Entwicklungsland seine CO_2-Emissionen nicht einmal drosseln, sondern kann mit seinen zum Teil hoffnungslos veralteten Produktionsanlagen bei der Warenherstellung siebenmal so viel Energie wie die westlichen Industrieländer verbrauchen. Nach wie vor schöpft China 75 Prozent seiner Energie aus der Steinkohle, die auch in den meisten Haushalten zum Kochen und Heizen verwendet wird. Die Chinesen sind daher ständig Feinstaub, Säuren und gefährlichen organischen Verbindungen ausgesetzt. Laut einer aktuellen Studie der Weltbank befinden sich 16 der 20 Städte mit der höchsten Luftverschmutzung weltweit in China. In 80 Prozent der chinesischen Städte liegen die Stickstoff- und Schwefelwerte über den zulässigen Grenzwerten der Weltgesundheitsorganisation WHO. Die WHO schätzt, dass 250 000 Todesfälle im Jahr auf durch Luftverschmutzung ausgelöste Krankheiten zurückzuführen sind. Forscher haben überdies einen dramatischen Rückgang der Sonneneinstrahlung in China festgestellt. Dabei ist der Motorisierungsgrad in China zurzeit noch relativ gering. Geht man von der heutigen Wachstumsrate aus, wird sich die Anzahl der Automobile in China alle drei bis vier Jahre verdoppeln. Sollte die Pkw-Dichte deutsches Niveau erreichen, würden auf Chinas Straßen mehr Autos fahren als in der restlichen Welt.

M8 *Umweltproblem Luftbelastung in China*

1. Landschaften Indiens und Chinas

a) Ordnen Sie die auf den Seiten 8/9 dargestellten Landschaftsbilder (A - F) mit Hilfe des Atlas entsprechenden Regionen in Indien und China zu.

b) Charakterisieren Sie die naturräumlichen Gegebenheiten in den Räumen (A - F), indem Sie deren Oberflächenform, Klimaverhältnisse, hydrographische Bedingungen und Bodenverhältnisse darlegen.

c) Begründen Sie aus den Landschaftsbildern (A - F) die ersichtliche landwirtschaftliche Nutzung auf der Grundlage der jeweiligen naturräumlichen Gegebenheiten.

2. Bevölkerungsverteilung und Bevölkerungsentwicklung im Vergleich

a) Begründen Sie die Bevölkerungsverteilung in Indien ausgehend von den natürlichen Rahmenbedingungen.

b) Erklären Sie die Bevölkerungsverteilung und die Wanderungsströme Chinas (S. 31/M4) auf der Grundlage wirtschaftlicher Entwicklungen und politischer Entscheidungen.

c) Vergleichen Sie die Bevölkerungsverteilung Indiens mit der Chinas, indem Sie grundlegende Gemeinsamkeiten und Unterschiede herausarbeiten.

d) Legen Sie dar, welchem Zweck das abgebildete chinesische Kartenspiel dienen soll.

e) Zeigen Sie auf, wie sich die chinesischen Maßnahmen der Familienplanung von denen Indiens unterscheiden.

f) Stellen Sie mit Hilfe des Zeitungsberichts Probleme und Folgen der Familienplanung in beiden Ländern dar und begründen Sie diese.

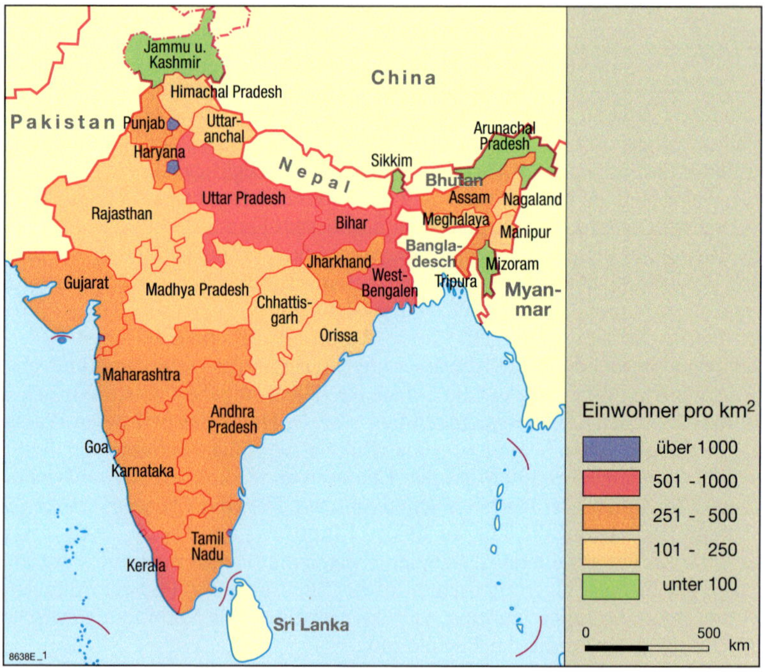

Nach Regierungsangaben sind 10 Millionen Mädchen in den vergangenen zwanzig Jahren in Indien abgetrieben oder direkt nach ihrer Geburt getötet worden. Jeden Tag würden in Indien ca. 7000 Mädchen weniger geboren, als statistisch zu erwarten wäre, berichtet UNICEF.
(nach: Nürnberger Nachrichten vom 15.12.2006)

3. Wirtschaftsentwicklung in Indien und China

Wie in China wurden auch in Indien von der Regierung Sonderwirtschaftszonen ausgewiesen.

a) Legen Sie die Merkmale solcher Sonderwirtschaftszonen dar.

b) Zeigen sie die Erwartungen auf, welche die indische und die chinesische Regierung mit Sonderwirtschaftszonen bzw. mit Joint Ventures verbinden.

c) „Das Risiko, in China nicht zu sein, ist größer als das Risiko, dabei zu sein." (Heinrich von Pierer, ehemaliger Aufsichtsratsvorsitzender der Firma Siemens) Stellen Sie die Chancen den Problemen gegenüber, die mit der Errichtung von Produktionsstätten durch ausländische Unternehmen in China verbunden sind.

4. Landwirtschaft in Indien und China

Führen Sie eine Diskussion zum Thema:
„Maßnahmen zur Steigerung der landwirtschaftlichen Produktion – ein Erfolg?".

a) Bilden Sie zwei Gruppen, welche die Argumente „pro" und „kontra" vertreten.

b) Wählen Sie einen Moderator, der die Diskussion leitet und auf die Diskussionsregeln achtet.

c) Sammeln Sie in der jeweiligen Gruppe Argumente. Versuchen Sie dabei die jeweils betroffenen sozialen Gruppen (z. B. Kleinbauern, Großgrundbesitzer, Landarbeiter, Agrarexperten, Politiker) angemessen zu berücksichtigen.

d) Planen Sie in Ihrer Gruppe auch Gegenargumente auf etwaige Diskussionsbeiträge der Gegenpartei ein.

e) Tragen Sie in einer Diskussionsrunde Ihre Argumente vor.

f) Geben Sie in einer Schlusserklärung Ihr Ergebnis wieder.

Wichtige Begriffe

ausländische Direktinvestitionen
Bevölkerungspolitik
Bevölkerungspyramide
Dammfluss
Grundstoffindustrie
Grüne Revolution
Investitionsgüterindustrie
Kastensystem
Konsumgüterindustrie
Planwirtschaft
Schlüsselindustrie
Sonderwirtschaftszone
Subkontinent
verlängerte Werkbank

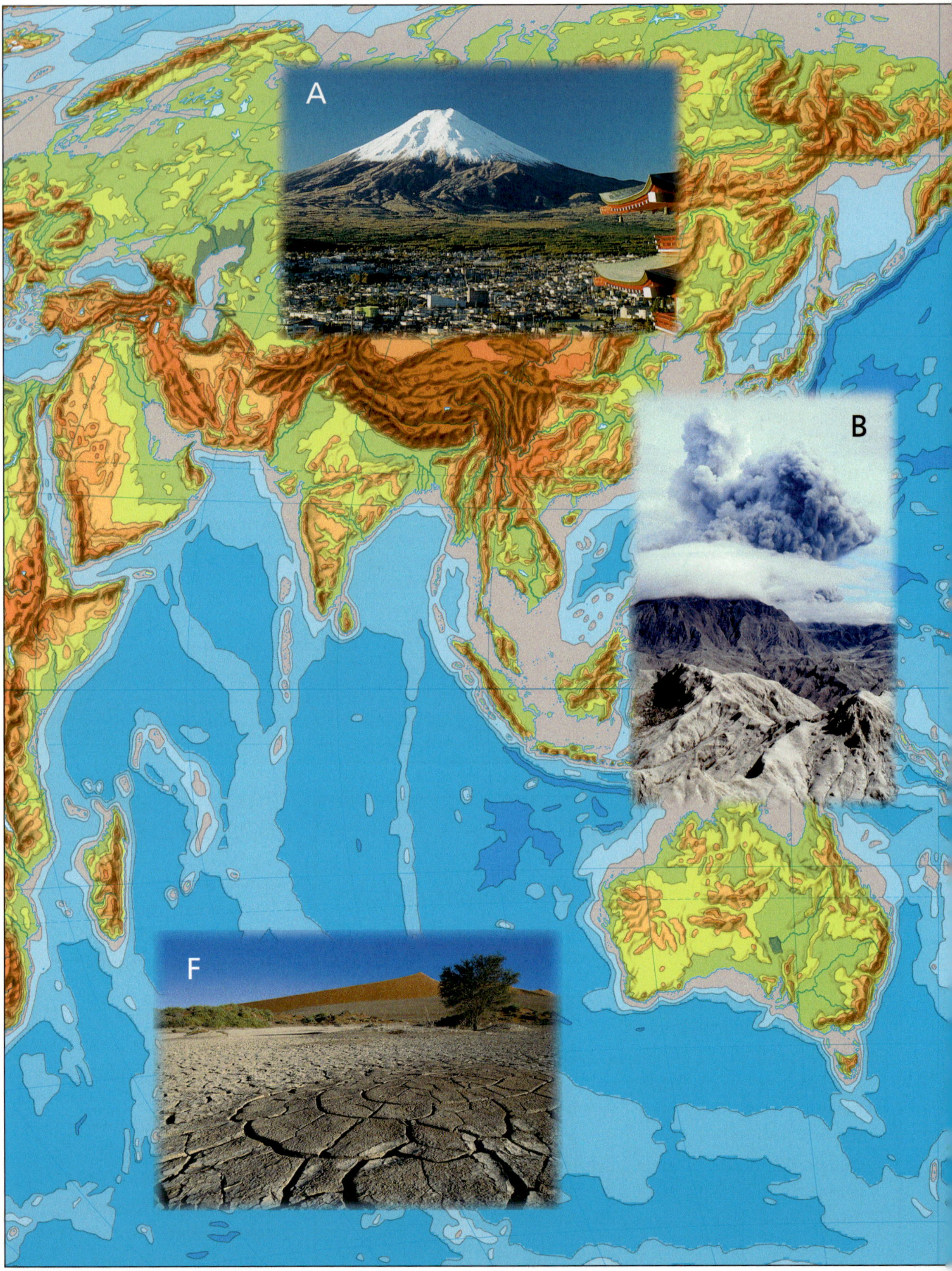
A
B
F

Der pazifische Raum

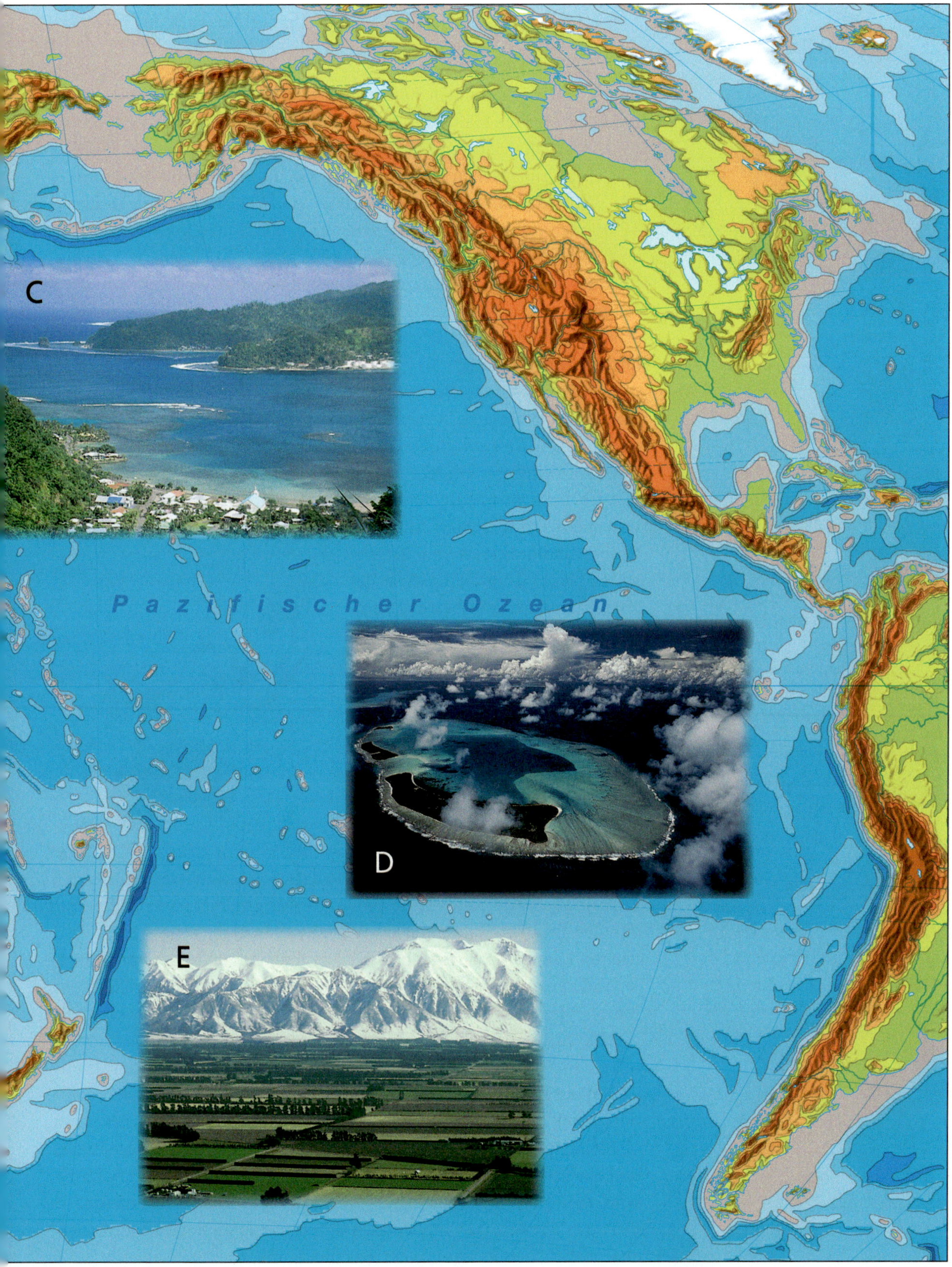

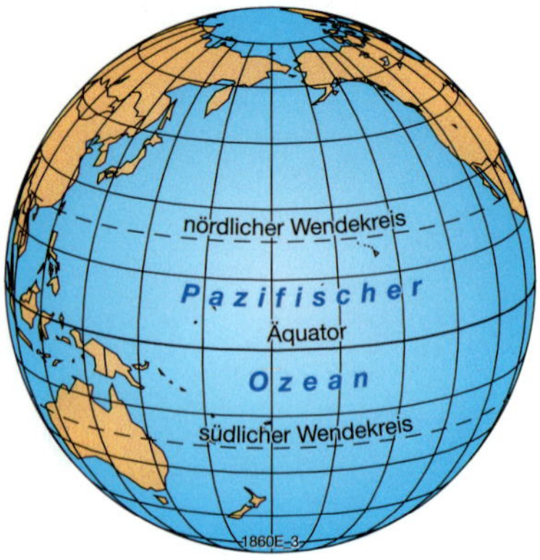

M1 *Der Pazifische Ozean*

Der pazifische Wirtschafts- und Naturraum

Pazifischer Wirtschaftsraum

Seit dem wirtschaftlichen Aufstieg der asiatischen Pazifikanrainerstaaten in der zweiten Hälfte des 20. Jahrhunderts wird der pazifische Raum als Wirtschaftsregion mit globaler Bedeutung wahrgenommen. Visionen eines „pazifischen Jahrhunderts" sehen diesen als neues Zentrum der Weltwirtschaft und der fortschreitenden Globalisierung. Mehr als 40 Staaten mit höchst unterschiedlichem politischen und wirtschaftlichen Gewicht säumen das pazifische Becken.

Auf dem nordamerikanischen Kontinent ist eine wachsende Bedeutung der an den Pazifik angrenzenden Küstenregionen zu beobachten. 15 % der Bevölkerung der USA wohnen im „pazifischen Westen", 20 % des US-amerikanischen BIPs werden hier erwirtschaftet.

Die dominierende Wirtschaftsmacht im pazifischen Raum aber ist Japan mit seinem großen und direkten Einfluss auf die wirtschaftliche Entwicklung der ost- und südostasiatischen Staaten. China, Südkorea, Taiwan und Singapur haben längst die Schwelle zum Industrieland überschritten, während einige ASEAN-Staaten Südostasiens noch als „verlängerte Werkbänke" im Rahmen der Weltwirtschaft gelten. In Russland, dessen Ostgrenze die Hälfte der asiatischen Küstenlinie entlang des Pazifiks umfasst, beschränken sich die pazifischen Handelsbeziehungen auf die angrenzenden Küstenregionen.

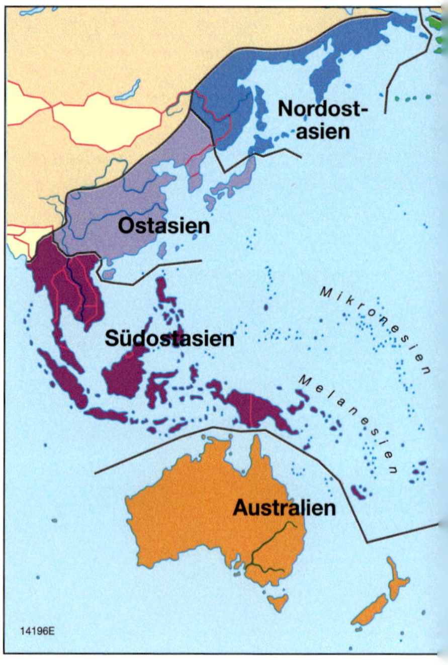

M2 *Der geographisch-pazifische Raum*

Australien und Neuseeland bilden den „weißen Süden" des pazifischen Raums. Beide Staaten sind wohlhabend, dünn besiedelt, reich an Ressourcen – und richten ihren ökonomischen Blickwinkel vom fernen Mutterland Großbritannien zunehmend auf ihre pazifischen Nachbarn.

In den pazifischen Anrainerstaaten Mittel- und Südamerikas, traditionell auf Europa und die USA ausgerichtet, sind nur die Küstenregionen gering in den pazifischen Wirtschaftsraum integriert.

Bleibt noch die Inselwelt Melanesiens, Mikronesiens und Polynesiens, deren weltwirtschaftliches Gewicht eher zu vernachlässigen ist. Politisch wird ihr Einfluss zunehmen, da internationale Seerechtskonferenzen den zum Teil winzigen Inselstaaten sehr große marine Areale zugesprochen haben, deren Ressourcenreichtum kaum abzuschätzen ist.

Info

Die Association of South East Asian Nations (ASEAN)

Die ASEAN wurde 1967 mit dem Ziel gegründet, für wirtschaftlichen Aufschwung, sozialen Fortschritt und politische Stabilität zusammenzuarbeiten. Der Bund war von Anfang an klar gegen die kommunistische Volksrepublik (VR) China angelegt und sollte die Mitgliedsländer an den Westen heranführen. Seit 2003 sind sämtliche Zollschranken zwischen den Mitgliedern gefallen. *Mitgliedsstaaten:* Thailand, Malaysia, Singapur, Indonesien, Philippinen, Brunei, Vietnam, Laos, Myanmar, Kambodscha.

Asia-Pacific Economic Cooperation (APEC)

Die 1989 als Gesprächskreis pazifischer Anrainerstaaten gegründete APEC hat sich bis zum Jahr 2020 das Ziel einer pazifischen Freihandelszone gesetzt. *Mitgliedsstaaten:* Australien, Neuseeland, Chile, Peru, USA, Kanada, Russland, VR China, Taiwan, Japan, Südkorea, Papua-Neuguinea und die ASEAN-Staaten.

Naturraum Pazifischer Ozean

Der Pazifik ist der größte aller Ozeane: Seine Fläche nimmt mehr als ein Drittel der Erdoberfläche ein und übertrifft die aller Kontinente zusammen. Seine Ausdehnung beträgt sowohl in Nord-Süd- als auch in West-Ost-Richtung jeweils mehr als 15000 km.

Der Pazifik ist auch der tiefste aller Ozeane. Im Witjas-Tief liegt der Ozeanboden über 11000 m unter dem Meeresspiegel und auch an weiteren fünf Stellen werden Tiefen von mehr als 10 km erreicht. Im Bereich der westlichen Randmeere des Pazifik finden sich auch flache, nur wenige hundert Meter tiefe Schelfgebiete. Der überwiegende Teil des Ozeans besteht aber aus Tiefsee mit einer durchschnittlichen Wassertiefe von 4000 m.

Die meisten Randmeere des Pazifischen Ozeans liegen vor der asiatisch-australischen Küste und werden zum Ozean hin durch Inselketten abgetrennt. Dies gilt für das Ochotskische Meer und das Japanische Meer, das Ost- und das Südchinesische Meer, das Beringmeer und den Golf von Alaska bzw. den Golf von Kalifornien. Der Pazifik erstreckt sich von der nördlichen bis zur südlichen Polarzone über alle Klimazonen hinweg. Entsprechend unterschiedlich ist die Temperatur des Oberflächenwassers. Sie beträgt in den polaren Regionen nur 1 °C, am Äquator aber 29 °C. Dagegen ist die Temperatur des Tiefenwassers des Pazifischen Ozeans weitgehend unabhängig von der Breitenlage. Sie liegt unterhalb von 1000 m Tiefe überall bei etwa 4 °C, es sei denn, das Wasser des Pazifik wird durch vulkanische Aktivitäten lokal aufgeheizt.

Durch Meeresströmungen wird Oberflächenwasser über sehr große Entfernungen transportiert. Dabei werden in den gemäßigten Breiten die Westküsten durch warme Meeresströmungen (beispielsweise Kuro-Schio, Ostaustralstrom, Pazifischer Strom, Nord-Äquatorialstrom) begünstigt, während die Ostküsten durch kalte Ströme (wie Kalifornischer Strom und Humboldtstrom) benachteiligt sind.

Eine Besonderheit stellen die im südlichen Pazifik, der Südsee, gelegenen Korallenkolonien der in den Tropen und Subtropen gelegenen **Atolle** und **Archipele** dar. Manche dieser beeindruckenden Inseln bestehen nur aus wenig über die Wasseroberfläche aufragenden Korallenriffen, die im Lauf vieler Jahrhunderte aus den Skeletten von Steinkorallen entstanden sind.

Info

„Pazifischer Ozean" oder „Stiller Ozean"

Die Namensgebung „Pazifischer Ozean" (lat. pax = Frieden) oder „Stiller Ozean" geht auf europäische Seefahrer zurück, die auf ihren Entdeckungsfahrten im 16. Jahrhundert den Ozean vorwiegend still und friedlich vorfanden. Tatsächlich sind die planetarischen Windzonen auch über dem Pazifik wirksam und zwischen den Wendekreisen gefährden tropische Wirbelstürme, Taifune und Willy-Willys die Seeleute und Küstenbewohner.

WWW

www.pazifik-infostelle.org/
www.epic.noaa.gov/epic/ewb/

1 Begründen Sie die Unterscheidung des pazifischen Staatenraums vom geographisch-pazifischen Raum.

2 Erläutern Sie, weshalb die Staaten Südamerikas kaum in den pazifischen Wirtschaftsraum integriert sind.

3 Charakterisieren Sie den Einfluss kalter und warmer Meeresströmungen auf das Klima ausgewählter pazifischer Küstenräume (Atlas, Karte: Erde – Klima).

4 Beschreiben Sie den Naturraum eines Südsee-Atolls (Atlas, Karte: Maloelap-Atoll).

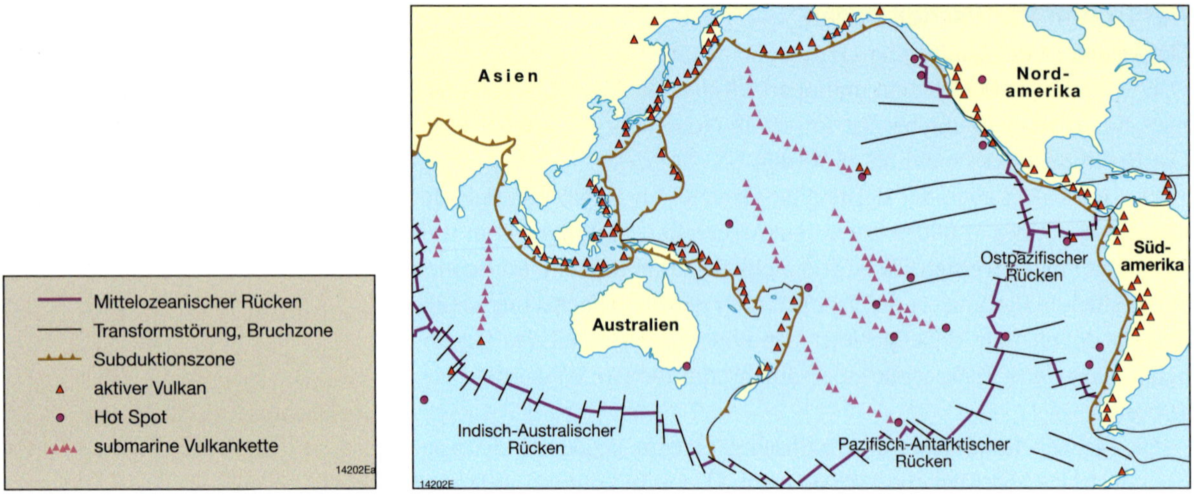

M2 *Tektonische Strukturen im pazifischen Raum*

Tektonisch aktiver pazifischer Raum

Lithosphärenplatten

Der pazifische Raum ist geologisch-tektonisch geprägt durch Lithosphärenplatten unterschiedlicher Größe. Einige bestehen allein aus ozeanischer Lithosphäre, andere auch aus kontinentaler. Die Höhenunterschiede sind beträchtlich: So liegt die ozeanische Lithosphäre etwa 2500 - 11000 m unter dem Meeresspiegel, die kontinentale Lithosphäre hingegen, welche den Pazifischen Ozean einrahmt, ragt bis zu 7000 m über den Meeresspiegel empor.

Der pazifische Ozeanboden ist besetzt mit Zigtausenden Vulkankegeln. Manche gehen von einem **Hot Spot**, also einem heißen Fleck, aus und sind in Reihen angeordnet. Nur ein geringer Teil von ihnen ist gegenwärtig noch aktiv.

Die Lithosphärenplatten sind in Bewegung. An den Plattengrenzen kommt es dabei zu typischen Vorgängen und Strukturen. Es gibt konstruktive, destruktive und konservative Plattengrenzen.

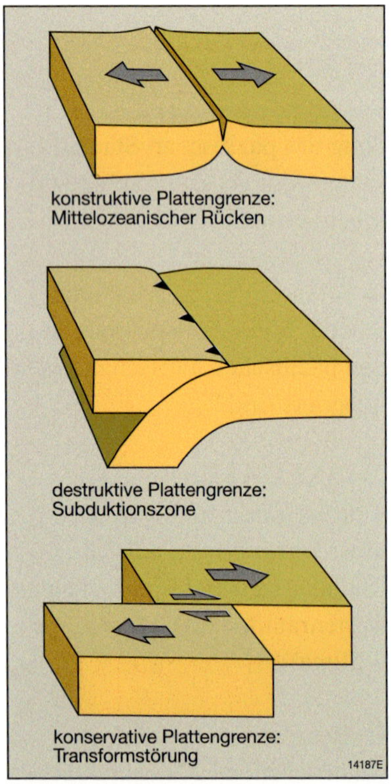

M1 *Plattengrenzen (schematisch)*

Konstruktive Plattengrenzen

An konstruktiven Plattengrenzen wird etwas Neues konstruiert, aufgebaut, nämlich neue ozeanische Kruste. Dies geschieht an den **Mittelozeanischen Rücken**, die sich als riesiges Gebirgssystem mehr als 60000 km durch alle Ozeane erstrecken. Der Ostpazifische Rücken und der Pazifisch-Antarktische Rücken sind Teile davon. Die Flanken der Mittelozeanischen Rücken sind sehr flach. Ihr zentraler Bereich weist über weite Strecken eine Einsenkung auf, das **Rift Valley**. Dort sind auffallend hohe Temperaturen zu beobachten: In die Gesteine eingedrungenes Meerwasser wird erhitzt und tritt an heißen Quellen wieder aus. Dabei kann es zur Ablagerung von Erzen kommen (vgl. S. 65).

Die Mittelozeanischen Rücken haben keine durchgehende Kammlinie. Ihre einzelnen Abschnitte erscheinen immer wieder seitlich versetzt.

Destruktive Plattengrenzen

An den destruktiven Plattengrenzen wird Lithosphäre zerstört. Alte ozeanische Platten werden subduziert, sie tauchen unter eine andere Platte in den Erdmantel ein und werden dort aufgeschmolzen. Die meisten **Subduktionszonen** treten in den Randbereichen des Pazifiks auf, wo die alten ozeanischen Lithosphärenplatten unter kontinentale Lithosphäre subduziert werden. Die Meerseite von Subduktionszonen ist gekennzeichnet durch Tiefseerinnen, die Landseite durch junge Faltengebirge und durch vulkanisch geprägte Regionen. Zuweilen erfolgt auch Subduktion unter eine andere ozeanische Platte. Dann entstehen Inselbögen, bei denen Vulkanbauten auf der Oberplatte als Inseln über den Meeresspiegel emporragen. Beispiele sind die Marianen oder die Philippinen.

Subduktionszonen sind Bereiche stärkster tektonischer Aktivität. Hier treten immer wieder äußerst explosive vulkanische Eruptionen auf. Rund um den Pazifik zieht sich eine solche Vulkanzone, der „Pazifische Feuerring“ oder „Ring of Fire“. Destruktive Plattengrenzen sind auch durch starke Erdbebentätigkeit gekennzeichnet. Seebeben können zuweilen gewaltige Meereswellen, die **Tsunamis**, auslösen.

Info

Tektonik und Plattentektonik

Tektonik ist die Lehre vom Bau und den Bewegungen der Lithosphäre.
Mit Plattentektonik bezeichnet man die zentrale Theorie zur Erklärung der großräumigen Vorgänge in der Erdkruste und im oberen Erdmantel.

Konservative Plattengrenzen

An den konservativen Plattengrenzen werden Platten weder aufgebaut noch zerstört, sie werden lediglich gegeneinander verschoben. Dies geschieht an den Transformstörungen. Ihr Name weist darauf hin, dass sie in ihrem Verlauf in andere Strukturen, nämlich konstruktive oder destruktive Plattengrenzen übergehen können bzw. „transformiert“ werden.

Transformstörungen treten im Bereich der Mittelozeanischen Rücken auf. Durch sie werden die seitlich gegeneinander versetzten Abschnitte der Rücken voneinander getrennt.

Transformstörungen können auch innerhalb von Kontinenten oder an deren Rändern auftreten. Letzteres ist beispielsweise in Kalifornien der Fall, wo im Bereich der San-Andreas-Störung eine kleine Einkerbung, die in der Landschaft wenig auffällt, die Grenze zwischen Pazifischer und Nordamerikanischer Platte markiert. Hier drohen schwere Erdbeben.

1 Wählen Sie drei Lithosphärenplatten des pazifischen Raumes aus. Machen Sie jeweils Angaben zu ihrer Größe, ihrer Struktur (ozeanisch/kontinental) und ihren Grenzen (M1, M2; Atlas, Karte: Erdbeben und Vulkanismus/Plattentektonik).

2 Untersuchen Sie das Auftreten von Vulkanismus im pazifischen Raum (M2, M3; Atlas, Karte: Erdbeben und Vulkanismus/Plattentektonik).

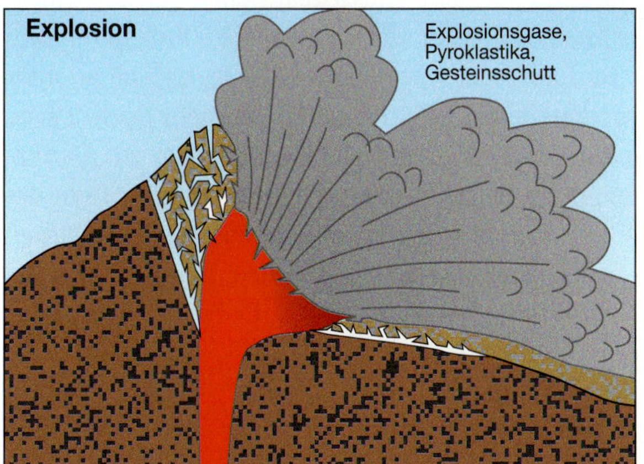

M3 *Mount St. Helens (18.05.1980, 8:33 Uhr)*

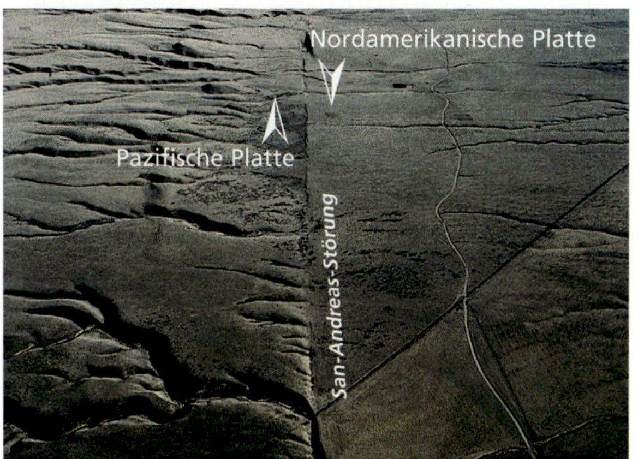

M4 *San-Andreas-Störung*

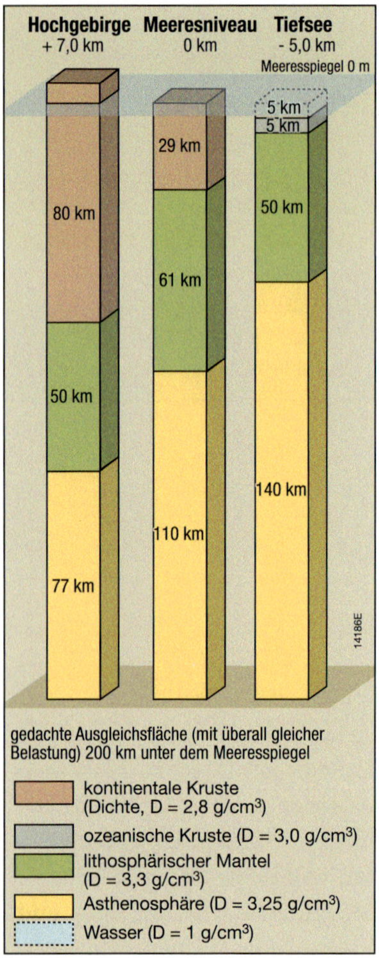

M1 *Isostatisches Gleichgewicht: Beispiele für Höhenniveaus von Lithosphärenplatten unterschiedlichen Baus*

M2 *„Pillow-Lava" – rundliche Basaltkissen, durch Abkühlung der Basaltschmelze unter Wasser entstanden*

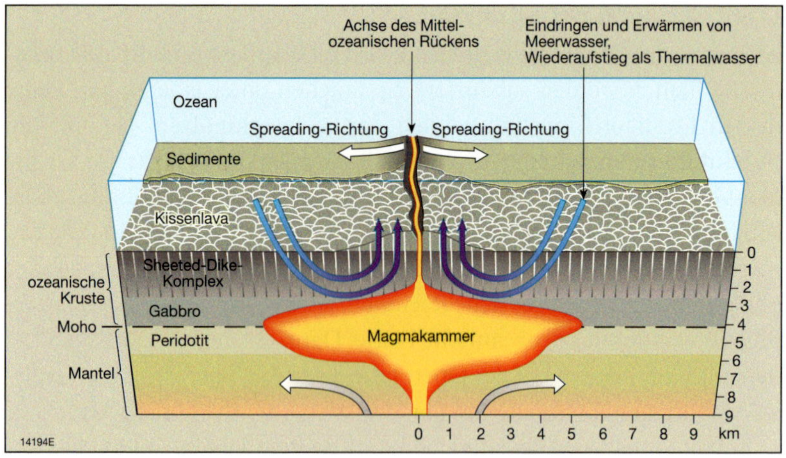

M3 *Schnitt durch einen Mittelozeanischen Rücken*

Das Modell der Plattentektonik

Lithosphärenplatten im Schwimmgleichgewicht: Isostasie

Lithosphärenplatten gelten als kompakte Gebilde. Auch ihr Untergrund, der obere Mantel besteht aus festem, allerdings nicht ganz so starrem Material, wie schon der Name **Asthenosphäre** (*griech.*: schwache Schale) andeutet. Er ist zu einem geringen Teil angeschmolzen und wirkt so etwas plastisch. Die Platten drücken sich in diesen Untergrund ein und „schwimmen" auf ihm. Sie sinken umso tiefer, je höher ihre Dichte ist. Es herrscht ein Schwimmgleichgewicht oder **isostatisches Gleichgewicht**.

Kontinentale Kruste ist relativ leicht, daher ragt sie hoch über den Untergrund heraus, vor allem, wenn sie auch entsprechend mächtig ist: So können Kontinente große Höhen erreichen wie in den jungen Faltengebirgen rund um den Pazifik. Ein Kontinent kann nie in den Erdmantel versinken, dafür ist er zu leicht. Daher sind die Kerne sehr alter Kontinente bis heute erhalten geblieben, sodass kontinentale Gesteine ein Alter von bis zu 4 Milliarden Jahren aufweisen können.

Ozeanische Lithosphäre hingegen hat eine deutlich höhere Dichte. Bereits bei ihrer Entstehung an den Mittelozeanischen Rücken taucht sie so tief in die Asthenosphäre ein, dass sie etwa 2500 m unter dem Meeresspiegel liegt. Im Laufe vieler Millionen Jahre lagert sich an ihrer Unterseite infolge fortschreitender Abkühlung immer mehr noch schwereres Mantelmaterial an. Dadurch nimmt die Dichte weiter zu. Als Folge sinken die Platten noch tiefer ein. Die durchschnittliche Tiefe des Pazifischen Ozeans liegt bei 4000 m. Nach spätestens 200 Mio. Jahren werden die Platten so schwer, dass sie steil absinken, in den Erdmantel eintauchen und wieder eingeschmolzen werden. Daher ist ozeanische Lithosphäre höchstens 200 Mio. Jahre alt.

Mittelozeanische Rücken

Unter den Mittelozeanischen Rücken sickert aus dem Erdmantel dünnflüssiges basaltisches Magma von über 1000 °C bis zur Erdkruste und

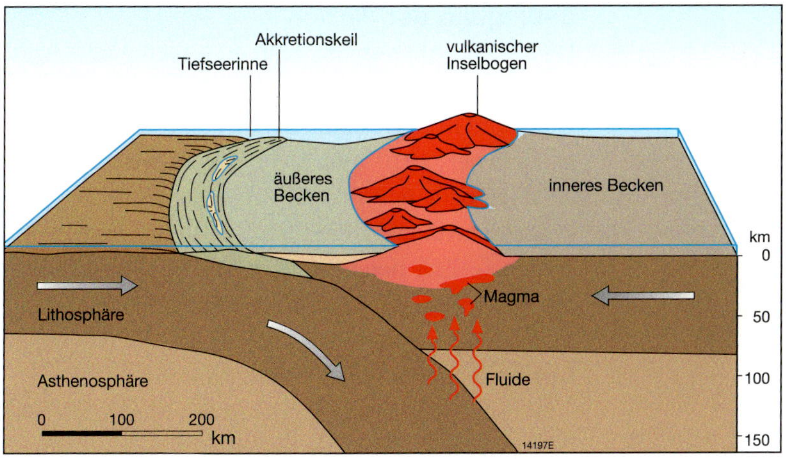

M4 *Schnitt durch eine Subduktionszone*

sammelt sich dort in Magmakammern. Von Zeit zu Zeit dringt es durch Fördergänge schubweise bis zum Meeresboden in etwa 2500 m Tiefe empor. Dort trifft es auf das Meerwasser und erstarrt zu Kissenlava („Pillow-Lava"). Auch das Magma in den Fördergängen darunter kühlt ab und bildet „Gangschwärme" oder „Sheeted Dikes". „Pillow-Lava", „Sheeted Dikes" und ein basaltartiges Tiefengestein („Gabbro") bilden die typische Abfolge der ozeanischen Kruste. Sie hat eine Mächtigkeit von etwa 5-8 km. Durch langsames Weggleiten nach den Seiten entsteht immer wieder neuer Platz für weitere Kruste. Man spricht von einer Spreizung des Meeresbodens oder **Seafloor-Spreading**. Dabei kann im Zentrum des Rückens ein Graben entstehen, das bis zu 35 km breite „Rift Valley". Es ist allerdings bei den Mittelozeanischen Rücken im Pazifik nicht überall deutlich ausgebildet.

Subduktionszonen

An einer Subduktionszone bewegen sich zwei Platten aufeinander zu: Die schwerere Unterplatte aus ozeanischer Lithosphäre taucht ab und schrammt an der Unterseite der Oberplatte entlang. Die Folgen:

- Die abtauchende Unterplatte lässt eine Tiefseerinne entstehen.
- Die Oberplatte wird am Rand angehoben. Ihre Ränder werden über- und untereinander geschoben, verformt, gestapelt, gefaltet, umgewandelt. Auch größere Inseln können an die Oberplatte angeschweißt werden: Ein Faltengebirge, zum Beispiel die Anden, entsteht.
- Die Unterplatte wird im oberen Mantel stark erwärmt. Leicht schmelzende Magmen, vor allem aber Fluide, wie Wasser, entweichen aus der Unterplatte und dringen in die Oberplatte ein. Dort setzen sie die Schmelzpunkte der Gesteine herab. Bei ihrem Aufschmelzen entsteht zähflüssiges, gasreiches, explosives Magma, kennzeichnend für die Vulkane des „Pazifischen Feuerrings".
- Die aneinander vorbeischrammenden Platten verhaken sich immer wieder ineinander und bauen zwischen sich erhebliche Kräfte sowie Spannungen auf. Bei ruckartiger Entladung entstehen Erdbeben.

1 Erläutern Sie, wie sich die unterschiedliche Zusammensetzung von Lithosphärenplatten auf deren Höhenlage auswirkt (M1).

2 Ein Gebirge wird sehr stark von Flüssen zerschnitten, das abgetragene Material in großer Entfernung im Tiefland abgelagert. Schildern Sie die Auswirkungen auf die Höhen beider Gebiete.

3 Gelegentlich kann man ozeanische Lithosphäre auch über dem Meeresspiegel finden. Nennen Sie die Kennzeichen, anhand derer sie zu identifizieren ist (M2, M3).

4 Schichtvulkane sind abwechselnd aus vulkanischem Tuff (Asche, Lapilli, Bomben) und Lagen von massiver Lava aufgebaut. Erläutern Sie, wie sie an Subduktionszonen entstehen können (M4).

M5 *Schichtvulkan über einer Subduktionszone – Ausbruch des Popocatépetl (Mexiko) am 19.12.2000*

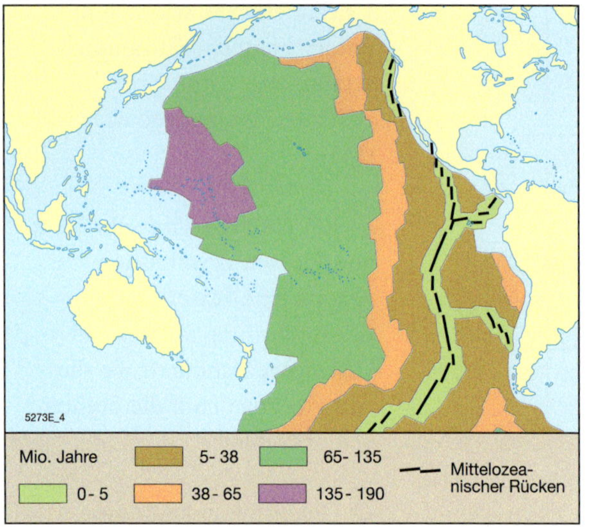

M1 *Das Alter der ozeanischen Kruste im Pazifik*

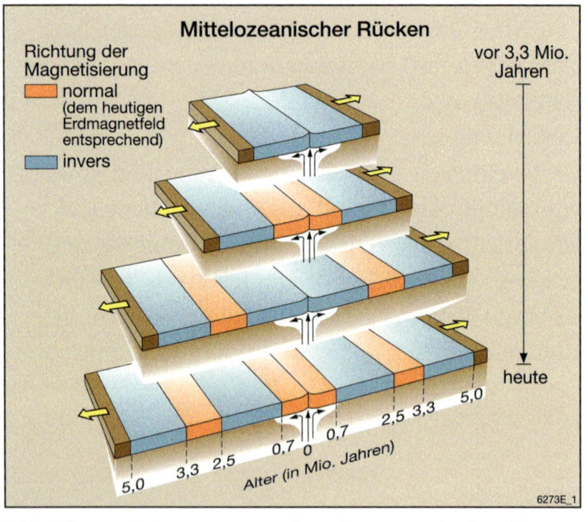

M2 *Magnetisierung entstehender ozeanischer Kruste*

Bewegung der Platten

Dass Lithosphärenplatten in Bewegung sind, wird heute allgemein anerkannt. Es gibt zahlreiche Hinweise und Beweise dafür. Schon Alfred Wegener hatte zwischen 1910 und 1930 Argumente, etwa aus der Geologie, der Tektonik und der Paläontologie, zusammengetragen, die für die Drift der Kontinente sprachen. Erst neuere Forschungsergebnisse konnten Wissenschaftler und die Öffentlichkeit von der Verschiebung der Platten überzeugen. Als eindeutige Beweise gelten seit den 1960er-Jahren:

- die Entdeckung und Deutung der Magnetisierung des Meeresbodens: Ein magnetisches Streifenmuster, symmetrisch zu den Mittelozeanischen Rücken ausgebildet, lieferte direkte Informationen zur Ausbreitung des Ozeanbodens und damit zur Existenz des Seafloor-Spreadings;
- Lage und Anordnung von vulkanischen Inselketten in den Ozeanen: Die Vulkane sind umso älter, je weiter sie sich, auf der ozeanischen Platte gleitend, vom verursachenden Hot Spot entfernt haben;
- die Verschiebung von Krustenteilen bei Erdbeben: Sie ist das Ergebnis der Entladung von Spannungen als Folge von Plattenbewegungen.

Aus den Beobachtungsdaten lassen sich Bewegungsrichtungen und Geschwindigkeiten der Platten ermitteln. Mit moderner Technik geht dies allerdings noch genauer. Seit den 1970er-Jahren ist eine direkte Messung der Plattenbewegungen möglich. Dazu setzt man heute das „Global Positioning System“ (GPS) ein: Durch kontinuierliche Messungen oder durch periodische Wiederholungsmessungen kön-

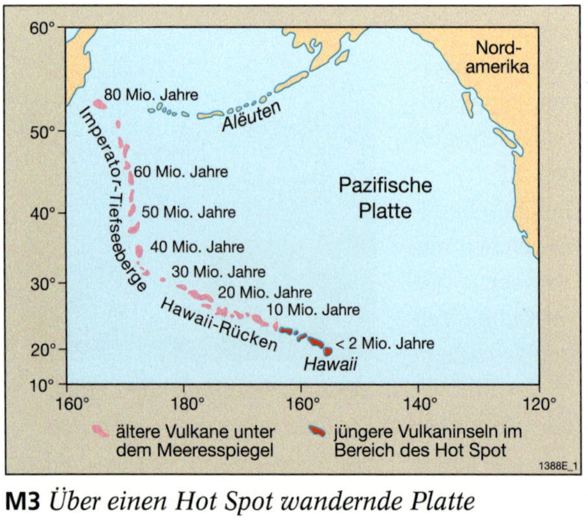

M3 *Über einen Hot Spot wandernde Platte*

M4 *Durch ein Erdbeben versetzter Zaun*

nen Lageveränderungen und damit Bewegungen von Referenzpunkten und somit von Platten ermittelt werden. Diese Messungen sind etwa auf einen Millimeter genau.

Antrieb der Platten

Lange Zeit war man der Meinung, dass durch **Konvektion** im Erdmantel die Platten bewegt würden: Strömende Materie, vergleichbar mit einem Förderband, sollte die Platten transportieren. Tatsächlich konnten Geowissenschaftler Bereiche heißerer und etwas kühlerer Materie im Erdmantel durch deren unterschiedliche Beeinflussung von Erdbebenwellen nachweisen und so auf Konvektionszellen schließen. Obwohl der Erdmantel im Prinzip fest ist, kann etwa an der Kern-Mantel-Grenze erhitztes und dadurch etwas plastisch gewordenes Gestein als Manteldiapir (oder Mantelplume) bis zur Lithosphäre aufsteigen. Dort kann aus dem Diapir ein kleiner Anteil basaltisches Magma ausschmelzen und so beispielsweise einen Hot Spot speisen. Das aus großer Tiefe aufgestiegene heiße Material wird durch absinkendes kühleres ersetzt: So kommt es zu einem Kreislauf bzw. zur Konvektion.

Für den Antrieb der Platten kommt die Konvektion aber kaum in Frage. Zu unterschiedlich ist die räumliche Anordnung von Konvektionszellen und Platten. Auch die bremsende Wirkung von tief in die Asthenosphäre eintauchender kontinentaler Lithosphäre spricht gegen ein passives Mitschwimmen auf strömendem Untergrund. So geht man heute davon aus, dass sich die Kräfte für den Transport der Platten an den Rändern der ozeanischen Lithosphäre entwickeln. Vor allem auf Grund ihrer hohen Dichte werden alte ozeanische Platten in die Subduktionszonen hineingezogen. Dies bezeichnet man als Plattenzug oder „Slab Pull". Daneben spielt auch der seitliche Druck oder Schub eine Rolle, der vom aufsteigenden Magma an den Mittelozeanischen Rücken erzeugt wird. Dies heißt Rückenschub oder „Ridge Push".

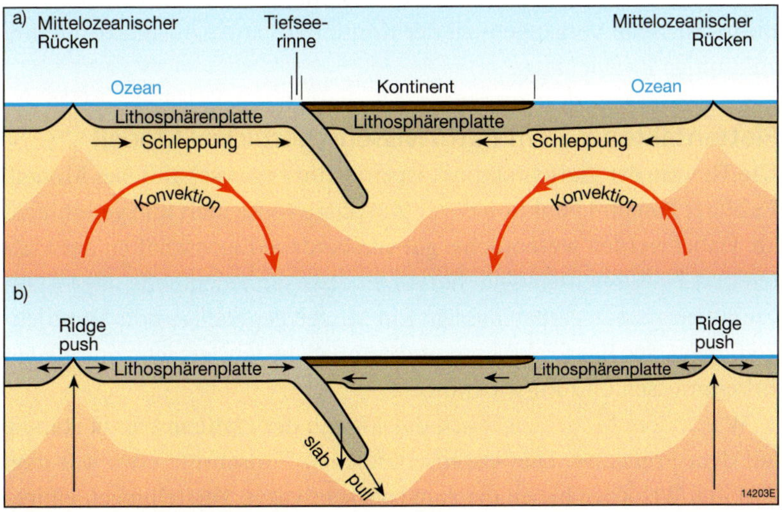

M5 *Zwei Modelle zu den Antriebskräften der Plattenbewegung a) durch Mantelkonvektion, b) durch Plattenrandkräfte*

1 Erklären Sie das Alter der ozeanischen Kruste im Pazifik (M1, M2).

2 Erläutern Sie, welche Aussagen der Verlauf der Hawaii-Imperator-Kette über die Wanderung der Pazifischen Platte zulässt (M3).

3 Vergleichen Sie die Modellvorstellung von der Mantelkonvektion (M5a) mit der entsprechenden Computersimulation (M6).

4 Erklären Sie die Entstehung der Kräfte an den Plattenrändern (M5b).

5 Begründen Sie, warum heute von Geowissenschaftlern das Modell der Plattenrandkräfte dem Modell der Konvektionszellen vorgezogen wird.

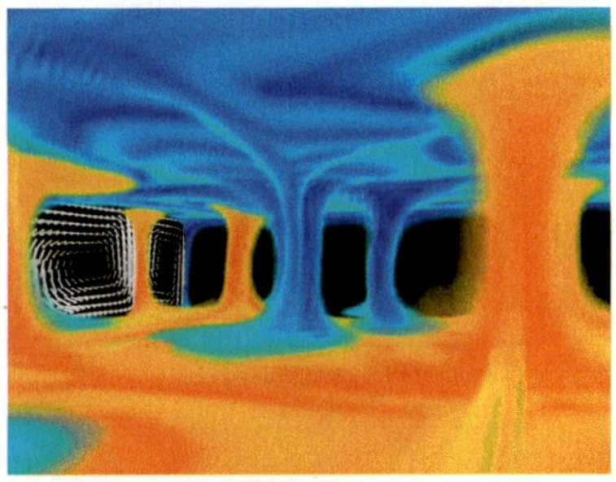

M6 *Computersimulation der Mantelkonvektion – Gelb: heiße pilzförmige Diapire (Plumes)*

1 Erläutern Sie in einem Kurzreferat die Dynamik der Lithosphärenplatten und die Entstehung von Magmen (M2).

2 Geben Sie einen Überblick über die Belege für die Existenz Pangäas (M3).

3 Berichten Sie über die Wanderung der Kontinente in Vergangenheit und Zukunft (M3, M5).

4 Ordnen Sie die verschiedenen Stationen auf dem Weg zur Plattentektonik (M4) den einzelnen Schritten wissenschaftlicher Erkenntnisgewinnung zu (M1).

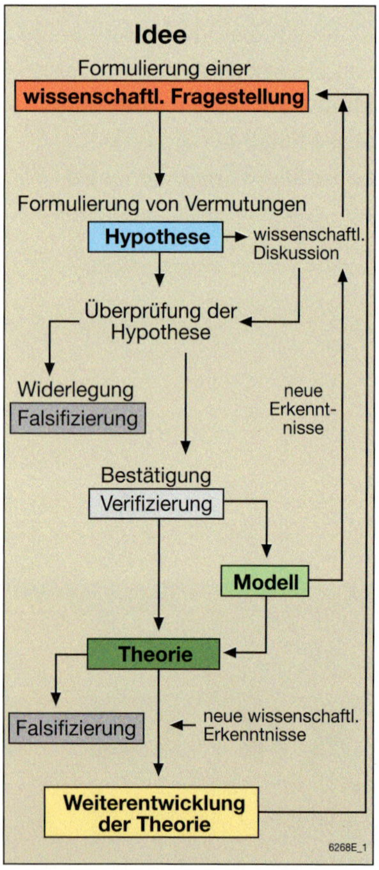

M1 *Ablaufschema der Gewinnung wissenschaftlicher Erkenntnis*

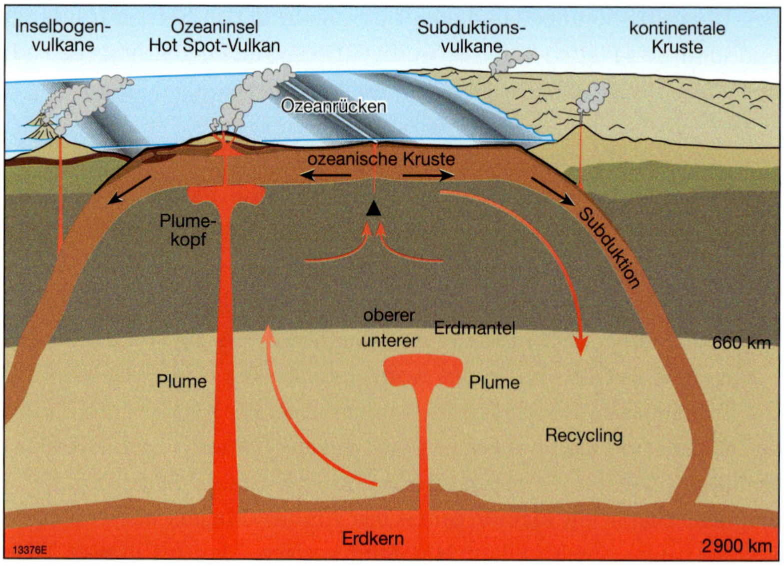

M2 *Modell der Plattendynamik und der Entstehung von Magmen*

Plattentektonik – eine alles erklärende Theorie

Die Theorie der Plattentektonik hat die Geowissenschaften in der zweiten Hälfte des 20. Jahrhunderts revolutioniert. Sie hat ein vollständig neues geologisches Weltbild präsentiert, das von der Mobilität des Systems Erde geprägt ist. Die Plattentektonik beschreibt und erklärt die Bewegungen der Platten sowie die geologischen Strukturen und Vorgänge, die durch Bewegungen an Plattengrenzen entstehen: Faltengebirge und Mittelozeanische Rücken, Ozeane und Inseln, Vulkane und Erdbeben. Sie beeinflusst über die Verteilung von Land und Meer das globale Klimamuster sowie die Meeresströmungen und damit auch die Eigenschaften von Lebensräumen samt der Evolution der darin lebenden Organismen.

Die Theorie der Plattentektonik ermöglicht auch eine Rückschau auf die geologische Vergangenheit der Kontinente sowie Ausblicke auf ihre zukünftige Entwicklung.

Plattentektonik – ein naturwissenschaftliches Modell

Die Theorie der Plattentektonik ist ein naturwissenschaftliches Modell. Es bildet Bau und Funktion der Lithosphäre verkleinert und vereinfacht ab. Dabei werden wesentliche, gut verstandene Eigenschaften der Platten und Plattenbewegungen hervorgehoben, unbedeutende oder weniger gut erforschte vernachlässigt. Ein Modell generalisiert die Wirklichkeit, dient der Begriffsbildung und ermöglicht Vorhersagen von neuen Erkenntnissen und Entwicklungen.

Wie andere Modelle ist auch das Modell der Plattentektonik ständig auf dem Prüfstand. Die wissenschaftlichen Fortschritte etwa seit dem Zweiten Weltkrieg haben die zunächst sehr vagen Vorstellungen einiger Wissenschaftler immer mehr bestätigt, sodass das Modell der Plattentektonik heute in allen Bereichen der Geowissenschaften anerkannt ist.

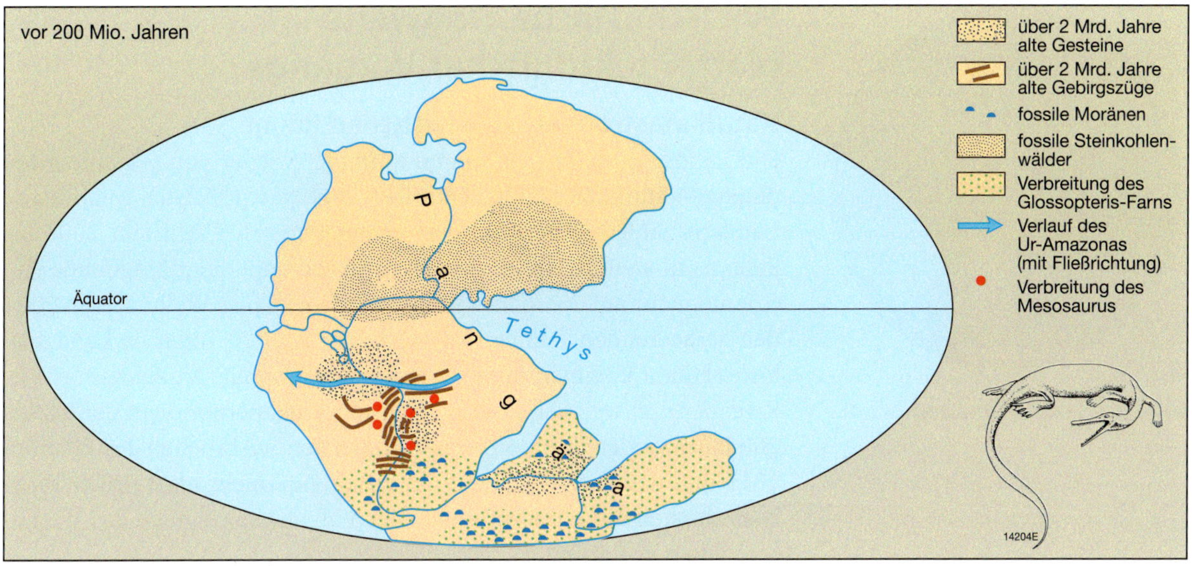

M3 *Die Anordnung der Festlandsmassen vor 200 Millionen Jahren*

- **16. - Anfang 20. Jahrhundert:** Ähnlichkeit der Küsten von Afrika und Südamerika (z.B. F. Bacon, 1620; A. v. Humboldt, 1801; 1845), Kontraktionshypothese (É. de Beaumont, 1852), Riesenkontinent Pangäa (A. Snider, 1858), Landbrücken zwischen Kontinenten (E. Suess, ab 1883);
- **1912/1929:** Kontinentalverschiebung (A. Wegener);
- **1931, 1944:** Konvektionsströme im Erdmantel (A. Holmes);
- **1954:** Erdbebenherde am Rande des Pazifik auf schräg abtauchenden Flächen (H. Benioff);
- **um 1960:** Mittelozeanische Rücken;
- **1961:** magnetisches Streifenmuster im Ostpazifik (A.D. Raff und R.G. Manson);
- **1961/1962:** Seafloor-Spreading (H.H. Hess und R.S. Dietz);
- **1963:** Zusammenhang zwischen magnetischem Streifenmuster und Seafloor-Spreading (F.J. Vine und D.H. Matthews);
- **1965:** Transformstörungen an den Mittelozeanischen Rücken (J.T. Wilson);
- **1968/1972:** Zyklus des Entstehens und Vergehens von Ozeanen (J.T. Wilson);
- **1971:** Manteldiapire (J. Morgan);
- **1984/85:** Bipolarität – zwei große Konvektionszellen im Erdmantel (N. Pavoni und G. Bischoff);
- **2007:** „Norddrift" der Kontinente (D. McCarthy).

M4 *Der Weg zur Plattentektonik*

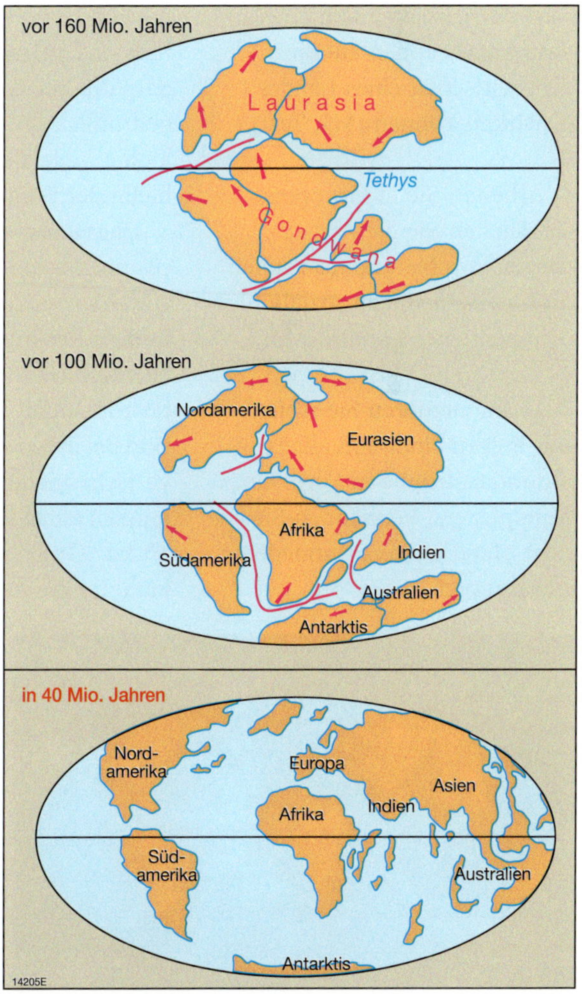

M5 *Die Wanderung der Kontinente*

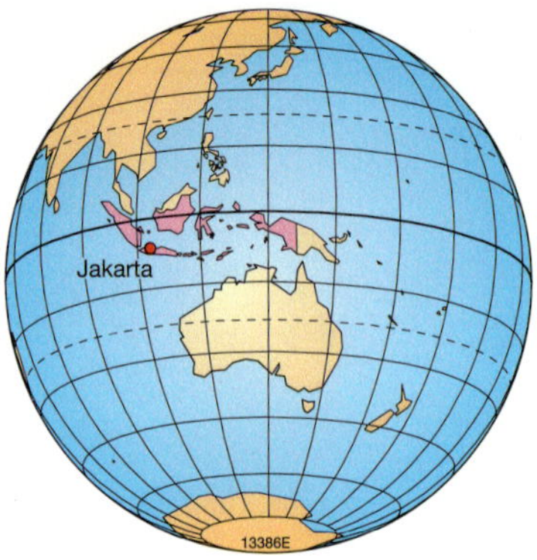

M1 *Lage von Indonesien*

Wirtschaftliche Tragweite plattentektonischer Vorgänge

Naturkatastrophen im pazifischen Raum

Die Länder des „Ring of Fire“ sind immer wieder von tektonisch bedingten Naturkatastrophen betroffen. Zu den am meisten gefährdeten Ländern zählt Indonesien. Dort ereigneten sich allein von 2004 bis 2006 nicht weniger als 22 schwere Erdbeben mit einer Magnitude von 6,5 und mehr auf der Richterskala, von denen eines Weihnachten 2004 den verheerenden Tsunami mit weit über 100 000 Toten im Land auslöste. Hinzu kommen immer wieder katastrophale Vulkanausbrüche. Zwei der drei weltweit zerstörerischsten Vulkaneruptionen der letzten 200 Jahre fanden in Indonesien statt: Bei den Ausbrüchen des Tambora 1815 und des Krakatau 1883 mit zusammen mehr als 140 000 Toten beeinflussten die Förderprodukte der Vulkane sogar noch das Wettergeschehen in Europa.

1 Erörtern Sie, wie sich Naturkatastrophen auf die Volkswirtschaft eines Landes auswirken können (M2, Text).

2 Arbeiten Sie in Gruppen. Vergleichen Sie die Auswirkungen von Naturkatastrophen auf unterschiedliche soziale Gruppen eines Landes (M3).

3 Dokumentieren Sie Ablauf und Folgen einer aktuellen Naturkatastrophe in Form eines Wandposters. Verwenden Sie dazu Material aus Printmedien und Internet.

Wirtschaftliche Auswirkungen in Indonesien

Obwohl Indonesien bereits den Status eines Schwellenlandes erreicht hat, sind Infrastruktur und Wirtschaft noch nicht so weit entwickelt, dass die bei Naturkatastrophen entstehenden Schäden für den Staat bedrohliche Ausmaße erreichen könnten. Es sind ja immer nur relativ kleine Teile des Landes und der Wirtschaft direkt betroffen. Daher bleibt der Einfluss auf das Bruttoinlandsprodukt des Landes gering.

Dagegen wird vor allem die arme Bevölkerung von den Naturkatastrophen besonders getroffen. Auch als Folge der hohen Bevölkerungszunahme siedeln und wirtschaften viele der Armen in Räumen mit hohem Risikopotenzial. Ihre einfachen Behausungen bieten kaum Sicherheit. Unzureichende Infrastruktur und Bildung erschweren im Katastrophenfall die Warnung und Evakuierung dieser Menschen. Daher sind bei ihnen im Allgemeinen die meisten Todesopfer zu beklagen. Die wirtschaftliche Existenz der Überlebenden ist zumeist vernichtet. Sie müssen einen Neuanfang aus eigener Kraft wagen, da Hilfsmaßnahmen oft im „Gestrüpp“ von Bürokratie und Korruption hängen bleiben. So kann für die Armen eine Natur- zu einer Sozialkatastrophe werden.

M2 *Küstenbereich in der Provinz Aceh vor und ...* *nach dem Tsunami vom 26.12.2004*

Klage eines Fischers
Nichts im Leben hat meine Familie so getroffen wie der Tsunami. Ich habe meine Frau und meinen jüngsten Sohn verloren, die anderen Kinder sind verletzt. Unser Haus und die gesamte Habe sind von den Wellen fortgerissen worden. Das eine meiner Boote ist schwer beschädigt und unbrauchbar, das andere liegt wohl irgendwo auf dem Meeresgrund. Die Netze sind zerrissen. Wir leben jetzt mit vielen Dorfbewohnern zusammen in einer Notunterkunft. Eine Hilfsorganisation verteilt Lebensmittel und hat für sauberes Trinkwasser gesorgt. Ich weiß nicht, wie es weitergehen soll, denn ich kann nicht mehr zum Fischen hinausfahren und so für die Familie sorgen. Es fehlt an allem. Ohne fremde Hilfe können wir unser Haus nicht wieder aufbauen und unser Boot nicht reparieren.
Auch den Kleinbauern vom anderen Ende des Dorfes geht es nicht besser. Ihr Vieh ist ertrunken, ihr Ackerland fortgespült oder unbrauchbar, ihre Bewässerungsanlagen vernichtet. Wie sollen sie je wieder Nassreis anbauen? Auch der Markt, auf dem wir Fische verkauft und uns mit Waren aller Art versorgt haben, existiert nicht mehr, Straßen und Wege sind zerstört, aber wir haben ja sowieso nichts mehr zu transportieren ...

Sorgen eines Hotelmanagers
Wir bedauern es sehr, dass viele unserer Hotelgäste ihr Leben verloren haben. Aber: In den Hotels selbst gab es nur wenige Opfer, die meisten Gäste hielten sich am Strand auf. Die Hauptgebäude haben den Flutwellen standgehalten, keines ist eingestürzt. Im Erdgeschoss sind allerdings die Schäden erheblich, hier ist außer den Grundmauern meist nicht viel übrig geblieben. Die Versorgung mit elektrischem Strom und Wasser sowie die Entsorgung der Bäder und Toiletten funktionieren nicht mehr. Stark zerstört sind die Außenanlagen.
Auch die Boote und Pkws unserer Gäste wurden häufig bis zur Unkenntlichkeit zertrümmert.
In unserer Hotelkette sind die Schäden zum Glück größtenteils versichert. Wir hoffen, dass die Versicherungen unbürokratisch und schnell reagieren, sodass wir die Schäden rasch beheben können. In günstigen Fällen rechnen wir damit, schon nach wenigen Wochen wieder die ersten Gäste zu beherbergen. Bei starken Zerstörungen ist zu befürchten, dass wir den Hotelbetrieb für mehr als ein Jahr unterbrechen müssen. Aber unsere größte Sorge ist: Werden die Touristen wieder so zahlreich wie vor dem Tsunami zu uns kommen?

Stellungnahme eines Politikers
Unsere Provinz steht vor der größten Naturkatastrophe ihrer Geschichte. Wir beklagen mehr als Hunderttausend Opfer, allein 44 000 Fischer sind tot oder vermisst. Dank der Vorsorge unserer Regierung, aber auch durch internationale Hilfe war es uns möglich, für die Überlebenden Soforthilfemaßnahmen einzuleiten und sie mit Lebensmitteln und Trinkwasser zu versorgen sowie Notunterkünfte zu errichten. Besonders wichtig ist die psycho-soziale Betreuung vor allem der Frauen und Kinder zur Überwindung ihrer Traumatisierung.
Inzwischen arbeiten wir am Wiederaufbau des Landes. Die Regierung sorgt für die Wiederherstellung der Verkehrs- und Kommunikationsverbindungen. Den Menschen leisten wir Hilfe zur Selbsthilfe. Die Bauern erhalten Saatgut und Geräte, um die landwirtschaftliche Produktion wieder aufnehmen zu können. Fischern und Handwerkern werden ihre zerstörten Ausrüstungen ersetzt. „Nahrung für Arbeit-Programme" helfen denen, die sonst nicht für ihren Lebensunterhalt sorgen können. Häuser werden in Selbsthilfe neu errichtet. Sozialeinrichtungen, Schulen und soziale Dienste müssen reaktiviert werden. Wir sehen gute Chancen, alte, erstarrte Sozialstrukturen in den Dörfern zu überwinden, z. B. durch Schaffung neuer Verantwortlichkeiten etwa durch demokratische Dorfkomitees. Die Aussöhnung verfeindeter Volksgruppen ist möglich. Schließlich prüfen wir, wie solche Katastrophen in Zukunft vermieden oder abgemildert werden. Wir werden Schutzzonen ausweisen. Häuser müssen erdbebensicher errichtet werden. Ein Frühwarnsystem für Tsunamis wird helfen, die Menschen rechtzeitig zu warnen.

Bilanz des Managers einer Versicherungsgesellschaft
Der Tsunami hat die Versicherungswirtschaft weit weniger getroffen als zunächst befürchtet.
Zum einen hat er überraschenderweise wenige strukturelle Gebäudeschäden verursacht, zum anderen sind kaum 10 % der volkswirtschaftlichen Schäden versichert. Hinzu kommen Personenversicherungen (Lebens-, Unfall-, Kranken-, Reiseversicherung), die vorwiegend ausländische Touristen abgeschlossen hatten.
Der Tsunami hat drastische Lücken bei Katastrophenprävention und -management offenbart: Mit einfachen Mitteln hätten die Gefährdeten gewarnt und rechtzeitig evakuiert werden können. Dadurch wäre der größte Teil der menschlichen Tsunami-Katastrophe vermieden worden.
Die Versicherungswirtschaft strebt ein ganzheitliches Risikomanagement an. Dazu werden möglichst genaue Daten aller Naturkatastrophen wie Ort, Zeitpunkt, Dauer, Stärke usw. erfasst („Geokodierung"). Eine gründliche Auswertung der Daten ermöglicht Angaben über die Eintrittswahrscheinlichkeit. In Rechenmodellen werden z. B. Tausende Erdbeben simuliert und ihre möglichen Schäden berechnet.
Von großer Bedeutung ist es, die Höhe von seltenen, z. B. 500- oder 1000-jährig eintretenden Schäden abzuschätzen. Dadurch kann eine dem Risiko angemessene Versicherungsprämie kalkuliert werden. „So tragisch das Sumatra-Erdbeben war, aus Versicherungssicht ist es bei der derzeitigen Deckungspraxis angesichts des geringen Ausmaßes versicherter Schäden noch kein Kumulszenario (=Zusammentreffen aller ungünstigen Umstände)." (nach: Münchner Rück, verschiedene Quellen)

M3 *Der Tsunami vom 26.12.2004 aus der Sicht Betroffener*

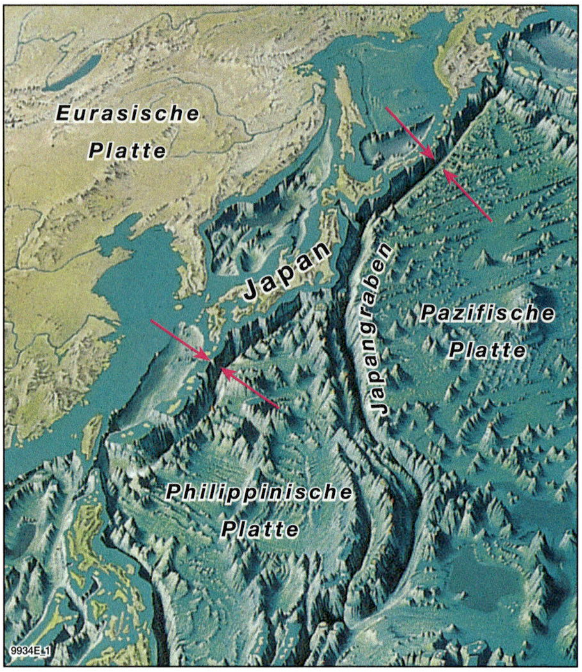

M1 *Relief des Meeresbodens um Japan*

Großes Kanto-Erdbeben vom 01.09.1923
- Stärke 7,9 auf der Richterskala
- Zerstörung der Stadt Yokohama sowie großer Bereiche von Tokio durch Erdbebenwellen und Großbrände; 140 000 Todesopfer
- traditionelle Holzhäuser durch Brände und Ziegelbauten durch Erdbebenwellen zerstört. Folge: Einsatz von Stahlbeton als bevorzugtem Baustoff.
- Infrastruktur (Gas-, Strom-, Wasserleitungen, Straßen, Eisenbahnschienen) für lange Zeit unbrauchbar

Großes Hanshin-Erdbeben vom 17.01.1995
- Stärke 7,2 auf der Richterskala
- Zerstörung der Stadt Kobe: 100 000 Häuser eingestürzt, fast doppelt so viele erheblich beschädigt; Wohngebiet von 100 ha Fläche durch etwa 350 Feuer niedergebrannt; 6 400 Tote, 44 000 Verletzte, 300 000 Obdachlose
- Zerstörung der Infrastruktur, auch des Hafens
- Zusammenbrechen der auf Stelzen errichteten „erdbebensicheren" Hanshin-Autobahn über eine Länge von 5 km

M2 *Zwei katastrophale Erdbeben in Japan*

1 Erläutern Sie anhand der plattentektonischen Grundlagen die Gefährdung Japans durch Erdbeben und Vulkaneruptionen (M1).

2 Begründen Sie die in den letzten Jahrzehnten deutliche Zunahme der durch tektonisch bedingte Naturkatastrophen verursachten volkswirtschaftlichen Schäden.

3 Erörtern Sie Möglichkeiten, die infolge eines schweren Erdbebens zu erwartenden Schäden, z. B. in Tokio, durch Prävention weitgehend zu vermeiden.

4 Internet-Recherche: Stellen Sie eine Liste der Empfehlungen zusammen, die man als Tourist bei Ausbruch eines Erdbebens, z. B. in Indonesien oder Japan, beachten sollte.

Schadenspotenzial in Japan

Japan ist durch seine Lage von tektonischen Naturkatastrophen ähnlich bedroht wie Indonesien. Man könnte vermuten, dass die auftretenden Schäden in Japan auf Grund intensiverer Vorsorge und vermehrter technischer Möglichkeiten geringer sein sollten. Aber eher das Gegenteil ist der Fall. So waren die Erdbeben von Kanto und Hanshin jeweils zu ihrer Zeit die Beben, die weltweit gesehen die höchsten volkswirtschaftlichen Schäden anrichteten.

Durch Naturkatastrophen bedingte Schäden haben sich zwischen 1960 und 2005 auf der Erde mehr als versechsfacht. Entscheidend dafür waren das Wachstum der Weltbevölkerung und die ständig zunehmende enorme Konzentration von Menschen, Infrastruktur und Sachwerten in den sich ausdehnenden Ballungsräumen vor allem der Industriestaaten. Selbst früher gemiedene Zonen werden heute verstärkt genutzt. Dies alles bedingt zwangsläufig besonders hohe Schadenspotenziale, zumal solche Agglomerationen meist außerordentlich verwundbar sind. So kann im Katastrophenfall die Infrastruktur (Versorgung mit Trinkwasser, Strom, Gas, Verkehrs- und Kommunikationsverbindungen, Brandbekämpfung, Versorgung mit Krankenhausbetten und Notquartieren) völlig zusammenbrechen. Dadurch ist eine schnelle Hilfe nicht gewährleistet.

Das Erdbeben von Kobe markiert mit volkswirtschaftlichen Schäden von weit über 100 Milliarden US-$ die bislang teuerste Naturkatastrophe aller Zeiten. Ein schweres Erdbeben mit Epizentrum im Großraum Tokio dürfte Hunderttausende Tote, Schäden in Billionenhöhe und eine globale wirtschaftliche Krise zur Folge haben.

- Ausweisung von Zonen eingeschränkter Landnutzung in erdbebengefährdeten Gebieten
- Durchführung von Katastrophenschutz-Übungen
- Entwicklung von Konzepten zur Bereitstellung von Hilfsgeräten und zum Einsatz von Helfern
- bauliche Maßnahmen (z. B. Verwendung von Stahlbeton anstelle von Mauerwerk oder Holz, Einbau spezieller Vorrichtungen zur Dämpfung von Schwingungen)
- wissenschaftliche Erforschung und instrumentelle Überwachung von gefährdeten Gebieten auch mittels Satellitenüberwachung
- Installierung von Frühwarnsystemen
- eventuell Beobachtung des Verhaltens von Tieren
- Erarbeitung von Notfallplänen unter Beachtung der Vorwarnzeiten
- Planung und Organisation einer rechtzeitigen Evakuierung
- koordinierte Zusammenarbeit zwischen Regierung, örtlichen Behörden, Wissenschaftlern und Hilfsorganisationen
- Information der betroffenen Bevölkerung
- Einübung von Verhaltensmustern für einen möglichen Katastrophenfall
- Bereitstellung der für alle dringenden Maßnahmen erforderlichen Infrastruktur

M3 *Maßnahmen zur Schadensminderung*

M5 *Im 508 m hohen Taipeh Financial Centre wurde zwischen dem 87. und 92. Stockwerk eine 660 Tonnen schwere Stahlkugel aufgehängt, die Schwingungen, ausgelöst durch Erdbeben oder Stürme, dämpfen soll.*

Schadensbegrenzung

Tektonisch bedingte Naturkatastrophen lassen sich nicht verhindern. Die auftretenden Schäden hängen einerseits von der Gewalt des Naturereignisses ab, andererseits vom Schadenspotenzial, das durch die Konzentration von Menschen und Sachwerten im Katastrophengebiet aufgebaut wurde. Auf ersteres können die Menschen keinen Einfluss nehmen. Die Schadenshöhe kann allerdings verringert werden, wenn man sich rechtzeitig auf ein solches Ereignis vorbereitet, durch geeignete Vorsorge mögliche Schäden verhindert und sich auf den Katastrophenfall durch die nötigen Vorkehrungen eingestellt hat.

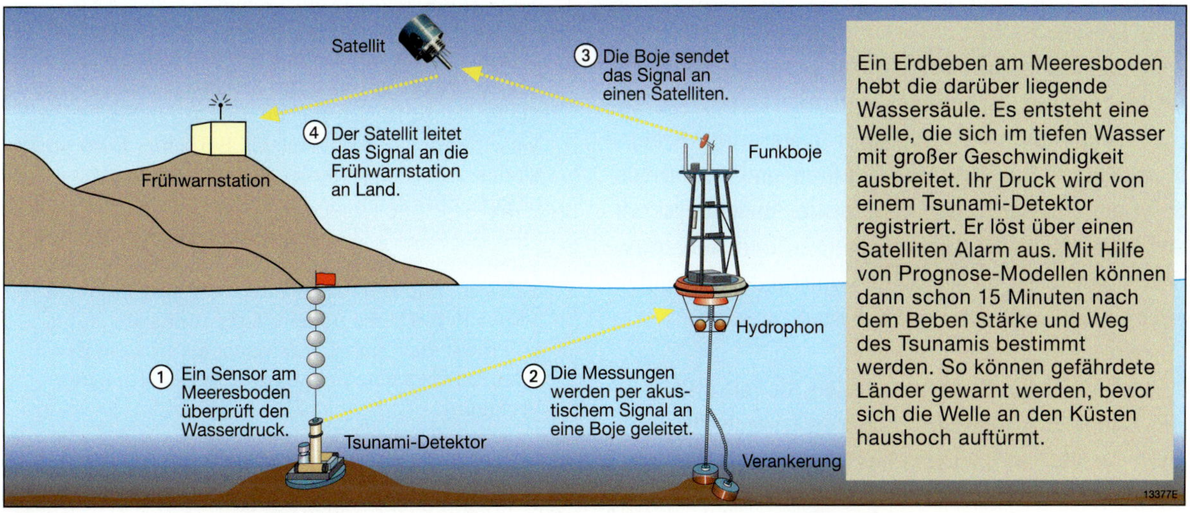

M4 *Geplantes Tsunami-Frühwarnsystem*

M1 *Reisanbau auf terrassierten Vulkanböden*

Positive wirtschaftliche Aspekte

Bei plattentektonischen Vorgängen denkt man spontan an Naturkatastrophen. Das Fernsehen liefert Bilder über Zerstörungen durch Erdbeben, Vulkanausbrüche und Tsunamis, die Presse berichtet ausführlich, für die betroffenen Menschen werden Spenden gesammelt.

Aber die Resultate plattentektonischer Vorgänge haben auch ihre positiven Aspekte. Dies gilt besonders für die verschiedenen Ausprägungen des Vulkanismus.

Seit eh und je hat der Mensch vulkanische Förderprodukte für unterschiedliche Zwecke genutzt. „Vulkanite" werden in vielen Vulkangebieten zu unterschiedlichen Zwecken abgebaut: Bims als gut isolierendes, sehr leichtes Baumaterial, verfestigte Tuffsteine als Bausteine und Gebäudeverkleidungen, Basalte für den Straßenbau. In den Tuff hat man früher an vielen Orten der Erde Wohnhöhlen gegraben. Vulkanisches Glas, Obsidian, stellte in verschiedenen Kulturen einen wertvollen Rohstoff dar, z.B. für Schneidwerkzeuge, Pfeilspitzen oder Schmuck.

Vulkanlandschaften mit ihren Kratern und Kraterseen, Kegeln, Lavafeldern, Geysiren und Fumarolen üben auf den Menschen eine große Anziehungskraft aus. Daher sind viele dieser Gebiete zu Touristenattraktionen geworden, die jedes Jahr von Hunderttausenden oder gar Millionen Menschen besucht werden.

1 Arbeiten Sie in Gruppen. Legen Sie mit Hilfe der Bilder und Texte die positiven wirtschaftlichen Aspekte dar, wie sie aus plattentektonischen Vorgängen resultieren. Recherchieren Sie im Internet ergänzende Fakten.

Fruchtbare Vulkanböden

In Indonesien ist die Bevölkerung sehr ungleich verteilt. Während in den meisten Teilen des Landes die Bevölkerungsdichte kaum 100 Einw./km² erreicht, liegt sie auf der Insel Java großenteils bei über 1000 Einw./km². Ursache für die unterschiedliche Bevölkerungsverteilung sind die auf Java außerordentlich fruchtbaren Böden vulkanischen Ursprungs. Die hier sehr explosive Lava wird bei ihrem Ausstoß zumeist in feinste Teilchen zerrissen und in weitem Umkreis abgelagert. Die so entstandene vulkanische „Asche" bildet das Hauptsubstrat der fruchtbaren Böden. Deren besondere Fruchtbarkeit beruht auf drei Eigenschaften:

- Die Asche bzw. die Lava, aus der die Böden entstanden sind, hat eine sehr günstige chemische Zusammensetzung. Sie ist reich an Phosphaten, Kaliumsalzen, Eisenverbindungen und Magnesiumsalzen, Stoffen, welche die Pflanzen für ihr Wachstum benötigen.
- Die Ascheteilchen weisen eine poröse, glasige Struktur der Partikel auf. Unter dem Mikroskop erscheinen sie wie feiner erstarrter Schaum. Solch lockeres Material erweist sich gegenüber den Einflüssen der Verwitterung als recht instabil. Bei seiner fortschreitenden Zersetzung werden die enthaltenen Mineralsalze über einen langen Zeitraum freigesetzt und können von den Pflanzen aufgenommen werden.
- Versickerndes Wasser wird von den tiefgründigen, lockeren, porösen Ascheböden aufgenommen und gespeichert. Dieses Bodenwasser verdunstet kaum und fließt auch nur sehr langsam ab. Es steht den Pflanzen über einen relativ langen Zeitraum zur Verfügung.

So wirken die vulkanischen Aschen als natürlicher Dünger sowie Wasserspeicher und sichern nachhaltig eine hohe Bodenfruchtbarkeit.

M2 *Chuquicamata (im Norden Chiles) – größter Kupfertagebau der Welt*

M3 *Geothermie-Kraftwerk von Warakei in Neuseeland*

Wertvolle Bodenschätze

Entlang des „Pazifischen Feuerrings" gibt es an vielen Stellen Lagerstätten wertvoller metallischer Rohstoffe. Auf der amerikanischen Seite dominieren Bunt- und Edelmetalle wie Kupfer, Zinn, Gold und Silber, in Ost- und Südostasien kommen noch Stahlveredler wie Nickel, Wolfram, Mangan sowie Leichtmetalle hinzu. Von großer wirtschaftlicher Bedeutung sind die Kupferlagerstätten in Chile, die rund ein Drittel der Weltproduktion liefern. Auf den Philippinen sind seit langem 14 große Kupfer-Gold-Lagerstätten bekannt, in den letzten Jahren sind noch einige neue entdeckt worden. Das Land ist heute der größte Goldproduzent Südostasiens. Die Regierung entwickelt Strategien zur Förderung des Bergbaus und zur Weiterentwicklung der Goldverarbeitung, der Prägeanstalten und der Schmuckindustrie. Auch in anderen Ländern sind die metallischen Rohstoffe für den Export und zum Ausbau der eigenen Wirtschaft von großer Bedeutung.
Die Entstehung dieser Lagerstätten steht im Zusammenhang mit den tektonischen Bedingungen im Ozean: Meerwasser dringt tief in die Basalte der ozeanischen Kruste ein und wird weit unter der Gesteinsoberfläche unter hohem Druck auf mehrere hundert Grad Celsius erhitzt. Unter diesen Bedingungen löst das Wasser die im Gestein enthaltenen Metallverbindungen. Diese werden bei Eintritt der metallhaltigen Lösungen in das kalte Ozeanwasser infolge Abkühlung und Druckentlastung wieder ausgefällt. Dadurch kommt es an Ort und Stelle zur Anreicherung und zur Entstehung von Lagerstätten.
Einige Elemente wie Mangan, Kobalt, Nickel und Kupfer werden mit dem Meerwasser verteilt und finden sich z. T. in Manganknollen wieder, die an vielen Stellen den Ozeanboden bedecken. Man hat berechnet, dass allein in den Knollen des Pazifikbodens mehr Nickel und Kobalt enthalten sind als in den zurzeit genutzten Lagerstätten auf allen Kontinenten.

Erdwärme – immer verfügbar

In der Lithosphäre steigt die Temperatur mit zunehmender Tiefe um ca. 25 - 30 °C pro Kilometer. Bei aktiver Vulkantätigkeit wie im „Ring of Fire" ist die Temperaturzunahme wesentlich größer, da bereits in geringen Tiefen Magmakammern vorhanden sind und glutflüssiges Magma immer wieder bis an die Oberfläche vordringt. Solche Regionen können neuerdings verstärkt auch als Geothermie-Lagerstätten genutzt werden.
Die direkte Gewinnung von Wärme, z. B. als warmes Wasser zum Heizen, erfolgt bereits in mehr als 60 Ländern. Auch die Erzeugung von elektrischem Strom in Geothermie-Kraftwerken nimmt ständig zu. In einigen Ländern des „Pazifischen Feuerrings", nämlich auf den Philippinen, El Salvador, Nicaragua und Costa Rica, werden so bereits 5 - 20 % des benötigten Stromes erzeugt. In Indonesien, Mexiko und den USA hat man in den letzten Jahren große Anstrengungen unternommen, die Stromerzeugung mittels Geothermie auszubauen. Eine moderne Metropole wie San Francisco bezieht ihre gesamte elektrische Energie aus dem jungen Vulkangebiet „The Geysers" nordwestlich der Stadt. Die im Jahr 2005 weltweit installierte Leistung entsprach der von etwa acht Kernkraftwerken. Der Nutzung von Geothermie wird eine starke Zunahme prognostiziert, da sie besonders umweltfreundlich und – im Gegensatz zu Sonne und Wind – ständig verfügbar ist.

WWW

www.geothermie-zentrum.de/
www.zeit.de/2005/39/Chile_Kupfer_neu?page=all
www.wissenschaft-online.de/artikel/783828
www.scienzz.de/ticker/art8240.html

M1 *Lage von Japan*

1 Vergleichen Sie die Flächennutzung in Japan mit der in Bayern und begründen Sie die erkennbaren Unterschiede (M3).

2 Bestimmen Sie die japanischen Regionen mit den höchsten Bevölkerungsdichten und begründen Sie deren Lage (Atlas, Karte: Japan – Bevölkerungsdichte).

M2 *Stadtansicht von Tokio*

Japan – Gewinnung neuer Flächen

Ungleichgewichte in der Bevölkerungsverteilung

Japan besteht aus über 3 900 Inseln. Auf die vier Hauptinseln Hokkaido, Honshu, Shikoku und Kyushu entfallen rund 99 % der Staatsfläche. Das Relief weist im Inneren des Landes steile Berge von 500 bis über 3 000 m Höhe auf. Nur ein knappes Viertel Japans besteht aus Tiefland in den Küstenebenen, Becken und Tälern. Deshalb ist die Bevölkerung Japans sehr unterschiedlich verteilt. Im Tiefland leben rund 76 % der Bevölkerung. Hier herrscht eine sehr starke Konkurrenz um die Flächennutzung zwischen Siedlungen, Industrieanlagen, Landwirtschaft und Verkehrswegen. Die Bevölkerungsdichte in den besiedelten Teilen des Tieflands erreicht in Tokio mit 15 797 Einw./km² einen Extremwert (zum Vergleich: Stadt Hamburg 2 257 Einw./km²). Durchschnittlich stehen pro Einwohner in Tokio nur 6 m² Wohnfläche zur Verfügung.

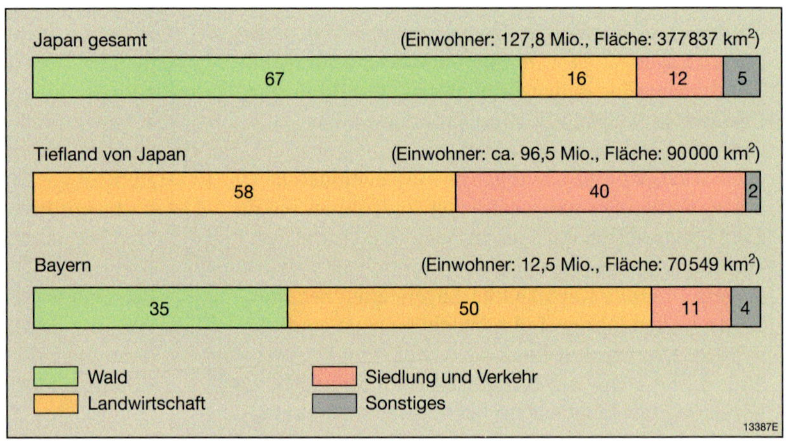

M3 *Flächennutzung in Japan und Bayern (%)*

Tokio – Leben auf engstem Raum

In Tokio-Stadt leben 8,5 Mio. Menschen, in der Hauptstadtregion insgesamt etwa 44 Millionen. Das sind 35 % der Bevölkerung Japans. Hier herrscht die größte Dichte Japans an Industrie- und Dienstleistungsunternehmen. All dies führt zusammen mit einem hohen Kultur-, Bildungs- und Freizeitangebot zu einem nicht nachlassenden Bevölkerungszustrom. Die Lebenshaltungskosten in Tokio sind die höchsten der Welt. Astronomisch steigende Boden-, Wohnungs- und Mietpreise sind die Folge. So beträgt die Miete für eine 60 m²-Wohnung 3 700 € im Monat und mehr. Für Bauland müssen im Zentrum der Stadt bis zu 200 000 € pro Quadratmeter gezahlt werden. Deshalb werden seit den 1990er-Jahren zunehmend Wohntürme gebaut, Hochhäuser mit bis zu 50 Stockwerken und 500 Wohnungen. Sie entstehen in der City in verkehrsgünstiger Lage mit einem attraktiven Versorgungsangebot oft auf dem Areal ehemaliger Industriebetriebe. Zudem werden Einkaufszentren, Dienstleistungs- und Freizeiteinrichtungen häufig mehrere Stockwerke tief unter der Erde angelegt.

Neue Flächen – neue Standorte

Wegen des zunehmenden Mangels an Raum bemüht man sich seit Jahrzehnten, neue Flächen zu schaffen. Im Küstenhinterland werden geeignete Hügel abgetragen und zum Verfüllen von Tälern genutzt (Yamakiri-chi), wodurch Raum für neue Siedlungen frei wird. Das abgetragene Material wird aber auch bei der Neulandgewinnung an der Küste verwendet (Umetate-chi). Dabei werden in flachen Buchten Areale mit Stahl- oder Betonwänden abgetrennt und mit Erdreich aufgefüllt. Heute wird das Füllmaterial meist durch Ausbaggern von Hafenraum gewonnen. Der Schlamm wird entwässert und bildet, mit Zement gemischt, später ein stabiles und relativ erdbebensicheres Fundament.

Trotz der sehr hohen Erschließungskosten rentieren sich diese Maßnahmen angesichts der extremen Bodenpreise auf dem Land rasch. Japans Industrie erhält so verkehrsgünstige Standorte an der Küste. Hochseeschiffe können direkt an den Werkpiers Rohstoffe löschen oder Industrieprodukte für den Weitertransport übernehmen. Auf dem Neuland werden auch Raffinerien, Kraftwerke und Verkehrsinfrastruktur angesiedelt. Über 50 Jahre wurden so rund 1000 km² Land neu geschaffen.

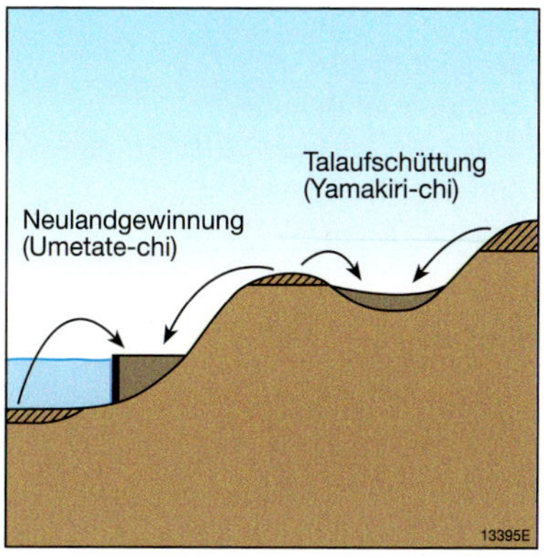

M5 *Landgewinnungsmethoden*

www

www.skyscraperpage.com
www.geocities.com

Info

Im Februar 2005 wurde der Großflughafen von Nagoya eröffnet. Er ist der drittgrößte von fünf japanischen Flughäfen, die auf künstlichen Inseln liegen (max. Länge 4,3 km, größte Breite 1,9 km). Sein Fundament liegt mindestens 30 m unter dem Meeresspiegel. Um das 470 ha große Areal zu errichten, wurden in viereinhalb Jahren 56 Mio. m³ Material (z. T. natürlicher Fels) aufgeschüttet bzw. verbaut. Damit die Strömung in der Bucht vor Nagoya nicht beeinflusst wird, musste die Insel die Form eines „D“ haben. Die Baukosten betrugen ca. 4,8 Mrd. €.

3 Beschreiben Sie die Methoden der Neulandgewinnung in Japan und erläutern Sie die Vorteile für die Küstenindustrie (M4 und Atlas, Karte: Japan – Kobe/Neulandgewinnung).

M4 *Keihin-Küstenindustriezone von Tokio (weiße Linie: Küstenlinie um 1870)*

Kommt heran!
Schulter an Schulter!
Das Land unserer Väter ist immer fortschrittlich gewesen.
Toyota, Toyota!

M1 *Aus einer Firmenhymne*

WWW

www.kkc.or.jp/english/activities/publications/aic2006.pdf
www.worldmapper.org

	Rang
BIP absolut	2.
BIP pro Kopf	3.
Export	4.
Import	4.
Rohstahlproduktion	2.
PKW-Produktion	1.
Schiffbau	2.
Einsatz von Industrierobotern	1.
Mineralölverbrauch	3.

M2 *Rangplätze Japans in der Weltwirtschaft (2004)*

1 Vergleichen Sie Japans Stellung in der Weltwirtschaft mit der anderer führender Wirtschaftsnationen. Nutzen Sie dabei das Internet und M2.

M3 *Ländergröße dargestellt nach der Anzahl erteilter Patente (2006)*

Voraussetzungen für den Aufstieg Japans zur Weltwirtschaftsmacht

Faktor Mensch

Typische Lebens- und Verhaltensweisen der Arbeitnehmer tragen wesentlich zum wirtschaftlichen Aufstieg Japans bei. Der Gemeinschaftssinn und das Handeln des Einzelnen in Übereinstimmung mit den Zielen der Unternehmen sowie des Staates sind von besonderer Bedeutung. Diesen Prinzipien ordnet man sich unter. Im Wirtschaftsleben gilt die Firma als eine soziale Einheit, die „große Familie“, mit der man sich identifiziert und für deren Erfolg man nach Kräften arbeitet. Die Arbeitskräfte nehmen häufig Opfer in Form von Mehrarbeit und weniger Urlaub auf sich. Im Gegenzug bieten die Firmen ihnen Werkswohnungen, Krankenversorgung, Freizeit- und Einkaufsmöglichkeiten kostengünstig an. Stammbelegschaften können mit garantierten Arbeitsplätzen bis zum Ruhestand rechnen, es gilt auch das Senioritätsprinzip, der berufliche Aufstieg mit dem Alter.

Dies ist allerdings in jüngerer Zeit nur noch eingeschränkt der Fall. Es steigen auch in Japan die konjunkturbedingten Entlassungen, da sich die Arbeitswelt den globalen Bedingungen weiter anpassen muss. Nach Jahrzehnten des wirtschaftlichen Wachstums setzte in den 1990er-Jahren eine Stagnation ein, die nicht zuletzt auch auf die zunehmende Konkurrenz anderer asiatischer Staaten zurückzuführen war. Daher arbeiten nun manche Arbeitnehmer bis zur Selbstausbeutung, andere geben die Bindung an einen Betrieb auf und wechseln die Firma, um den sozialen Aufstieg selbst zu steuern.

Weil zum einen die Bildung in Japan einen hohen Stellenwert besitzt und zum andern der Leistungs- und Konkurrenzdruck im Wirtschaftsleben sehr hoch ist, werden Sorgfalt und Härte gegen sich selbst schon in der Schule anerzogen. Jeder Übertritt zur nächsthöheren Schulstufe, vom Kindergarten bis zur Universität, ist nur nach strengen Aufnahmeprüfungen möglich, die oft nur durch lange und intensive Vorbereitung bestanden werden können.

Leitlinien moderner Produktion

Zero Defekt (Null-Fehler-Produktion)
Das Ziel der fehlerfreien Produktion soll durch selbstständige Diskussion der Arbeiter zur Ausschussvermeidung und sofortigen Fehlerbehebung erreicht werden.

Kaizen (Verbesserung)
Produkte werden stetig verbessert. Dazu verwendet man immer die gerade neueste Technologie.

Ringi-System
Eine Entscheidung wird erst dann getroffen, wenn alle an der Herstellung Beteiligten befragt wurden. Ziele sind ein von allen getragener Konsens und gesteigerte Mitverantwortung sowie Motivation.

Lean Production (schlanke Produktion)
Darunter versteht man die Verlagerung der Produktion auf den Zulieferer. Der eigene Betrieb übernimmt im Extremfall nur noch die Endmontage der gelieferten Teile.

Innovation
Es wird stets versucht Produkte zu entwickeln, für die ein neuer Markt aufgebaut werden kann (z.B. Walkman, Gameboy, Tamagotchi).

Kanban (just in time)
Die für die Produktion benötigten Teile werden vom Zulieferer genau dann angeliefert, wenn sie verarbeitet werden. So werden Lagerkosten gespart.

13385E

M4 *Industrieproduktion in Japan*

Innovationen und zwischenbetriebliche Verflechtungen

Der japanische Erfolg basiert auch auf neu entwickelten Leitlinien im Betriebs- und Produktionsmanagement. Sie zielen auf stetige Qualitätssteigerung und Kostenminderung. Weltweit haben sie sich als Standard durchgesetzt. Zudem sind die Großkonzerne mit vielen Kleinbetrieben eng verflochten. Großbetriebe besitzen eine nur geringe Fertigungstiefe, das heißt, die meisten Herstellungsschritte eines Produkts erfolgen bei den Zulieferern. Im Extremfall wird ein Produkt vom Großkonzern nur noch geplant, montiert und vertrieben. So werden die Kosten für Lagerhaltung, Transport und Qualitätssicherung größtenteils auf die Zulieferer abgewälzt und die Großbetriebe können bei Absatzschwankungen die Bauteile bedarfsgerecht einkaufen. Auch weisen die Kleinunternehmen im Gegensatz zu den Großkonzernen ein niedrigeres Lohnniveau und eine geringere Arbeitsplatzsicherheit bei längeren Arbeitszeiten auf.

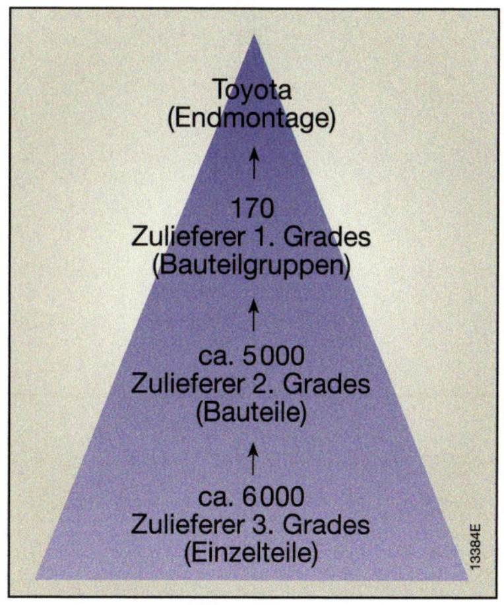

M6 *Produktionspyramide in der Toyota-Autoindustrie*

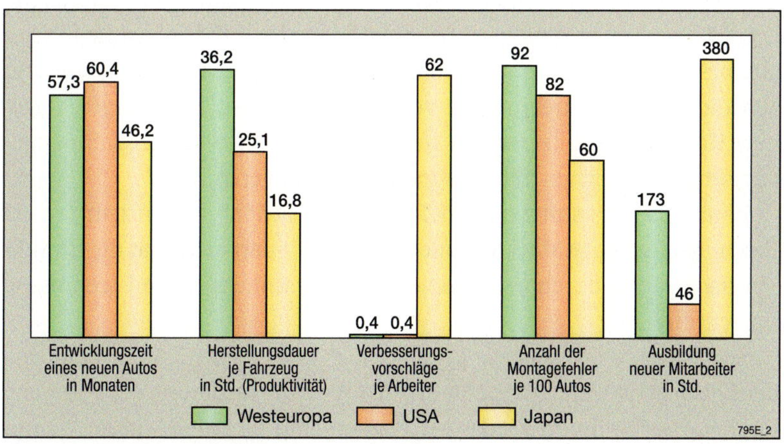

M5 *Automobilproduktion im Vergleich*

2 Begründen Sie die führende Stellung Japans in der Autoproduktion (M5).

3 Erklären Sie die Chancen und Risiken, die sich für die Großkonzerne aus den Verflechtungen mit Kleinbetrieben ergeben (M6, Text).

M1 *Einsatz von Industrierobotern*

Das Zusammenspiel zwischen Industrie und Staat

Die ausgeprägte Verzahnung von Politik, Ministerialbehörden und Unternehmen hat Japan im Ausland den Spitznamen „Japan-AG" eingebracht. In Tokio bezeichnet man diese enge Kooperation als „Eisernes Dreieck". Hier hat sich ein engmaschiges Netz von Kontakten und Beziehungen ausgebildet, das für wirtschaftliche Entscheidungen äußerst wichtig ist. Die Schaltstelle des Netzes bildet das METI (Ministry of Economy, Trade and Industry). Unter seiner Federführung wurden und werden auch Methoden entwickelt, um ausländische Absatzmärkte für die japanische Wirtschaft zu erobern.

Weltweit beobachtet das METI Wachstumsmärkte und -industrien. Seine Mitarbeiter analysieren deren Produkte und suchen nach Verbesserungen. In der Folge koordiniert das METI führende japanische Unternehmen und Hochschulen in gemeinsamen Pilotprojekten zur Erarbeitung von Neuerungen und fördert sie massiv mit Geldmitteln sowie technischem Know-how. Nach Beendigung der Zusammenarbeit und der Produktion von Prototypen stellen die beteiligten japanischen Konzerne jeweils eigene Erzeugnisse in Massenfertigung her. Oft liegen deren Preise anfangs absichtlich unter den Herstellungskosten, um auf dem Weltmarkt ausländische Unternehmen zu verdrängen. Der Aufkauf „angeschlagener" Konkurrenzkonzerne im Ausland ermöglicht es schließlich den japanischen Konzernen, multinational zu produzieren.

Einerseits unterstützt das METI mit steuerlichen Vergünstigungen die Erschließung neuer Märkte, andererseits behindert der Staat die Einfuhren nach Japan durch entsprechende Beschränkungen und technische Vorschriften.

Seit Jahren wird in Japan für eine noch kostengünstigere Produktion der Einsatz von Industrierobotern und die Automatisierung der Fertigung forciert. Hierfür finanziert das METI in erheblichem Maße die notwendige Forschung und Entwicklung.

1 Stellen Sie die Möglichkeiten des METI dar, die Entwicklung der japanischen Industrie zu fördern (M1, Text).

2 Erläutern Sie die Strategien der japanischen Global Player, um auf dem Weltmarkt erfolgreich zu sein (M2 - M4, Text).

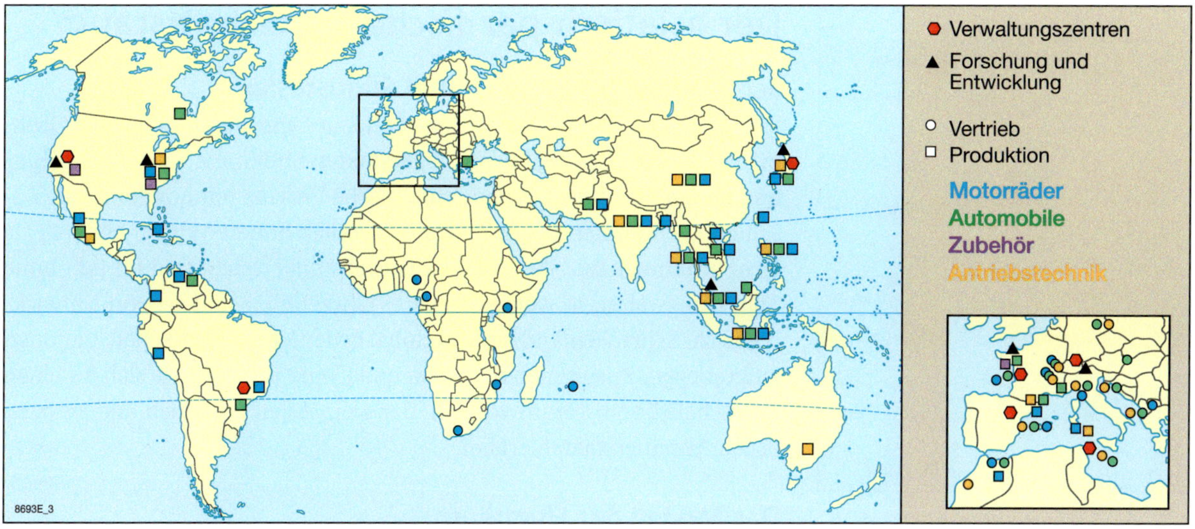

M2 *Honda – Beispiel für einen Global Player*

Japanische Unternehmen als Global Player

Ende der 1960er-Jahre war in Japan der Binnenmarkt weitgehend gesättigt. Die weiterhin stark steigende industrielle Produktion musste folglich mit wachsendem Anteil exportiert werden.

Als Reaktion auf die Globalisierung bauen Japans Konzerne heute selbst in zunehmendem Maße Produktionsbetriebe im Ausland auf. Hauptziele sind die Schwellenländer Südostasiens, die Europäische Union, Nordamerika sowie China. Während in den japanischen Stammbetrieben qualifiziertes Personal mit der Entwicklung und Herstellung von Bauteilen in hochwertiger technischer Ausstattung beschäftigt ist, wird in den Schwellenländern vorrangig die qualitativ weniger anspruchsvolle, aber arbeitsintensive Montage der Zwischenprodukte vorgenommen. Diese Länder dienen als „verlängerte Werkbänke", da hier oft die Lohnkosten und Umweltauflagen wesentlich niedriger sind.

Japanische Produktionsstätten in der EU oder in den USA ermöglichen deutlich niedrigere Verkaufspreise für ihre Waren, weil durch die Erzeugung in diesen Ländern die sonst beim Import aus Japan anfallenden Einfuhrzölle und -beschränkungen wegfallen. So kann auch der hohe japanische Handelsüberschuss abgebaut werden. Damit verbunden ist oft eine Zusammenarbeit zwischen den Tochterunternehmen eines Konzerns in und außerhalb Japans, um die sehr hohen Kosten bei der Entwicklung neuer Produkte zu verringern und um die günstigsten sowie besten Zulieferer weltweit zu finden. Diese Auslandsinvestitionen bedeuten jedoch, dass immer mehr industrielle Arbeitsplätze in Japan verloren gehen und im Zuge dieser Entwicklung auch einheimische Zulieferer ihre angestammten Hauptabnehmer verlieren können. Diese meist mittleren und kleinen Zulieferer können wirtschaftlich nur dann überleben, wenn es ihnen gelingt, noch kostengünstigere Produktionsformen zu entwickeln und zudem Abnehmer ihrer Produkte auch außerhalb von Japan zu finden.

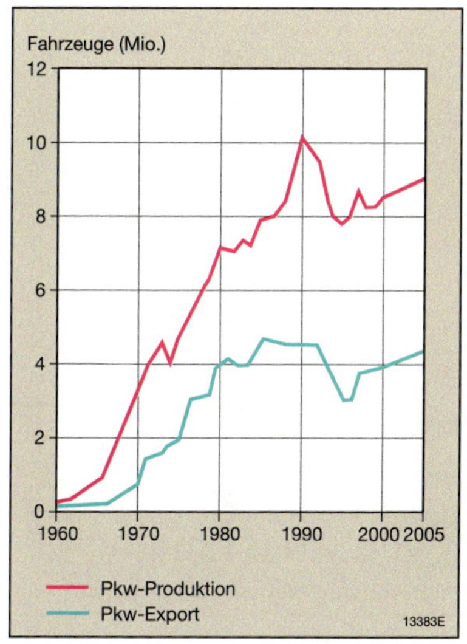

M3 *Japan – Produktion und Export von Pkw*

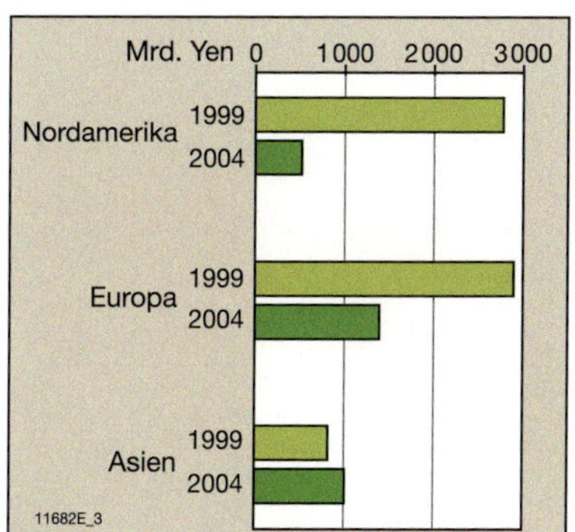

M4 *Japanische Direktinvestitionen im Ausland (Mrd. Yen)*

Der asiatisch-pazifische Wirtschaftsraum

M1 *Die vier „kleinen Tiger"*

Schwellenländer in Ost- und Südostasien

Zwischen der Weltwirtschaftsmacht Japan und der politischen Großmacht China liegen die kleinen **Tigerstaaten** Südkorea, Taiwan, Singapur und Hongkong, seit 1997 eine chinesische Provinz mit Sonderstatus. Zusammengenommen besitzen sie eine deutlich höhere Wirtschaftskraft als Großbritannien und ihr Wirtschaftswachstum erreicht Jahr für Jahr hohe Steigerungsraten. In weniger als drei Jahrzehnten sind sie von Entwicklungs- zu Schwellenländern und global bedeutenden Wirtschaftsnationen aufgestiegen. Zusammen mit Japan und China zeichnen sie sich für einen Wirtschaftsboom verantwortlich, der ganz Asien und auch andere pazifische Anrainerstaaten erfasst.

Das Modell der Fluggänse

Das 1990 entwickelte Modell der Fluggänse beschreibt bildhaft die Abfolge des ökonomischen Aufstiegs der asiatisch-pazifischen Staaten, der in den 1960er-Jahren von Japan eingeleitet wurde. In den 1970er-Jahren vollzogen die „Tigerstaaten" den Sprung vom Entwicklungsland zum Schwellenland. 1980 begann der wirtschaftliche Aufschwung in den Ländern der dritten Generation wie Thailand oder Malaysia, während Laos und Kambodscha noch heute zur Gruppe der ärmeren Entwicklungsländer zählen. Dieses Modell kann entsprechend auf den Entwicklungsstand der Industrie in den jeweiligen Staaten übertragen werden. Produkte, die Industrieunternehmen in Japan in einem vorangegangenen Jahrzehnt gefertigt haben, werden in der nächsten Dekade in den laut „Fluggänseformation" folgenden Staaten hergestellt. Jahre später sind auch die am geringsten entwickelten Staaten in der Lage, diese Industriegüter selbst zu produzieren und dank niedriger Lohnkosten kostengünstig auf dem Weltmarkt zu verkaufen. In der Zwischenzeit wird vom „Leitvogel" Japan bereits die nächste Generation modernster Hightech-Güter für die Serienreife entwickelt und produziert.

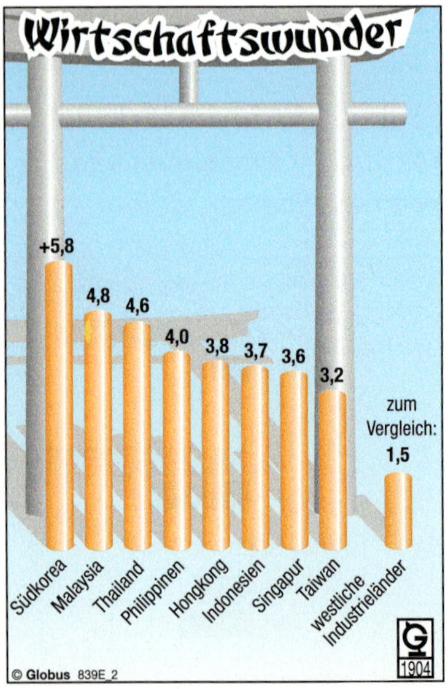

M2 *Jährliches Wirtschaftswachstum 1999-2003 (%)*

M3 *Das Modell der Fluggänse*

Grundlagen des wirtschaftlichen Aufschwungs

Trotz vieler Unterschiede besitzen die asiatisch-pazifischen **Newly Industrializing Countries (NICs)** gemeinsame Merkmale, die den wirtschaftlichen Aufschwung begünstigten. Dazu zählt in erster Linie ein gewinnorientiertes marktwirtschaftliches Denken vor allem der chinesischen Bevölkerungsgruppen, die für die engen zwischenstaatlichen Handelsverflechtungen in der Region verantwortlich sind. Vorteilhaft ist das Selbstverständnis lebenslanger Aus- und Weiterbildung, das durch erhebliche Investitionen in Schulen und Universitäten gefördert wird, und so Südkorea und Singapur im globalen Ranking der Qualität der Schülerleistungen an die Spitze brachte. Die hohen Spareinlagen der Bevölkerung werden von den Banken ausschließlich in den Ausbau wachstumsstarker exportorientierter Industriebranchen investiert. Wenig einflussreiche Gewerkschaften sowie Lohn- und Konsumverzicht halten die Löhne und somit auch die Produktionskosten hochwertiger Güter niedrig. Trotz Massenfertigung sind die Industriebetriebe flexibel genug, um bei sich ändernder Nachfrage die Produktion kurzfristig umzustellen.

Vor allem ausländische Investoren schätzen die stabilen politischen Verhältnisse in der Mehrzahl der ost- und südostasiatischen Staaten, auch wenn diese im Einzelfall durch vom Militär gestützte Machthaber ohne demokratische Wahlen gesichert werden. Die Präsenz US-amerikanischer Truppen und die massive finanzielle sowie wirtschaftliche Unterstützung durch die USA sichern in der Region seit dem Korea-Krieg 1953 die politische Stabilität der westlich orientierten Staaten gegenüber China, Russland und Nordkorea.

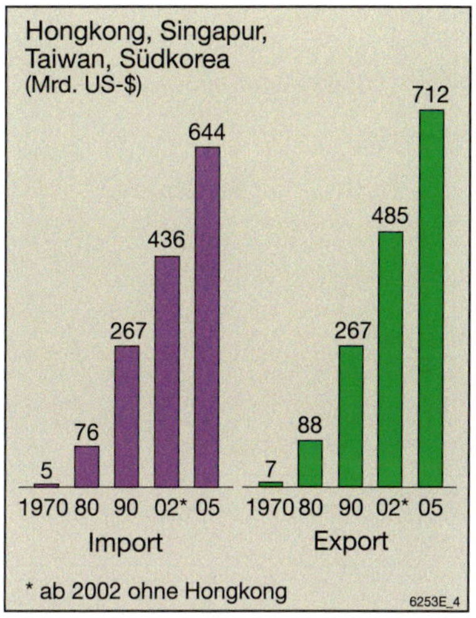

M4 *Außenhandel der „Tigerstaaten" 1970-2005*

Vom Entwicklungsland zum Schwellenland – Phasen der wirtschaftlichen Entwicklung

Die Ausgangsbedingungen für viele Staaten Ost- und Südostasiens waren denkbar ungünstig. Geringwertige Bodenschätze, vorherrschend traditionelles Handwerk und Gewerbe sowie eine ertragsarme landwirtschaftliche Nutzung waren für den geringen Entwicklungsstand verantwortlich. Mit finanzieller und wirtschaftlicher Hilfe der USA und dem Vorbild Japans folgend leiteten die Regierungen den industriellen Aufbau ein. Haupterzeugnisse waren zunächst einfach herzustellende Konsumgüter für den meist nur kleinen Binnenmarkt, bevor die staatliche Wirtschaftsplanung die **Exportorientierung** der Industrie in die Wege leitete. Hierbei erhielt sie Unterstützung durch japanische Konzerne, die arbeitsaufwändige und damit lohnkostenintensive Produktion in neu errichtete Montagewerke in den asiatischen Nachbarstaaten verlagerten. Im Zuge der **Importsubstitution** wurden zunehmend auch bisher importierte Produkte der Grundstoff- und Schwerindustrie wie Stahl, Zement oder Hochseeschiffe hergestellt und zur Auslastung der rasch wachsenden Fertigungsanlagen auch exportiert. In der folgenden Phase wurde die Wirtschaftspolitik eher in Richtung Ausbau der Investitionsgüterindustrie gelenkt. Maschinen, Unterhaltungselektronik, Computer und Automobile eroberten zuerst den Binnenmarkt und dann den Weltmarkt.

1 Erklären Sie die Begriffe Tigerstaat, Schwellenland und Newly Industrializing Country.

2 Geben Sie Gründe für das „asiatische Wirtschaftswunder" an.

3 Zeigen Sie auf, inwieweit das „Modell der Fluggänse" aus heutiger Sicht überholt ist.

4 Charakterisieren Sie die wirtschaftliche Vorgehensweise im Zuge der Exportorientierung und der Importsubstitution.

M1 *Lage von Südkorea*

	1986	2006
Schiffbau	2	1
Fernsehgeräteproduktion	k.A.	2
Erdölimporte	k.A.	3
Textilproduktion	k.A.	6
Zementproduktion	9	5
Stahlproduktion	k.A.	6
Kernkraftwerkskapazität	11	7
Mineralölverbrauch	k.A.	8
Eisenproduktion	15	8
Elektrizitätsverbrauch	k.A.	10
Exporte	13	13
Importe	15	14

M2 *Rangplätze Südkoreas in der Weltwirtschaft 1986 und 2006*

Südkorea – durch exportorientierte Industrialisierung zur Weltwirtschaftsmacht

In 40 Jahren vom „Armenhaus" zur Weltwirtschaftsmacht

Kaum Bodenschätze, nur ein Fünftel der Landfläche agrarisch nutzbar und mit 262 Einw./km² an der Grenze der Tragfähigkeit – Anfang der 1960er-Jahre zählte Südkorea mit einem Bruttonationaleinkommen pro Einwohner von 80 US-$ pro Jahr zu den ärmsten Ländern der Welt.

Obwohl sich die Bevölkerung seit 1960 auf nahezu 48 Millionen Menschen verdoppelte, wuchs das BNE/Einw. um das 130-fache auf über 10 000 US-$ im Jahr 2006. Gemessen am BSP steht das Land auf Platz 11 in der Rangliste der Weltwirtschaftsmächte. Eine vergleichbare Entwicklung zeigt sich im Außenhandel, der im gleichen Zeitraum auf den 700-fachen Wert gestiegen ist. Sowohl in der Produktion ausgewählter Industriegüter als auch im Transportwesen nimmt das Land mit vier der 18 größten Seehäfen der Welt einen Spitzenplatz ein (zum Vergleich: Hamburg, der größte deutsche Seehafen, liegt auf Rang 24).

Die wirtschaftliche Entwicklung Südkoreas in den letzten 40 Jahren spiegelt das Vorgehen zur exportorientierten Industrialisierung nach dem Vorbild Japans wider, das in vielen Ländern Südostasiens erfolgreich kopiert wird. Dieser Weg wird konsequent auch in Zukunft beschritten. Mit dem Forschungsprogramm „Vision 2030" finanziert die südkoreanische Regierung die Grundlagenforschung in Zukunftstechnologien. An erster Stelle stehen das digitale Fernsehen und die Produktion von Flachbildschirmen, wo das Land bereits Weltspitze ist, sowie die Entwicklung von Displays für viele Geräte bis zum elektronischen Papier. Weitere Forschungsfelder sind der Bau von Industrierobotern und die Serienreife von Hybridfahrzeugen, die von einem Verbrennungs- und einem Elektromotor zugleich angetrieben werden.

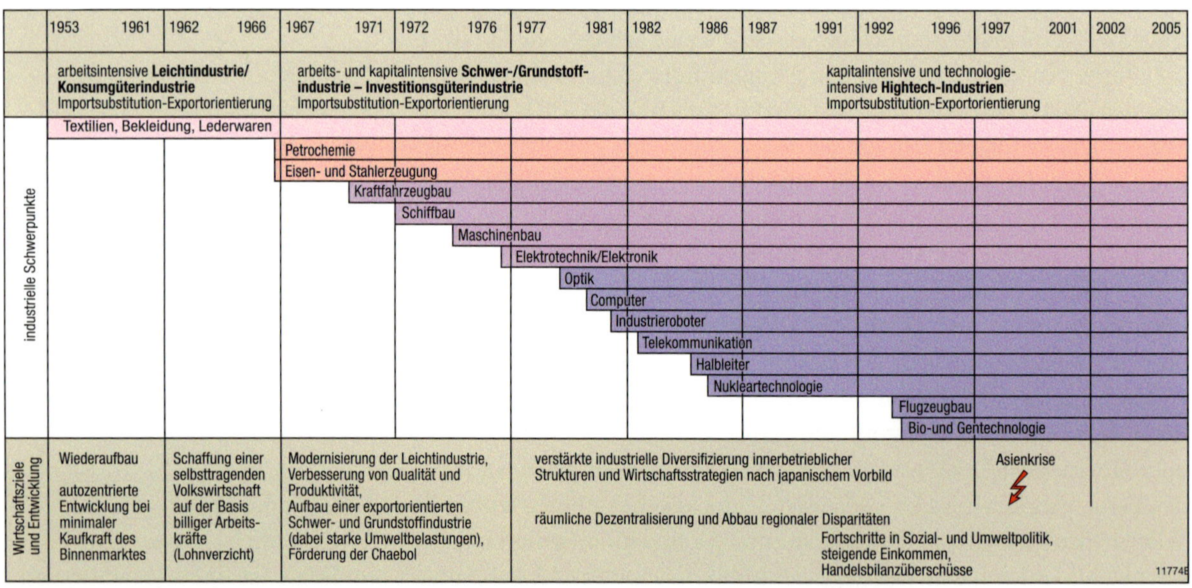

M3 *Phasen der wirtschaftlichen Entwicklung Südkoreas*

Koreanische Großkonzerne – Träger des Aufschwungs

Die Produktionsstruktur der Industrie Südkoreas ist durch 50 große Konzerne sowie Zehntausende Klein- und Mittelbetriebe gekennzeichnet. Letztere beschäftigen zwei Drittel aller Erwerbstätigen in der Industrie und besitzen eine wichtige Funktion als preisgünstige Zulieferer für die Großbetriebe. Bei den Konzernen handelt es sich um stark diversifizierte Wirtschaftskonglomerate, die unterschiedlichste Branchen vereinigen und von wenigen Familien beherrscht werden. Diese weltweit verflochtenen Unternehmen genießen staatliche Subventionen, Steuervorteile und anderen Privilegien, um die Produktionskosten niedrig halten zu können. Aber häufig sind diese selbst in Südkorea nicht mehr niedrig genug, um der Konkurrenz auf dem Weltmarkt standzuhalten. Deshalb verlagerten südkoreanische Elektronikkonzerne, vor wenigen Jahren selbst noch Zulieferer für europäische und US-amerikanische Unternehmen, ihre Produktionsstätten in asiatische Nachbarstaaten oder nach Südamerika, wo nun Halbleiterchips, Haushaltsgeräte und Unterhaltungselektronik für den Weltmarkt gefertigt werden.

1967 errichtete der Unternehmer Chung Ju-Yong ein Automobilwerk, um ein Modell des US-amerikanischen Herstellers Ford in Lizenz zu produzieren. Anfang der 1970er-Jahre fertigte „Hyundai" noch mit Unterstützung des japanischen Mitsubishi-Konzerns das erste eigene Auto. 1983 begann der PKW-Export nach Mittelamerika und Kanada, 1984 in die USA. Seit 1991 verkauft „Hyundai" auch in Deutschland seine Autos, die laut Werbung „10 % mehr Ausstattung bieten als vergleichbare japanische Autos, aber dennoch 10 % billiger sind". Seit 1995 steigerte das Unternehmen den Absatz weltweit von einer auf über drei Millionen Fahrzeuge. Drei Viertel der in Südkorea hergestellten Fahrzeuge gehen in den Export, und in seinen wichtigsten überseeischen Absatzmärkten besitzt das Unternehmen eigene Montagewerke. Um vor allem in Europa die Verkaufszahlen zu erhöhen, unterstützte der Konzern als Hauptsponsor die Fussballweltmeisterschaft 2006 in Deutschland. Mit Erfolg, denn kannten vor dem Turnier erst 25 % der Deutschen die Marke „Hyundai", so waren es danach 50 %.

M4 *Die „Hyundai"-Story*

Rang/Land	1960	1970	1980	1990	2000	2006
1. Japan	165	3 178	7 038	9 947	8 359	9 756
2. Deutschland	1 880	3 654	3 697	4 660	5 131	5 398
3. China	0,098	0,196	5	42	604	5 233
4. USA	6 703	6 550	6 375	6 077	5 542	4 366
5. Südkorea	0	14	57	986	2 602	3 489
6. Frankreich	1 175	2 458	2 938	3 294	2 879	2 723
7. Brasilien	42	306	933	663	1 351	2 092
8. Spanien	39	450	1 028	1 679	2 366	2 078
9. Indien	22	42	42	179	517	1 473
10. Großbritannien	1 352	1 640	923	1 295	1 641	1 442
Welt gesamt	*12 810*	*22 721*	*29 720*	*35 802*	*41 215*	*49 886*

M5 *PKW-Produktion weltweit (1 000 Fahrzeuge)*

Unternehmens-gruppe	Anzahl der Tochterfirmen; Beispiele
Hyundai	57; Hyundai Motor Company, Hyundai Electronics, Hyundai Petrochemical, KIA Motors
Samsung	80; Samsung Electronics, Samsung Chemicals, Samsung Heavy Industries
Lucky Goldstar (Kumsong)	49; Kumsong Electronics, Lucky Inc.
Daewoo	30; Daewoo Shipbuilding, Daewoo Electronics
Hanjin	24; Korea Air, Hanjin Marine Transportation

M6 *Die größten südkoreanischen Unternehmensgruppen und Tochterfirmen*

Rang/Konzern	Land	Anzahl (1 000)
1. General Motors	USA	9 097
2. Toyota	Japan	7 338
3. Ford Motor	USA	6 497
4. Volkswagen	Deutschland	5 211
5. Daimler Chrysler	Deutschland	4 815
6. Nissan	Japan	3 494
7. Honda	Japan	3 436
8. PSA Peugeot Citroen	Frankreich	3 375
9. Hyundai	Südkorea	3 091
10. Renault	Frankreich	2 616

M7 *Die größten Automobilkonzerne 2006*

1 Setzen Sie die Daten von M5 in ein Diagramm um.

2 Beschreiben Sie mit Hilfe des Internets die Stellung südkoreanischer Automobilkonzerne weltweit und in Deutschland.

M1 *Lage von Singapur*

M3 *Wirtschaftszentrum Singapur*

Info

Singapur in Zahlen (2006)

Fläche: 683 km²
Einwohner: 4,2 Mio.
Bevölkerungsdichte:
6251 Einw./km²
Bevölkerung:
77 % Chinesen, 14 % Malaien, 8 % Inder, 1 % Andere
BIP:
26330 US-$ pro Einw./Jahr
(vgl.: Deutschland 30690 US-$)

www

www.singstat.gov.sg

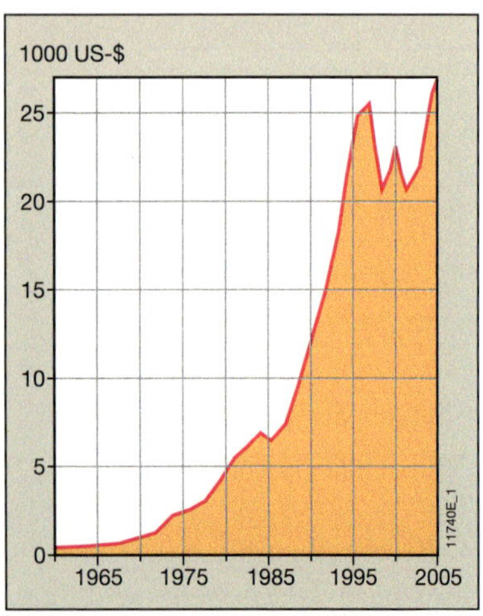

M2 *Veränderung des BIP/Einw. von Singapur*

Singapur – Wirtschaftsmetropole und Global City

Koloniale Vergangenheit

1819 errichtete England an der Spitze der malaiischen Halbinsel, wo die Schiffe Kurs vom Indischen Ozean ins Südchinesische Meer nehmen, den Handels- und Marinestützpunkt Singapur. Dieser sollte den Seeweg zwischen England und Ostasien sowie den Einfluss der Ostindien-Kompanie in Südostasien sichern helfen. Das Ende des Empire nach dem Zweiten Weltkrieg und der Einsatz immer größerer Frachtschiffe, die auf ihrem Weg zwischen Europa und Asien keine Versorgungshäfen mehr anlaufen mussten, ließen Singapurs Hafen vorübergehend seine Bedeutung verlieren. 1959 wurde die Kolonie in einer Konföderation mit Malaysia unabhängig und 1965 zum selbstständigen Stadtstaat.

Vom Produktionsstandort zur Wirtschaftsmetropole

Singapur benötigte kaum drei Jahrzehnte „zum gewaltigen Sprung wie ein Tiger", vom Entwicklungsland zu einer der wohlhabendsten und attraktivsten Metropolen, in der sich 6000 multinationale Unternehmen und 500 Finanzinstitute niedergelassen haben. Ursachen hierfür sind:

- die verkehrsgünstige Lage an der Straße von Malakka, der verkehrsreichsten natürlichen Wasserstraße weltweit;
- einer der leistungsfähigsten Häfen der Welt für den Import von Rohstoffen und den Export hochwertiger Industriegüter;
- hoch qualifizierte englischsprachige Arbeitskräfte;
- Sauberkeit und eine niedrige Kriminalitätsrate in der Stadt.

Autoritäre politische Verhältnisse und eine wirtschaftsfreundliche Regierung ließen Singapur zum globalen Steuer- und Investitionsparadies werden. Wegen des Arbeitskräftemangels und vergleichsweise hoher Lohnkosten hatten nur kapitalintensive Hightech-Unternehmen eine Chance im internationalen Wettbewerb, sodass Singapur heute in den Bereichen Mikroelektronik, Halbleiterfertigung, Laser- und Biotechnologie zu den weltweit führenden Anbietern zählt.

Singapurs Vision – globales Zentrum der Wissensgesellschaft

Sachverständige der Regierung prognostizieren, dass die gegenwärtige Einwohnerzahl zu gering ist, um die Wirtschaft des Stadtstaates dauerhaft wachsen zu lassen oder den demographischen Alterungstrend aufzuhalten. Deshalb soll sich die Bevölkerung durch geregelte Zuwanderung von gut ausgebildeten, motivierten und leistungsfähigen Arbeitskräften bis zum Jahr 2020 verdoppeln. Neue Arbeitsplätze werden aber überwiegend im tertiären Sektor entstehen. Denn die Regierung richtet Singapur im Rahmen der Globalisierung neu aus – als Zentrum einer weltweiten Wissensgesellschaft, das über Technologie und Know-how verfügt, die es anderswo in dieser Form nicht gibt. Mit vielen Milliarden US-Dollar unterstützt der Staat Forschungsprojekte und Kooperationen mit internationalen Konzernen. Staatliche „Wissensfabriken" und Labore bieten ideale Standortvorteile für ausländische Investoren. Für die Ausbildung der notwendigen Fachkräfte wird ein neues Universitätsviertel mit 14 Hochschulen errichtet, wo zukünftig 150 000 Studenten von den besten Hochschulprofessoren unterrichtet werden können. Eine dieser „Wissensfabriken" ist bereits fertiggestellt – „Biopolis", ein 500 Mio. US-Dollar teurer Gebäudekomplex, in dem 2 000 Wissenschaftler der Medizin- und Biotechnik forschen.

Arbeits- und flächenintensive Industriebetriebe, die im Stadtgebiet keinen Platz mehr finden, werden dagegen in das zu Malaysia gehörende Hinterland des Stadtstaates ausgelagert. Bereits 1990 wurden wirtschaftliche Kooperationen mit der malayischen Region Johor Baharu und der indonesischen Insel Batam besiegelt, neue Industrieparks errichtet und die Infrastruktur ausgebaut. So verfügt Singapur über ein entwicklungsfähiges Umland mit zwei Millionen billigen Arbeitskräften, preiswerten Gewerbeflächen und einer Freihandelszone.

M5 *SIJORI-Wachstumsdreieck*

1 Erklären Sie die Stellung Singapurs als Wirtschaftszentrum Südostasiens.

2 Singapur gilt als „Frankfurt Südostasiens". Begründen Sie diese Aussage.

3 Erläutern Sie den Raummangel Singapurs und beschreiben Sie das neue grenzüberschreitende Raumkonzept (Atlas, Karte: Stadtstaat Singapur).

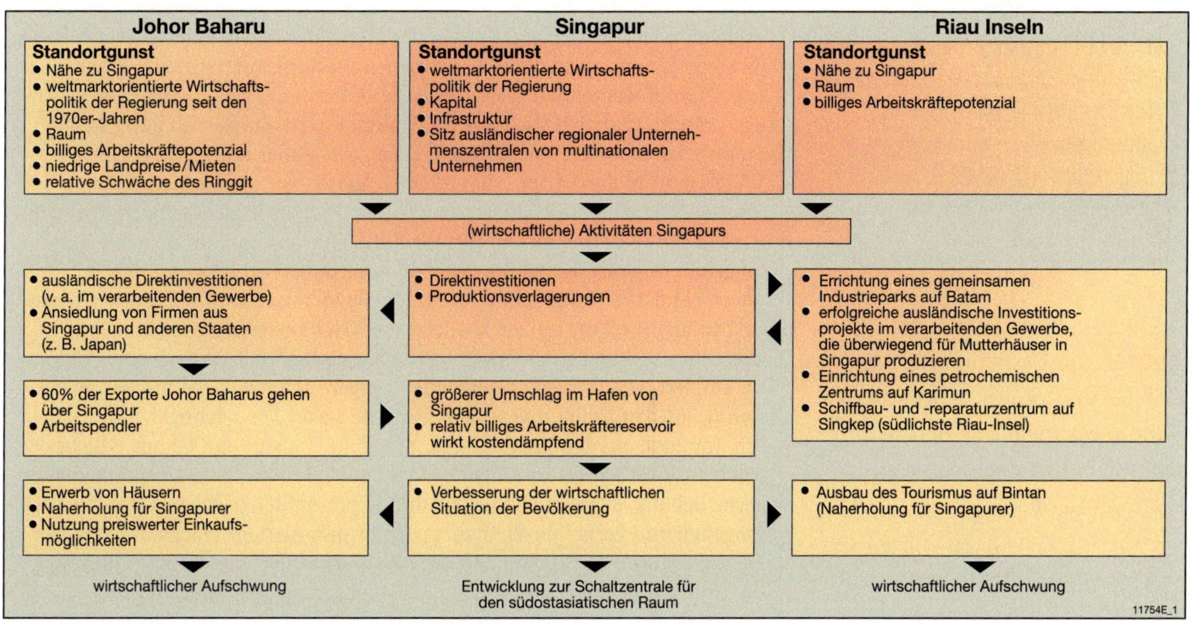

M4 *Arbeitsteilung im SIJORI-Wachstumsdreieck*

Vietnam – ein neuer „Tigerstaat"?

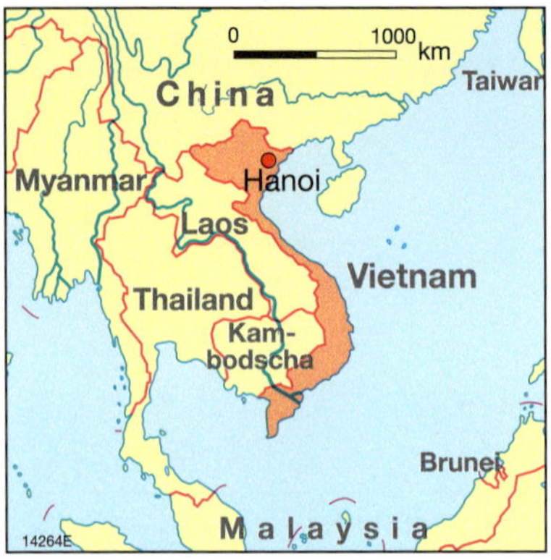

M1 *Lage von Vietnam*

Info

Zur Geschichte Vietnams

ab 1945: vietnamesische Unabhängigkeitsbewegung gegen die Kolonialmacht Frankreich.
1946 - 1954: Indochinakrieg: Niederlage und Abzug der Franzosen, Teilung des Landes in Nord- und Südvietnam.
1964 - 1975: Krieg zwischen Nord- und Südvietnam, Kapitulation Südvietnams.
1976: Vereinigung zur Sozialistischen Republik Vietnam. Enorme Kriegsschäden und ökonomische Krisen führen zur Verelendung der Bevölkerung.
ab 1986: Hungersnöte, Auflösung alter Lieferverträge mit der UdSSR und die Reformen in China erzwingen eine Erneuerungspolitik (Doi Moi), die den Wechsel von der Plan- zur Marktwirtschaft einleitet.

1 Arbeiten Sie aus M3, M4 und M6 die Ursachen für die Erneuerungspolitik sowie die Voraussetzungen für den wirtschaftlichen Aufschwung in Vietnam heraus.

2 Beschreiben Sie ökonomische und soziale Konsequenzen der Erneuerungspolitik (M4, M5, M7).

Vom „Armenhaus" zur Weltwirtschaftsmacht

Die Erfolge der neuen vietnamesischen Doi-Moi-Politik seit 1986 zeigten sich zunächst in einer deutlich verbesserten Ernährungssituation und zunehmenden Exporten von Agrargütern. Die Privatisierungen in der Industrie, die Zulassung ausländischer Investoren und Vietnams kostengünstige Arbeitskräfte ließen das produzierende Gewerbe zum Motor der wirtschaftlichen Entwicklung werden. Die Textil- und die Schuhproduktion sind zurzeit Grundlage des exportorientierten Wachstums. Das Land wird zunehmend in den Welthandel integriert. Vor allem seine Metropolen sind die Ziele der ausländischen Global Player und profitieren stark von der hier neu aufgebauten Infrastruktur. Jedoch nehmen in diesen Städten die sozialen Gegensätze zwischen Arm und Reich zu.

M2 *Fertigung für einen Global Player in Vietnam*

„Die Hungersnöte der 1980er-Jahre zwangen uns zum Handeln. Jede Bauernfamilie bekam nun eigenes Land und produzierte in eigener Regie. In wenigen Jahren wandelte sich Vietnam vom Reisimporteur zum Reisexporteur. Darauf wagten wir weitergehende Reformen: Privatunternehmen wurden erlaubt, und weil sie meist erfolgreich waren, durften ab 2000 sogar Staatsbetriebe privatisiert werden. Dies gelang aber nur gegen starken Widerstand in der Partei. Außerdem steigerten wir unsere Agrarexporte ständig. Wir stiegen bis 2006 zum größten Pfeffer- und zum zweitgrößten Kaffee- sowie Reisexporteur der Welt auf. Die Weltbank und Entwicklungshilfeorganisationen unterstützten uns dabei. Im Februar 2007 wurde unser Land 150. Mitglied der Welthandelsorganisation. Im Dienstleistungs- und Industriesektor nutzen wir jetzt den Globalisierungsprozess. Zwar ist Vietnam noch nicht so stark industrialisiert, doch mit jährlich einer Million auf den Arbeitsmarkt drängenden ehrgeizigen jungen Menschen bietet sich für ausländische Investoren eine gute Basis. Die wichtigsten Investoren kommen aus Japan, Südkorea, Singapur, Taiwan und China. Alle betrachten Vietnam als verlängerte Werkbank. Gerade Chinesen produzieren gerne bei uns, denn so können sie ihre Exportquoten in die EU und die USA umgehen und verhelfen Vietnam zu exportorientiertem Wachstum. Jüngster Devisenbringer und Jobmotor ist der Tourismus, der unsere alte Kultur und die Architektur der französischen Kolonialzeit zur Grundlage hat."

M3 *Ein Mitglied der kommunistischen Partei Vietnams berichtet*

„Ich kam 1975 in Ho-Chi-Minh-Stadt, das damals noch Saigon hieß, auf die Welt. In meiner Kindheit erlebte ich mehrere Hungersnöte. Mein Vater galt politisch für die Regierung als unsicher und hatte nur schlecht bezahlte Jobs. Meine Eltern sahen in Vietnam keine Zukunft und versuchten zu fliehen. Schließlich brachten sie mich, als ich zehn Jahre alt war, auf ein Flüchtlingsboot, das glücklicherweise später von einem Rettungsschiff ‚aufgefischt' wurde. Ich kam nach Stuttgart, wo ich bei Adoptiveltern aufwuchs. Nach der Schule studierte ich Bauingenieurwesen. Ich hatte stets Kontakte nach Vietnam und verfolgte genau, wie sich dort Politik und Wirtschaft veränderten. Besonders die Zeit nach 2000 versprach viele Chancen für Bauunternehmen, da überall im Land Industriezonen entstanden. Es wurden und werden viele neue Straßen, Brücken, Fabrikanlagen, Häfen und Kraftwerke gebaut. Deshalb ging ich 2001 zu einer deutschen Baufirma, die in Vietnam ein Kraftwerk errichtete. Vor zwei Jahren wagte ich die Gründung einer eigenen Firma, denn die Löhne hier sind niedrig und gebrauchte Baumaschinen bezog ich günstig aus Deutschland. Ich habe nun eine kleine Baufirma mit 18 Mitarbeitern und arbeite als Zulieferer für große Baufirmen. Da dieses Geschäft blendend läuft, will ich mit meiner Firma in den nächsten Jahren expandieren. Ich kenne auch andere Rückkehrer. Die Regierung schätzt uns, weil wir als treibende Kräfte in der Wirtschaft angesehen werden. Eine Bekannte von mir, Designerin von Beruf und in den USA aufgewachsen, betreibt eine Modeagentur, deren Entwürfe hier in einer Fabrik produziert und dann erfolgreich nach Italien verkauft werden."

M4 *Ein ehemaliger Boat-People-Flüchtling berichtet*

„Meine Eltern besitzen nahe unserer vietnamesischen Hauptstadt Hanoi einen kleinen Bauernhof. Ihre Produkte werden von Händlern in Hanoi verkauft. Das Geschäft läuft seit zwölf Jahren sehr gut. Hanoi ist durch die Reformen und die internationale Öffnung eine blühende Metropole mit vielen ausländischen Firmen, diplomatischen Vertretungen und modernen Geschäften geworden. Die Stadt wächst und die Menschen müssen immer besser versorgt werden. Ich entschied mich schon bald, nach der Schule nicht Bauer zu werden, und zog zu unseren Verwandten nach Hanoi, die dort in der malerischen und architektonisch einzigartigen Altstadt wohnen. Im Tourismus, der in dieser Altstadt und in den in der französischen Kolonialzeit angelegten Vierteln aufblüht, fand ich meinen Arbeitsplatz. Ich habe außerdem das Glück, bei meinen Verwandten wohnen zu können. Zwar ist es in der Altstadt sehr eng und der zunehmende Verkehr sowie die vielen fliegenden Händler aus dem Umland verstopfen die Straßen, aber ich kann mir keine der hier neu gebauten Wohnungen leisten, die überall am Stadtrand in der Nähe zu den modernen Freizeitparks entstehen. Ich will mich jedoch nicht beklagen. Ein Bekannter von mir zog nach Ho-Chi-Minh-Stadt, dem früheren Saigon. Dort boomt die Wirtschaft noch stärker. Die Stadt ist das absolute Handels- und Industriezentrum Vietnams. Die sehr vielen Zuwanderer sollen bereits ein Drittel der Einwohner bilden. Da sie meist mittellos sind, lassen sie sich häufig an Kanälen und Flüssen in unkontrolliert errichteten Hüttensiedlungen nieder. Hier werden sie oft Opfer des rasanten Verkehrswegebaus. Der Bau eines Highways zerstörte die Siedlungen am Ben-Nghe-Kanal und alle Bewohner wurden vertrieben. Im Konkurrenzkampf um die Arbeitsplätze bleiben viele im wahrsten Sinn des Wortes auf der Strecke, Wohnungsnot und Kriminalität steigen rapide an."

M5 *Ein Zuwanderer nach Hanoi berichtet*

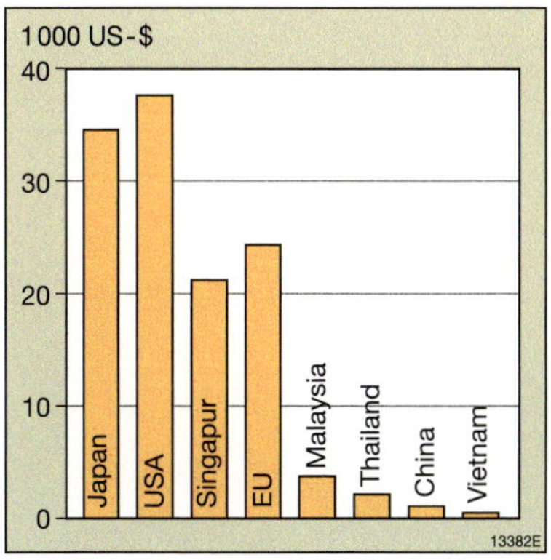

M6 *Arbeitseinkommen pro Kopf im Jahr 2003*

Export (1990): 1,9 Mrd. US-$
- 43 % Agrarprodukte (v. a. Reis)
- 29% Leichtindustrie-, Handwerksprodukte
- 19 % Schwerindustrieprodukte, Mineralien

Export (2004): 26,5 Mrd. US-$
- 22 % Rohöl
- 10 % Schuhe
- 9 % Fisch, Meeresfrüchte
- 7 % Textilien, Bekleidung
- 4 % Reis
- 3 % Holz
- 2 % Kaffee

Import (1990): 2,0 Mrd. US-$
- 52 % Kraftstoffe, Rohmaterialien
- 26% Maschinen
- 12% Konsumgüter

Import (2004): 32,0 Mrd. US-$
- 16 % Maschinen, Ausrüstungen
- 11 % Kraftstoffe
- 8 % Eisen/Stahl
- 7 % Leder, Bekleidungsmaterial
- 5 % Textilien, Baumwolle
- 3 % Kfz-Komponenten
- 3 % Düngemittel, Insektizide

M7 *Wichtige Import- und Exportgüter Vietnams*

3 Erläutern Sie, inwieweit sich Vietnams aktueller ökonomischer Entwicklungsstand in das Modell des Übergangs vom Entwicklungs- zum Schwellenland einordnen lässt (S. 72/73).

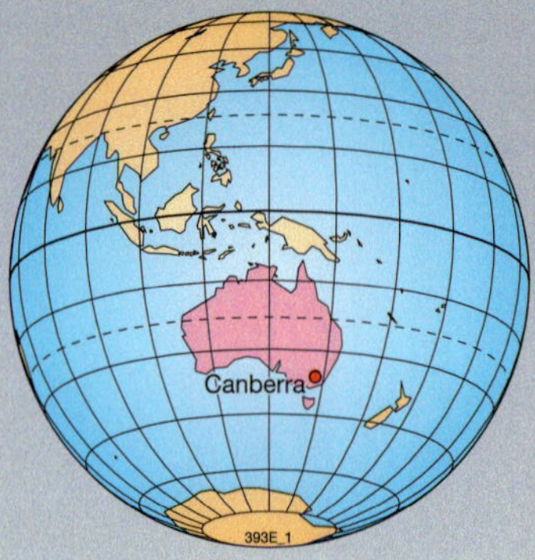

M1 *Lage von Australien*

Der „fünfte Kontinent" – arm an Menschen, reich an Ressourcen

Australien – ein Kontinent orientiert sich neu

Der uralte Kontinent Australien ist mit einer Fläche von 7,7 Mio. km^2 der kleinste aller Erdteile. Seit zwei Milliarden Jahren ebnet die Erosion das ursprüngliche Relief ein. Nur an wenigen Stellen widerstanden härtere Gesteine der Abtragung wie am **Monolithen** des 335 m hohen Ayers Rock, dem wohl bekanntesten „Hügel" Australiens.

Der Westen wird vom Tafelland des eingerumpften australischen Schildes aus dem Präkambrium eingenommen. Hier liegen reiche Erz- und Bauxitlagerstätten, die im Tagebau abgebaut werden. Das Mittelaustralische Tiefland bildet im Zentralraum ein weitgehend abflussloses Becken, wo der Eyre-Salzsee 16 m unter dem Meeresspiegel liegt. Im Osten wird der Kontinent von einem 3 000 km langen, bis zu 2 200 m hohen Gebirgszug aus dem Paläozoikum umrahmt. An dessen Rändern wurden die ergiebigsten Kohle- und Erzvorkommen der Welt und reiche Erdöllagerstätten erschlossen.

Die geographische Lage und das Relief bestimmen das Klima des Kontinents. Zwei Drittel des Landes bestehen aus ganzjährig ariden Wendekreiswüsten. Nur im Osten und Süden bringen der Südostpassat und Westwinde ausreichend hohe Niederschläge, die eine landwirtschaftliche Nutzung zulassen. Dagegen herrscht im Inneren des Kontinents, dem Outback, extreme Kontinentalität mit Jahresniederschlägen unter 150 mm vor.

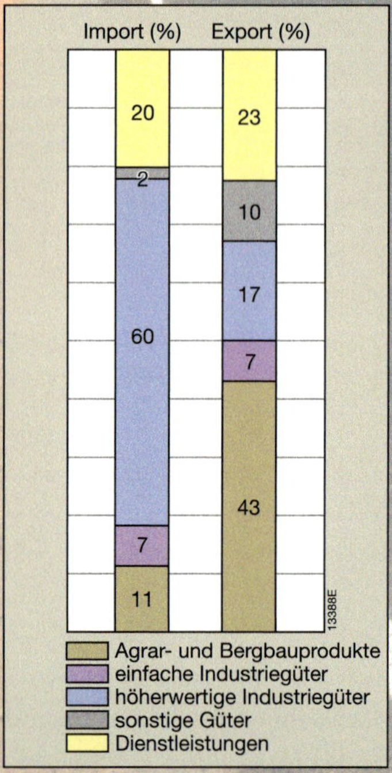

M2 *Außenhandel Australiens 2003*

Info

Commonwealth

Der Commonwealth of Nations ist eine Gemeinschaft von 53 Staaten, die ehemals Teil des britischen Empire waren. Der Staat Australien ist seit dem Jahr 1937 Mitglied und erkennt wie 15 andere Staaten die britische Königin als Staatsoberhaupt an.

Down under

„Down under" ist eine oft gebrauchte Eigenbetitelung der Australier für ihr Land, welches für uns Europäer „irgendwo da unten" auf der Erde liegt. Die australischen Einwohner bezeichnen ihr Land auch noch umgangssprachlich als Oz.

Australiens Zukunft liegt am Pazifik

Im 17. Jahrhundert segelten Spanier und Holländer bei ihren Entdeckungsreisen entlang der australischen Küste, ohne diese genauer „in Augenschein“ zu nehmen. 1770 landete James Cook an der Ostküste, nannte das Land Neusüdwales und nahm es für England in Besitz. 1788 begann die europäische Besiedlung mit der Errichtung eines Sträflingslagers dort, wo heute Sydney, Australiens größte Stadt, liegt.

Bis in die 1970er-Jahre war im öffentlichen Leben und in der Wirtschaft der britische Einfluss allgegenwärtig. Das Land schottete sich sogar regelrecht gegen Asien ab. Australische Minister reisten regelmäßig nach Europa oder in die USA, aber nur sehr selten in die asiatischen Nachbarstaaten. Diese hatten ihrerseits Vorbehalte gegen Australien und Neuseeland, die als europäische Vorposten im Südpazifik galten. Australien suchte erst den Kontakt zu seinen pazifischen Partnern, als deren wirtschaftlicher Erfolg offensichtlich wurde.

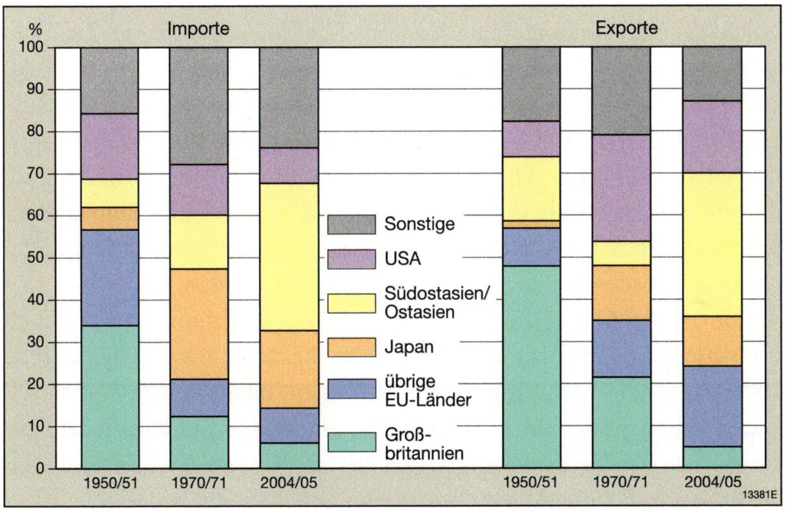

M3 *Herkunfts- und Zielgebiete des australischen Außenhandels*

Neuorientierung im Außenhandel Australiens

Anfang des 20. Jahrhunderts war der Außenhandel Australiens allein auf Großbritannien ausgerichtet und erst Mitte der 1960er-Jahre orientierte sich Australien langsam in Richtung Europa und USA. In kurzer Zeit wurde der „fünfte Kontinent“ zu einem der wichtigsten Rohstofflieferanten Japans und auch die Beziehungen zu den anderen asiatischen Staaten wurden intensiviert. 2006 waren Japan, China, die USA und Südkorea die wichtigsten Kunden australischer Warenexporte, Großbritannien folgte erst auf dem sechsten Rang. Beim Export in die USA, nach Neuseeland und Großbritannien dominieren landwirtschaftliche Güter und industrielle Produkte, während die asiatischen Handelspartner fast ausschließlich Bergbauprodukte und Wolle in Australien einkaufen. Weltweites Aufsehen und auch Kritik erregte im Jahr 2007 ein Handelsvertrag mit Russland über die Lieferung von australischem Uran für den Betrieb von 30 neuen russischen Atomkraftwerken.

Gold	
Großbritannien	45 %
Indien	20 %
Südkorea	14 %
Eisenerz	
Japan	39 %
China	34 %
Südkorea	14 %
Aluminium	
Japan	37 %
Südkorea	14 %
Taiwan	12 %
Steinkohle	
Japan	53 %
Südkorea	13 %
Taiwan	9 %
Rohöl	
Singapur	27 %
Südkorea	18 %
China	15 %
Rind- und Kalbfleisch	
Japan	39 %
USA	38 %
Südkorea	8 %

M4 *Zielländer australischer Exporte 2005 (Anteil am jeweiligen Gesamtexportwert)*

WWW

www.australien-info.de

1 Beschreiben und erklären Sie die Niederschlagsverteilung in Australien (Atlas, Karte: Australien – Niederschläge).

2 Untersuchen Sie (Internet), in welchen Bereichen des öffentlichen Lebens heute noch der britische Einfluss spürbar ist.

3 Beschreiben und begründen Sie die Veränderungen im australischen Außenhandel seit 1950 (Atlas, Karten: Australien – Weltmarktprodukte, Erde – Welthandel).

Der „Kontinent der Sehnsucht" – Einwanderungsland Australien

Die europäische Besiedlung bis zur Unabhängigkeit

Die britische Besiedlung begann 1788 mit der Landung von 778 Strafgefangenen und 352 Soldaten zu ihrer Bewachung. Bis 1868 wurden insgesamt über 160 000 Sträflinge aus britischen Gefängnissen nach Australien überstellt, die als kostenlose Arbeitskräfte auf den neu entstehenden Farmen der Offiziere der Wachmannschaften arbeiteten oder nach ihrer Entlassung selbst Land erwerben und landwirtschaftlich nutzen konnten. Doch auch die Anzahl der freien Siedler, die den engen räumlichen und politischen Verhältnissen in Europa den Rücken kehrten, stieg im 19. Jahrhundert stetig an, sodass 1901, im Jahr der Unabhängigkeit, knapp 4 Millionen Menschen in Australien lebten.

Die Einwanderungspolitik im 20. Jahrhundert

Nach der Jahrhundertwende förderte Australien die planmäßige Zuwanderung aus Großbritannien, aber auch Nordamerikaner, Deutsche und Nordeuropäer waren wegen ihres Fleißes sowie ihrer Gesetzestreue willkommen. Dagegen versuchte die Regierung Nichteuropäer von Australien fernzuhalten. Die Einwanderungsgesetze unterstützten diese „White Australia Policy". So mussten etwa bis 1958 alle Einwanderer eine willkürlich gestaltete Rechtschreibprüfung ablegen, auf Grund derer sie einreisen durften oder zurückgeschickt wurden.

Die Einsicht, dass Australien mehr Menschen braucht, hatte sich im Verlauf des Zweiten Weltkrieges durchgesetzt, als eine japanische Invasion den fast menschenleeren Kontinent bedrohte. Die fortschreitende Erforschung und Erschließung des gesamten Landes führte zur Entdeckung bisher unbekannter reicher Rohstofflagerstätten, für deren Ausbeutung Zehntausende zusätzlicher Arbeitskräfte benötigt wurden. Einwanderungsprogramme begünstigten anfangs immer noch die Briten, denen der australische Staat sogar die Reisekosten fast vollständig bezahlte. Aber auch Migranten aus Ost- und Südeuropa, zum Teil die Einwohner ganzer Dörfer, ließen bis 1980 die Bevölkerung auf 15 Millionen Menschen anwachsen.

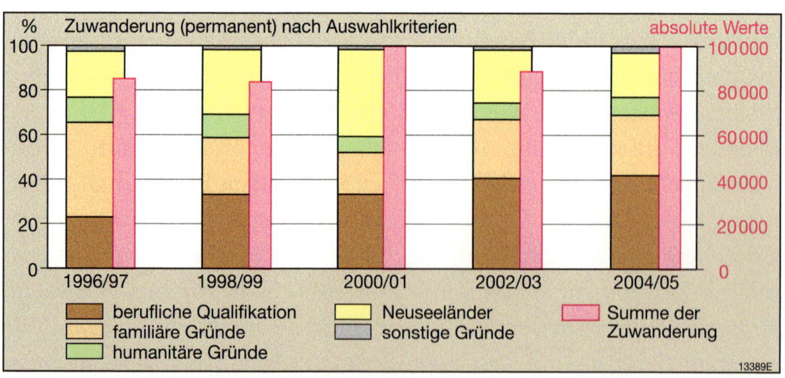

M2 *Zuwanderung nach Australien*

Info

Aborigines

Die Aborigines kamen vermutlich vor mehr als 40 000 Jahren über eine Landbrücke aus Südostasien nach Australien. Die Jäger und Sammler führten nur diejenigen Dinge als Besitz mit sich, die sie für die Jagd und die Zubereitung von Nahrung benötigten. Die Kultur der australischen Ureinwohner ist heute die älteste der Erde. Sie wird durch mündliche Überlieferung, rituelle Bräuche und abstrakt wirkende Kunst weiterhin bewahrt. Zurzeit leben 300 000 Aborigines in Australien.

M1 *Aborigine mit Didgeridoo*

1 Erklären Sie die Entwicklung der Einwandererzahlen nach Australien seit 1900 (Atlas, Karte: Australien – Ureinwohner/Einwanderung).

2 Begründen Sie die Reglementierung der Einwanderung aus Sicht der australischen Regierung.

3 Erklären Sie die zunehmende Anzahl ausländischer Studenten in Australien.

Australiens neue Einwanderungspolitik

Seit 1973 liegt der Erteilung für Einreisevisa für Zuwanderer ein Punkteschema zu Grunde, das Alter (maximal 45 Jahre), berufliche Qualifikation, Bildung, Englischkenntnisse und familiäre Bindungen mit bereits in Australien lebenden Bürgern bewertet. Nur demjenigen, der eine ausreichende hohe Punktzahl erreicht, wird die Einwanderung gestattet. Das australische Einwanderungsministerium unterscheidet fünf Kategorien, nach denen eine Einwanderung unabhängig vom Herkunftsland möglich ist: familiäre Gründe wie Familienzusammenführung, berufliche Qualifikation, humanitäre Gründe (etwa Kriegsflüchtlinge), besondere Gründe und die unbegrenzte Einreise von Neuseeländern. Mit Ausnahme der letzten Gruppe werden jährlich von der Regierung Zahlen und Quoten festgelegt, um den Umfang und die „Qualität" der Zuwanderung steuern zu können.

Seit 1995 ist eine Bevorzugung beruflich besonders qualifizierter Einwanderer festzustellen, ebenso die Zunahme asiatischer Migranten vor allem aus Malaysia, Indien, China und Hongkong. Heute leben über eine Million asiatischer Zuwanderer in Australien, bevorzugt in den großen Städten.

Ein weiterer Aspekt der neuen Einwanderungspolitik ist die Zunahme ausländischer Studierender an australischen Hochschulen, die, wenn sie in Australien einen Hochschulabschluss erwerben, eine permanente Aufenthaltsgenehmigung erhalten können. Dieses Ziel vor Augen haben vor allem asiatische Studenten, deren Anzahl weiterhin stark ansteigt. Immerhin stammen 4 % der australischen Exporteinnahmen aus der Erhebung der Studiengebühren und den Aufwendungen für die Lebenshaltung der ausländischen Studenten. Als langfristig bedeutsamer stuft die Regierung allerdings die vielfältigen persönlichen Kontakte zwischen ausländischen und australischen Studenten ein, die möglicherweise später in geschäftliche Verbindungen münden und die Neuausrichtung Australiens im asiatisch-pazifischen Wirtschaftsraum unterstützen sollen.

M4 *Bäckerei deutscher Einwanderer in Australien*

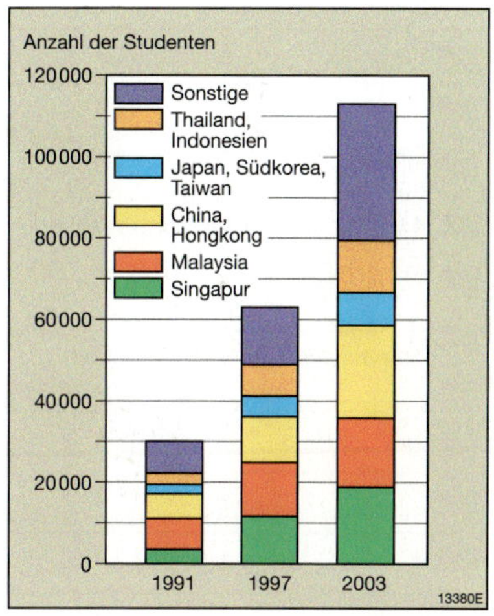

M5 *Ausländische Studenten in Australien*

	1962/63			1982/83			2004/05	
	(absolut)	(%)		(absolut)	(%)		(absolut)	(%)
gesamt	*101 900*		*gesamt*	*93 200*		*gesamt*	*119 700*	
darunter:			*darunter:*			*darunter:*		
Großbritannien	45 100	44	Großbritannien	26 300	28	Großbritannien	18 500	15
Italien	13 400	13	Vietnam	8 700	9	Neuseeland	17 300	14
Griechenland	10 900	11	Neuseeland	6 800	7	China	11 100	9
Jugoslawien	4 600	5	Deutschland	4 100	4	Indien	9 900	8
Spanien	4 600	5	Polen	4 100	4	Sudan	6 200	5
Malta	3 300	3	Kambodscha	4 100	4	Südafrika	4 900	4
Deutschland	2 700	3	Philippinen	3 000	3	Philippinen	3 700	3
Niederlande	1 800	2	Südafrika	2 800	3	Singapur	3 700	3
Neuseeland	1 300	1	Malaysia	1 900	2	Malaysia	2 500	2
Ägypten	1 100	1	USA	1 800	2	Sri Lanka	2 500	2

M3 *Die wichtigsten Herkunftsländer der Migranten (gerundet)*

Agrarprodukt	Rang in der Welt
Rindfleisch	1.
Wolle	1.
Weizen	2.
Gerste	2.
Reis	2.
Wein	3.
Baumwolle	3.
Butter	6.

M1 *Australiens Stellung im weltweiten Agrarexport 2006*

Agrarprodukt	Anteil am Agrarexport (%)
Rindfleisch	15,9
Weizen	11,6
Wolle	11,3
Wein	11,0
Lammfleisch	7,0

M2 *Anteile von Agrarprodukten am Agrarexport Australiens 2006*

Importland	Anteil am Agrarexport (%)
Japan	16,1
USA	13,4
China	7,4
Großbritannien	4,6

M3 *Agrarexporte Australiens nach ausgewählten Ländern 2006*

1 Australien gilt als trockenster Kontinent der Erde. Trotzdem nehmen seine Agrarprodukte Spitzenplätze im Welthandel ein. Erklären Sie diesen scheinbaren Widerspruch.

2 Bewerten Sie kritisch die Aussage, dass der Anteil der Wolle am Export Australiens von 66 % 1950 auf 2 % 2006 gesunken ist.

M4 *Farm im Outback*

Australische Rohstoffe für die Weltwirtschaft

Australiens Landwirtschaft – abhängig vom Export

Australien verbraucht nur 20 % seiner erzeugten Agrargüter selbst – 80 % der Produktion wurden 2005 auf dem Weltmarkt verkauft. In den Weltexportlisten steht das Land seit Jahrzehnten bei vielen Agrarprodukten auf den Spitzenplätzen. Dennoch hat sich die Bedeutung der Landwirtschaft für die Wirtschaft Australiens seit 1950 dramatisch verändert. Brachte damals Schafwolle zwei Drittel der gesamten Exporteinnahmen, so sank deren Anteil auf gerade noch 2 % im Jahr 2006. Der Anteil aller Agrarausfuhren am australischen Export verringerte sich im gleichen Zeitraum von über 80 % auf unter 10 %. Zwar könnten die australischen Farmer größere Mengen ihrer Erzeugnisse vor allem in Nordamerika und Europa verkaufen, aber hohe Einfuhrzölle und staatliche Agrarsubventionen in den USA und in der EU behindern den freien Welthandel für Agrargüter.

Australische Umweltschutzorganisationen stellen jedoch die Frage, ob es gerechtfertigt ist, für 3 % des Bruttoinlandsprodukts und 4 % aller Arbeitsplätze Teile des Kontinents der Gefahr einer dauerhaften Schädigung durch landwirtschaftliche Intensivierungsmaßnahmen auszusetzen. Sogar in den regenreichen südöstlichen und südwestlichen Küstenregionen lassen mehrjährige Dürreperioden und absinkender Grundwasserspiegel die Landwirtschaft zum Risiko werden. Selbst die extensive Viehhaltung im Outback verursacht ökologische Schäden. Die **freie Weidewirtschaft** auf den bis zu 150 000 ha großen Farmbetrieben gefährdet durch Überweidung und Viehverbiss den Waldbestand und das natürliche Buschland, Rodungen für bewässerte Kunstweiden und Vegetationsvernichtung führen zu großflächiger Bodenerosion. Und auch hier müssen die Brunnen immer tiefer gebohrt werden, um die Versorgung der Herden mit Trinkwasser sicherzustellen.

M5 *Eisenerztagebau in der Pilbara-Region*

Der australische Bergbau – eine unerschöpfliche Ressource

Das weitgehend menschenleere Landesinnere, das Outback, das auf Grund seiner extremen Trockenheit praktisch unbesiedelt und völlig unfruchtbar ist, besitzt derart reiche Bodenschätze, dass Australien heute eines der wichtigsten Bergbauländer der Welt ist.

Ein Beispiel ist **Bauxit**, ein Mineral, das in Milliarden Tonnen auf dem und im Boden des Kontinents zu finden ist. Bauxit und die in einem ersten Verarbeitungsschritt daraus gewonnene Tonerde sind die Grundstoffe für die Erzeugung von Aluminium, einem der wichtigsten Werkstoffe moderner Industrieproduktion.

Australien besitzt auch riesige Steinkohlevorkommen, die überwiegend kostengünstig im Tagebau ausgebeutet werden und das Land zum wichtigsten Kohleexporteur weltweit machen. 90 % der Förderung werden exportiert, zur Hälfte nach Japan, aber auch nach Deutschland.

In der westaustralischen Pilbara-Region liegen die weltweit reichsten Eisenerzlagerstätten, die sich durch einen bis zu 70 % hohen Eisengehalt auszeichnen. Typisch für die Exportabhängigkeit ist die fast kolonialzeitliche Nutzung in diesem Revier: industrielle Monostruktur, Verkehrserschließung ausschließlich durch Stichbahnen zwischen den Minen und den Häfen und der fast vollständige Export des meist nur zu **Pellets** aufbereiteten Erzes. Kaum 10 % des Eisenerzes werden im Land verarbeitet, die Hälfte der Produktion wird nach Japan, der Rest nach Taiwan, Südkorea und Europa verschifft.

Viele Australier kritisieren diesen „Ausverkauf des Landes". Ein Großteil der Bergwerksunternehmen befindet sich im Besitz multinationaler Konzerne, unter anderem auch mit deutscher Beteiligung. Diese zeigen vor allem Interesse am kostengünstigen Abbau der Rohstoffe, bei der wirtschaftlichen und infrastrukturellen Erschließung der oft peripher gelegenen Bergbauregionen engagieren sie sich aber kaum. Andererseits tragen die hohen Exporterlöse einen bedeutenden Teil zum hohen Lebensstandard der australischen Bevölkerung bei.

Info

Das Eisenerzrevier Pilbara

In der Pilbara-Region liegen die reichsten Eisenerzvorkommen der Welt, die 1952 eher zufällig entdeckt wurden. Ein Gewitter zwang damals den Viehzüchter Lang Hancock im Tiefflug über die Berge und Schluchten der Pilbara-Region hinwegzufliegen. Hierbei sah er die Berge blau-metallisch glänzen und der Kompass seines Kleinflugzeuges spielte verrückt. Geologen untersuchten daraufhin das Gebirge und entdeckten hochkonzentrierte Eisenerzlagerstätten.

www

www.pilbara.com

Bergbauprodukte	Rang in der Welt
Steinkohle	4.
Braunkohle	5.
Eisenerz	3.
Blei	2.
Bauxit	1.
Diamanten	8.
Gold	3.
Kupfer	6.
Silber	3.
Uran	2.
Zink	3.

M6 *Bergbau in Australien*

3 Beschreiben Sie die Bedeutung der Pilbara-Region für den australischen Binnenmarkt und den Export (Atlas, Karte: Australien – Pilbara).

M1 *Karikatur zur Wirtschaftskrise in Asien 1997*

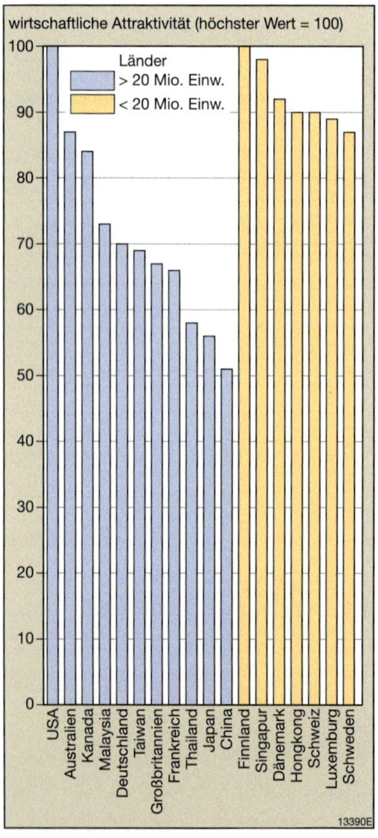

M2 *Attraktivität ausgewählter Länder für Investoren*

„Tiger oder lahme Ente" – der asiatisch-pazifische Raum in der globalen Wirtschaft

Von der globalen Peripherie zum Zentrum der Weltwirtschaft

Die Entwicklungs- und Schwellenländer Ost- und Südostasiens gelten seit den 1980er-Jahren als die neuen Wachstumspole der Weltwirtschaft und als Vorbilder für die zielstrebige Entwicklung ehemals armer Länder zu Industrieländern. Aber regionale Wirtschafts- und Finanzkrisen wie die „Asienkrise" 1997 haben den Aufschwung auch in fortschrittlichen Staaten wie Südkorea, Taiwan oder Indonesien vorübergehend verlangsamt. Die über viele Jahre bewusst in Kauf genommene erhebliche Auslandsverschuldung dieser Staaten und deren Exportabhängigkeit galten als ernsthafte Gefahren für die erfolgreiche Fortsetzung des Wirtschaftswunders. Vor allem Großkonzerne, die vom lokalen Anbieter zum Global Player aufgestiegen waren, wie der südkoreanische Hyundai-Konzern, gerieten durch die Rücknahme von Kreditzusagen internationaler Banken in finanzielle Schwierigkeiten, mussten Produktionsstätten stilllegen, Wachstumsprognosen nach unten revidieren oder Partnerschaften mit US-amerikanischen oder europäischen Konzernen eingehen.

Inzwischen scheinen jedoch die Folgen dieser Krisen überwunden. Die Wachstumsraten der Wirtschaft betragen im Durchschnitt aller asiatisch-pazifischen Staaten über 8 %, die Arbeitslosigkeit lag 2006 unter 5 %. Als wichtigste Schrittmacher und Wachstumsmotoren für die gesamte Region gelten heute China und Indien, während der Einfluss Japans spürbar abgenommen hat. Auch der Ausbau des Tourismus für Gäste aus aller Welt trägt zum Wirtschaftswachstum etwa in Malaysia, Thailand und Indonesien bei.

M3 *Textilfertigung in Vietnam*

Anzahl der Mitarbeiter	Von 633 befragten Betrieben hatten ...			
	... Standorte im Ausland (%)		... Geschäftskontakte im Ausland (%)	
	EU	übriges Ausland	EU	übriges Ausland
1-9	9,8	11,5	47,1	43,1
10-49	7,1	8,0	64,1	55,0
50-99	16,9	18,2	80,3	72,0
100-499	32,2	30,2	75,4	68,4
500-999	55,8	52,9	84,6	84,6
1000-4999	59,0	56,6	86,3	81,0
über 5000	81,3	80,6	90,3	89,7
alle Betriebe	31,1	30,2	74,0	67,8

M4 *Verflechtungen deutscher Unternehmen mit dem Ausland 2004*

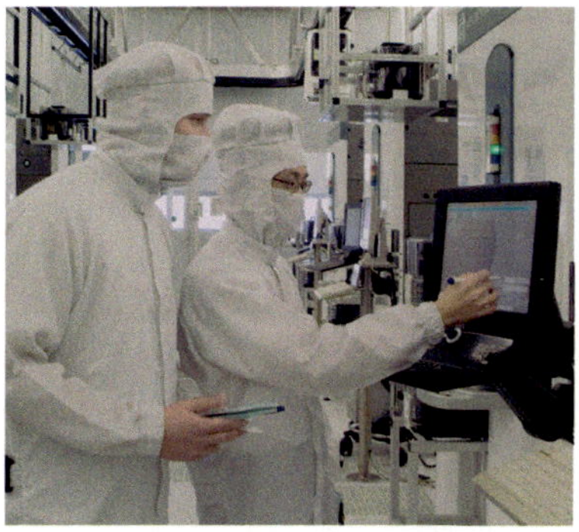

M6 *Reinst-Raum bei „Qimoda" in Dresden – Hersteller von Speichermodulen und Schaltkreisen*

Rückwirkungen auf den Wirtschaftsstandort Deutschland

Befragungen deutscher Unternehmen (2004) ergeben, dass bereits mehr als 60 % dieser Betriebe Teile ihrer Produktion ins Ausland verlagert haben und davon 90 % weitere Verlagerungen planen. Bevorzugte Investitionsziele sind neben den neuen EU-Beitrittsländern die Staaten Südost- und Ostasiens. Eine Bewertung dieser Standortverlagerungen kann aus der Sichtweise des Betrachters unterschiedlich ausfallen:

- Zu beklagen ist der Verlust von Beschäftigungsmöglichkeiten für gering qualifizierte Arbeitskräfte in Deutschland, wenn lohnkostenintensive Produktion ins Ausland verlagert wird. Dies gilt auch für die Textilindustrie, die in den vergangenen Jahrzehnten deutschlandweit über eine halbe Million Arbeitsplätze vor allem für Frauen verloren hat.
- Sehr kritisch zu bewerten ist die zunehmende Verlagerung von Forschung, Entwicklung, Konstruktion und Verwaltung deutscher Unternehmen ins Ausland. Die Ansiedlung der hochwertigen Arbeitsplätze etwa in Singapur ist auf das dortige hohe Bildungsniveau und die große Anzahl bestens qualifizierter Arbeitskräfte zurückzuführen.
- Es werden durch weltweite wirtschaftliche Erfolge deutscher Unternehmen auch hochwertige Arbeitsplätze in Forschung, Entwicklung und Management am Firmensitz in Deutschland gesichert.
- Schließlich sind für den deutschen Verbraucher die Möglichkeiten zum preisgünstigen Einkauf hochwertiger Erzeugnisse etwa der Elektroindustrie, die von deutschen Unternehmen kostengünstig nur im Ausland produziert werden können, zu begrüßen.

1 Vergleichen und begründen Sie die Unterschiede in den Auslandsbeziehungen deutscher Unternehmen (M4).

2 Diskutieren Sie Chancen und Risiken deutscher Direktinvesitionen aus Sicht deutscher Unternehmen und der Zielländer.

3 Erläutern Sie die Entwicklung des Außenhandels Deutschlands mit pazifischen Staaten (M5).

	Einfuhr aus ... (Mio. €)			Ausfuhr nach ... (Mio. €)		
	1990	1998	2006	1990	1998	2006
Vietnam	72	256	1733	151	801	711
Singapur	1521	2860	4702	1704	2678	4793
Südkorea	2316	3483	9702	2419	2571	8476
Japan	16872	20987	23719	8949	9362	13861
Taiwan	3167	5135	5809	2016	4301	4529
Australien	1137	1097	1634	1945	3188	5487

M5 *Handelsbeziehungen zwischen Deutschland und Staaten des pazifischen Raumes*

1. Landschaften des pazifischen Raums

Ordnen Sie die auf den Seiten 48/49 dargestellten Landschaftsbilder (A-F) mit Hilfe des Atlas entsprechenden Regionen im pazifischen Raum zu.

2. Modelle und symbolhafte Beschreibungen zu wirtschaftlichen Entwicklungen

Die folgenden Aussagen zum „Modell der Fluggänse" und zu den so genannten „Tigerstaaten" sind entweder richtig oder falsch.
Die richtige Anordnung der in Klammern gesetzten Buchstaben ergeben für die zutreffenden Aussagen ein bedeutendes Wirtschaftszentrum in Asien.

1. Aussagen zum „Modell der Fluggänse":

a) Die Produktion hochwertiger Technologiegüter wanderte, ausgehend von Japan, zeitlich und räumlich zur ersten Generation der „Tigerstaaten" und anschließend zu den nachfolgenden Generationen (ng).
b) Das Modell umfasst neben Japan auch Südkorea, Taiwan, Hongkong und Singapur (to).
c) Das Modell kann vereinfacht in Dekaden eingeteilt werden (si).

2. Aussagen zu den „Tigerstaaten":

a) Der Begriff newly industrializing countries kann für die „Tigerstaaten" nicht verwendet werden (io).
b) Die „Tigerstaaten" sind Länder Asiens, die den wirtschaftlichen Sprung vom Entwicklungs- zum Industrieland längst vollzogen haben (ur).
c) Die „Tigerstaaten" führen in ihren Staatsflaggen symbolische Darstellungen eines Tigers (k).
d) Die Exportorientierung der Industrieproduktion spielt bei den „Tigerstaaten" eine entscheidende Rolle (ap).

3. Wirtschaftsmacht Japan

Der wirtschaftliche Erfolg Japans und die ihm zugrunde liegendenden Maßnahmen seitens der Regierung und der Wirtschaft sind häufig Gegenstand von Karikaturen.

a) Erläutern Sie die Problematik, die aus der nebenstehenden Karikatur deutlich wird.

b) Erklären Sie die Bezeichnung „Japan-AG" und stellen Sie eine gedankliche Verbindung zum Inhalt der Karikatur her.

4. Der pazifische Raum und seine Prägung durch tektonische Vorgänge

Finden Sie die fehlenden Wörter im Text. Benutzen Sie hierfür auch die Liste der wichtigen Begriffe.
Der pazifische Raum ist tektonisch sehr aktiv. Rund um den Ozean ordnen sich zahlreiche explosive Vulkane und Gebiete stärkster Erdbebentätigkeit im *???* an. Es gibt mehrere tektonische Platten mit ozeanischer und kontinentaler Lithosphäre, die auf unterschiedliche Weise aneinander grenzen. An den konstruktiven Plattengrenzen entsteht durch Empordringen von basaltischem Magma aus dem Erdmantel neue ozeanische Lithosphäre. Diese bildet ein riesiges untermeerisches Gebirgssystem, die *???*. Sie sind sehr breit mit flachen Flanken. Ihr zentraler Bereich liegt in etwa 2500 m Meerestiefe und weist häufig eine zentrale Einsenkung, das *???*, auf. Dessen Entstehung kann durch den seitlichen Druck des aufsteigenden Magmas erklärt werden, der zu einem symmetrischen Auseinandergleiten der ozeanischen Kruste, dem *???*, führt. Im Bereich destruktiver Plattengrenzen, die sich meist an den Rändern des Pazifiks befinden, tauchen ozeanische Platten in den *???* bis in den Erdmantel ab, wo sie wieder aufgeschmolzen werden. Als Folge der Subduktion entstehen Faltengebirge, Inselketten und Tiefseegräben, verbunden mit Vulkanismus und seismischer Aktivität. Horizontal gegeneinander verschoben werden Platten an den *???* Plattengrenzen.
Zur Erklärung der Plattenbewegungen gibt es zwei Modelle. Beide gehen davon aus, dass die Lithosphärenplatten auf dem zu einem geringen Teil angeschmolzenen oberen Erdmantel, der *???*, schwimmen. Lange hielt man das Mitschleppen der Platten durch strömendes Magma im Erdmantel, die *???*, für entscheidend. Heute favorisiert man mehr die Plattenrandkräfte. Danach zieht der alte, besonders schwere Rand einer ozeanischen Platte die übrigen leichteren Teile der Platte hinter sich her in den Erdmantel. Dieser Vorgang heißt Plattenzug oder *???*.

5. Raumenge und Raumnutzung in Japan

Das Bild zeigt neu gewonnenes Land vor Yokohama.
Erläutern Sie die Methoden der Landgewinnung und die sich daraus ergebenden Chancen für die Stadtentwicklung.

Wichtige Begriffe

Archipel
Asthenosphäre
Atoll
Bauxit
Exportorientierung
freie Weidewirtschaft
Global Player
Hot Spot
Importsubstitution
isostatisches Gleichgewicht
Konvektion
Mittelozeanischer Rücken
Monolith
newly industrializing country (NIC)
Pellet
Rift Valley
Seafloor-Spreading
Subduktionszone
Tigerstaaten
Tsunami

A
B
F
E

Weltwirtschaftsmacht USA

USA – Größe und Vielfalt

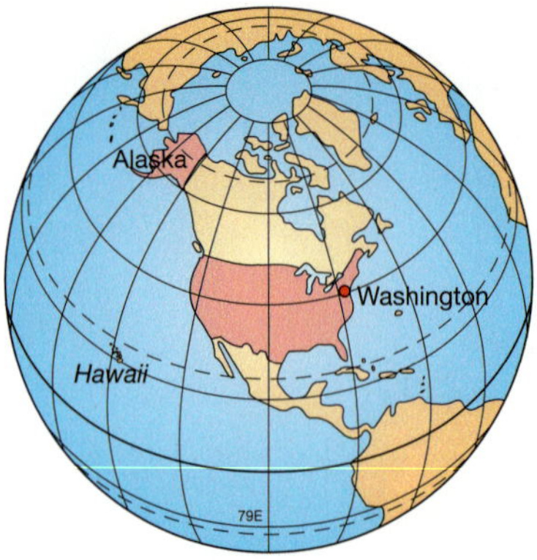

M1 *Lage der USA*

USA

- *Fläche (gesamt):* 9 631 420 km²
  davon Wasser: 469 497 km²
- *Landgrenzen:* 12 034 km
- *Küstenlinie:* 19 924 km
- *tiefster Punkt:* Death Valley (-86 m)
- *höchster Punkt:* Mt. McKinley (6 198 m)
- *Nord-Süd-Erstreckung:* ca. 2 500 km
- *Ost-West-Erstreckung:* ca. 4 500 km
- *landwirtschaftliche Nutzfläche:* 18,2 %
- *Bevölkerung:* ca. 300 Mio.

M2 *Steckbrief USA*

Der Naturraum

Der Naturraum der Vereinigten Staaten von Amerika (USA) beeindruckt durch seine enorme Ausdehnung über 50 Breitengrade und 115 Längengrade. Die Größe des Raums, in etwa mit der Europas vergleichbar, bedingt eine außerordentlich große regionale Vielfalt. Dies hat sich seit jeher als Gunstfaktor für die wirtschaftliche Inwertsetzung des Raumes erwiesen. Andererseits birgt die Beschaffenheit des Naturraums der USA auch ein erhebliches Potenzial für Naturgefahren.

Im Hinblick auf die geologisch-tektonische Genese und das Relief lassen sich in den USA drei Großräume unterscheiden:

- Im *Westen* erheben sich die *Kordilleren* als Ergebnis der alpidischen Gebirgsbildung. Dieses Hochgebirge wird gebildet durch das ganz im Westen gelegene pazifische Gebirgssystem, die Rocky Mountains im östlichen Teil sowie die intramontane Becken- und Plateauzone dazwischen. Das pazifische Gebirgssystem ist zudem unterteilt in die westliche tektonisch sehr labile Küstenkette, die östliche Granitmasse der Sierra Nevada, an die sich nördlich die Großvulkankette des Kaskadengebirges anschließt, sowie einige Längstäler. Die Beckenzone gliedert sich in das abflusslose Große Becken sowie das Columbia- und das Colorado-Plateau mit ihren flach gelagerten, unterschiedlich widerstandsfähigen Schichten.
  Das gesamte Hochgebirge liegt im Bereich einer Plattengrenze mit aktivem Vulkanismus und häufigen Erdbeben und zeichnet sich durch einen außerordentlichen Rohstoffreichtum aus. Hier finden sich sowohl Erze wie Gold, Silber, Kupfer und diverse Stahlveredler als auch wichtige Primärenergieträger wie Kohle, Erdöl, Erdgas und Uran.

- Das *Mittelgebirge der Appalachen im Osten* der USA ist Ergebnis der kaledonischen und variskischen Gebirgsbildung und ist in weitere Gebirgsketten und-plateaus untergliedert. Die Fall-Linie grenzt das Piedmontplateau als Teil der Appalachen scharf von der östlichen atlantischen Küstenebene ab. Umfangreiche Steinkohlevorkommen finden sich vor allem in den nördlichen Appalachen.

- Zwischen den Kordilleren und den Appalachen erstrecken sich die weiten *Inneren Ebenen.* Ein präkambrischer, zu einem Gebirgsrumpf abgetragener Festlandskern (Kanadischer Schild) ist hier von mächtigen Sedimentschichten bedeckt, deren Entstehungszeiten vom Erdaltertum bis in die Erdneuzeit reichen. Die Abtragung hat sie in Schichtstufen, Tafellandschaften und Tiefländer umgeformt, die von Osten nach Westen ansteigen. Die Inneren Ebenen gliedern sich in die Central Plains im Osten, die Great Plains im Westen und die südlich und südöstlich sich anschließenden Golfküsten- und Atlantikküstenebenen.
  Der Mississippi als zentrales Abflusssystem entwässert diese riesige Region in Richtung Süden. In den westlich gelegenen semiariden Binnengebieten finden sich reiche fossile Grundwasservorkommen wie der Ogallala-Aquifer. Der nördliche Teil der Central Plains mit seinen bedeutenden Eisenerzlagerstätten wurde im Zuge der pleistozänen Inlandvereisung glazial überprägt. Der tiefer gelegene südliche Bereich der Inneren Ebenen weist besonders ergiebige Erdöl- und Erdgasvorkommen auf.

M3 *Naturräumliche Großgliederung*

1 Arbeiten Sie in Gruppen. Erläutern Sie die naturräumlichen Bedingungen der USA für die wirtschaftliche Inwertsetzung (Atlas, M1 - M7).

Bezieht man Alaska mit ein, so haben die USA auf Grund ihrer Breitenlage Anteil an nahezu allen Klimazonen. Der größte Teil des Landes liegt jedoch in der gemäßigten und subtropischen Zone. Da die Gebirge im Westen und im Osten in meridionaler Richtung verlaufen, ist ein ungehinderter Austausch polar-kontinentaler und tropisch-maritimer Luftmassen über den zentralen Bereichen des Kontinents möglich, sodass hier immer wieder Wirbelstürme auftreten. Im Westen der USA gestaltet sich die Niederschlagsverteilung infolge der Luv- und Lee-Effekte im Hochgebirge höchst unterschiedlich. Als Folge ergibt sich eine eher meridionale Anordnung der Klimazonen, während diese im zentralen und östlichen Teil des Landes temperaturbedingt zumeist zonal verlaufen. Etwa entlang des 100. Längengrades verläuft die 500 mm-Niederschlagsgrenze, die so genannte agronomische Trockengrenze, die den humiden Osten vom weitgehend semiariden Westen der USA trennt. Auf Grund der großen Entfernung zum Meer ist der Temperaturgang in den zentralen Regionen der USA kontinental geprägt. Andererseits beeinflussen Meeresströmungen die Temperaturen in den küstennahen Gebieten. Der kalte Kalifornische Strom im Südwesten bringt ebenso wie der Labrador-Strom im Nordosten eine Abkühlung der Küstenbereiche mit sich, wohingegen der warme Alaska-Strom und der Golfstrom mildere Temperaturen bedingen.

M4 *Klimatische Gliederung*

Entsprechend der klimatischen Zonierung finden sich neben der baumlosen Tundra im subpolaren Alaska ausgedehnte Wälder in den humiden kühl- und warmgemäßigten Regionen, Strauchformationen in den ariden Räumen sowie die **Steppe**, in Nordamerika oft „Prärie" genannt, als ausgedehntes, baumloses Grasland im Bereich semiariden bis semihumiden Kontinentalklimas der gemäßigten Breiten. Der Wassermangel, die sehr kalten Winter und die heißen Sommer begünstigen das Wachstum von Gräsern. Typische Steppenböden sind die **Schwarzerde** im Bereich der Langgrasprärie in humideren Gebieten sowie die kastanienfarbenen Böden im Bereich der Kurzgrasprärie in arideren Gebieten. Die Steppen werden meist agrarisch genutzt, insbesonders zum Weizenanbau und für die extensive Rinderhaltung.

M5 *Vegetation*

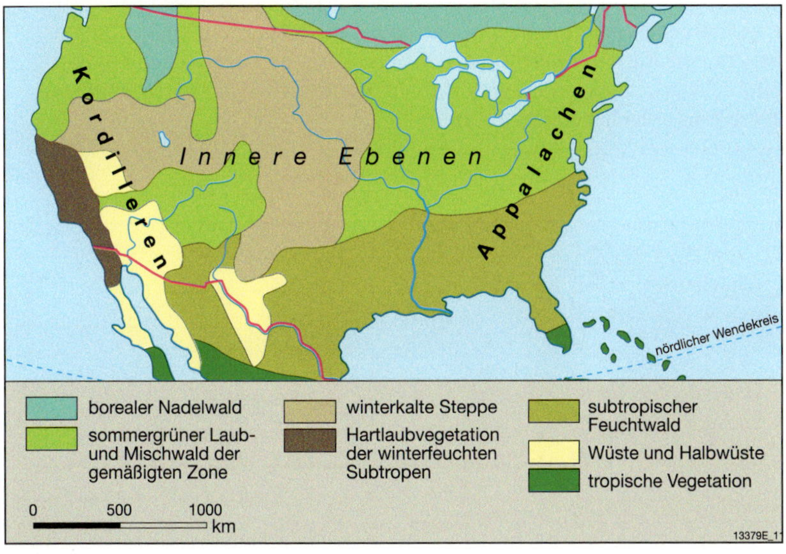

M6 *Vegetationszonen Nordamerikas*

Info

Schwarzerde

Profilfolge: A_h - C_c

Entstehung: Schwarzerden bilden sich im semiariden bis semihumiden Kontinentalklima auf mineral- und kalkreichem Löss unter einer grasreichen Vegetation, die leicht zersetzbares organisches Material in großen Mengen liefert.

Kennzeichen: Der bis zu 80 cm mächtige A_h-Horizont weist einen hohen Humus- und Tongehalt auf, der Salzanreicherungen erschwert, jedoch die Verfügbarkeit der für die Mineralstoffversorgung wichtigen Tonminerale erhöht.

Eigenschaften: Schwarzerden sind höchst ertragreiche Böden mit hoher Mineralstoffverfügbarkeit und optimalem Luft- sowie Wasserhaushalt.

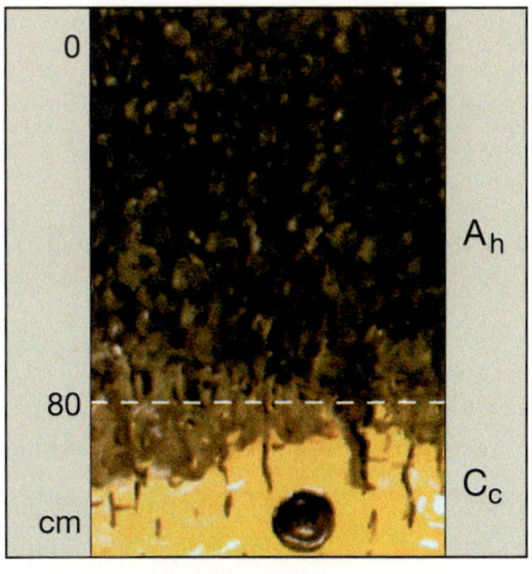

M7 *Bodenprofil Schwarzerde*

M1 *Tornado in Kansas*

Klimatisch bedingte Antiressourcen

„Seit zwei Tagen existiert Greensburg faktisch nicht mehr, nachdem ein verheerender Tornado die Kleinstadt in Kansas dem Erdboden gleichgemacht hat.“ (SPIEGEL ONLINE, 2007)

Tornados sind außertropische Wirbelstürme mit Durchmessern von mehreren 100 m, einer Lebensdauer von einigen Minuten und kaum messbaren Windgeschwindigkeiten (bis über 500 km/h). Im Inneren des Tornados herrscht ein enorm niedriger Luftdruck. In den Inneren Ebenen treten etwa 800 Tornados pro Jahr auf, vor allem im Frühjahr und Sommer. Hier sind die Voraussetzungen für die Bildung von Tornados gegeben. Entscheidende „Zutaten“ für einen Tornado sind das Zusammentreffen bodennaher feucht-warmer Luftmassen aus der Golfregion mit trocken-kalter Höhenluft sowie eine Änderung der Windrichtung und -geschwindigkeit mit der Höhe. Dadurch entsteht eine labile Luftschichtung, die die Bildung einer so genannten Superzelle (gewaltige Gewitterzelle mit starken, rotierenden Aufwinden) nach sich zieht. In 10-20 % der Fälle kann sich hier ein Tornado entwickeln, etwa wenn eine horizontal rotierende Luftwalze in den Aufwindbereich gerät und vertikal gedreht wird. Warmluft wird, als Ausgleich für kalte, herabstürzende Abwinde, am Boden angesaugt und nach oben gerissen. Sie konzentriert sich in einem immer engeren Raum, wodurch sich die Drehgeschwindigkeit der Luftsäule erhöht. Durch Kondensation und aufgewirbelten Staub wird der schlauchförmige Wirbel als Tornado sichtbar. Auch außerhalb von Superzellen können schwächere Tornados aus vertikalen bodennahen Wirbeln entstehen (oft an Fronten und im Zusammenhang mit Windscherung sowie Feuchtekonvektion).

M4 *Entstehung von Tornados*

„Der aktuelle Klima-Risiko-Index zeigt, wo extremes Wetter die meisten Toten fordert. Die USA liegen wegen der Hurrikan-Rekordsaison 2005 in der Spitzengruppe.“ (SPIEGEL ONLINE, 2007)

Hurrikans sind tropische Wirbelstürme, von denen die Golfküste und die südliche Atlantikküste der USA immer wieder betroffen sind. Sie entstehen über Meeren mit Wassertemperaturen von mehr als 26,5 °C, wenn feucht-warme Luftmassen aufsteigen. Die bei der Kondensation frei werdende Energie stellt die Antriebsquelle der Hurrikans dar, zusammen mit der tropischen Höhenströmung und der ablenkenden Kraft der Erdrotation, die allerdings erst ab etwa 5° nördlicher Breite stark genug ist. Im Auge des Hurrikans herrschen Windstille und Trockenheit. In der Wolkenwand, die das Auge umschließt, erreicht der Sturm dagegen Höchstgeschwindigkeiten von bis zu 380 km/h. Hurrikans haben oft eine Reichweite von mehreren Tausend Kilometern und eine Lebensdauer von einigen Tagen, mitunter sogar einigen Wochen. Sie ziehen über die Karibik zunächst nach Westen, dann im Uhrzeigersinn nach Norden. Erreicht ein Hurrikan das Festland, schwächt er sich ab. Durch extreme Windgeschwindigkeiten, sintflutartige Regenfälle und Sturmfluten richten Hurrikans erhebliche Schäden an.

M2 *Entstehung von Hurrikans*

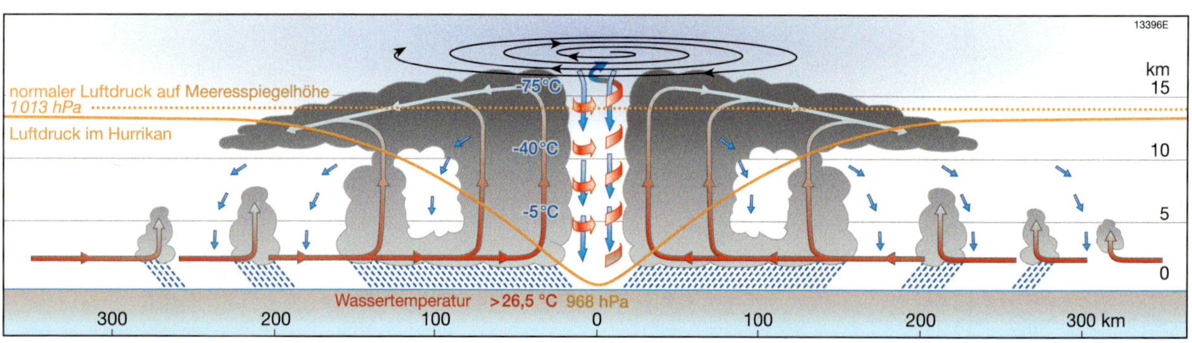

M3 *Schnitt durch einen Hurrikan*

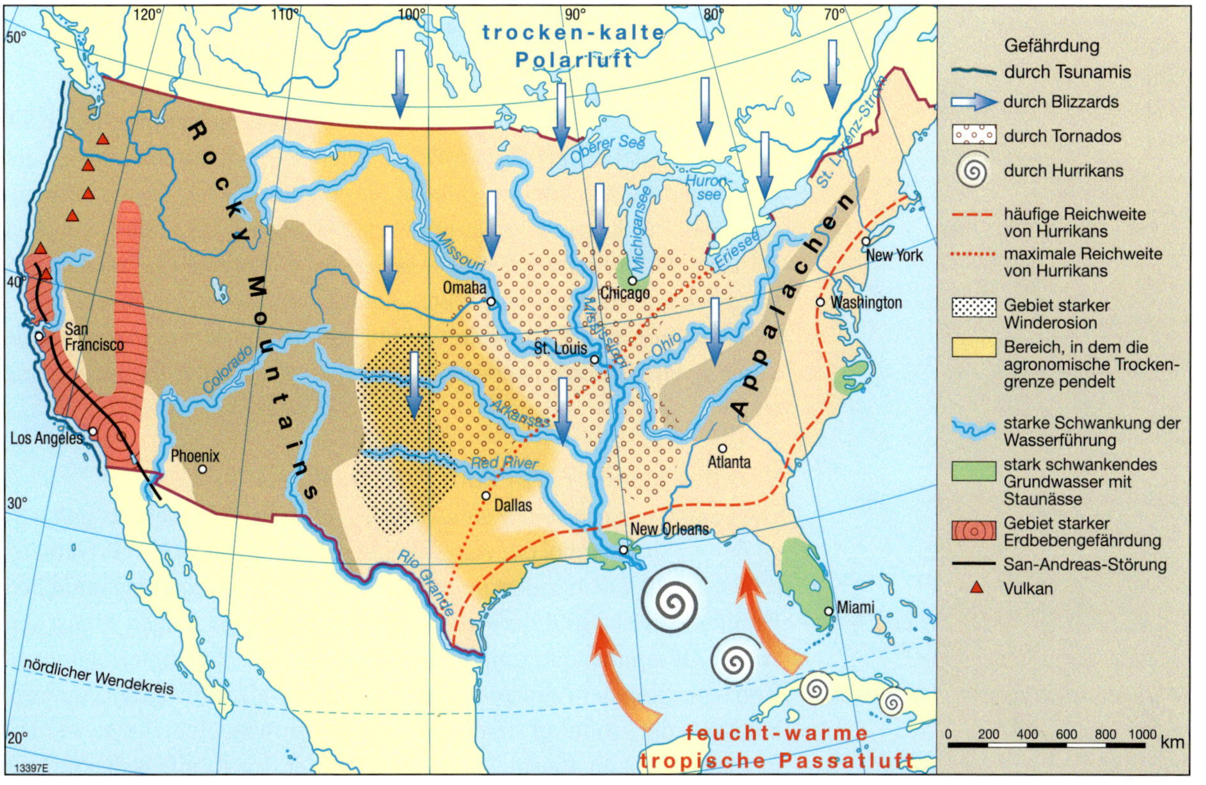

M5 *Naturgefahren in den USA*

„Las Vegas: Wassernot im Zockerparadies. Nach fünf Jahren Dürre kämpft Las Vegas um jeden Tropfen Wasser. Der Neubau von Swimmingpools ist verboten, die Fontänen vor den Casinos werden mit Abwasser gespeist."
(SPIEGEL ONLINE, 2007)

Dürren und Hitzewellen beeinträchtigen die Landwirtschaft und begünstigen Brände, vor allen im Westen der USA und im Bereich der von Jahr zu Jahr pendelnden agronomischen Trockengrenze. Auch in den Städten sorgen sie für Wassermangel, fordern sogar Menschenleben und führen bisweilen zum Zusammenbruch der Stromversorgung infolge übermäßiger Belastung durch Ventilatoren und Klimaanlagen.

„Schwere Schneestürme und Eisregen haben den Auto- und Flugverkehr im Mittleren Westen und Nordosten der USA zum Erliegen gebracht. Mehrere Menschen starben. In New York saßen Reisende stundenlang in Flugzeugen fest. Im Bundesstaat Maine wurde der Notstand ausgerufen."
(SPIEGEL ONLINE, 2007)

Zu den Witterungsextremen mit beträchtlichen ökonomischen Auswirkungen zählen auch Kaltlufteinbrüche. Die meridionale Luftzirkulation über den Inneren Ebenen der USA ermöglicht den ungehinderten Vorstoß von polaren Kaltluftmassen und Schneestürmen mit hohen Windgeschwindigkeiten (**Blizzards**) aus dem Norden. So wird in den nördlichen USA und in Kanada immer wieder das öffentliche Leben lahmgelegt, wenn etwa Strommasten unter der Last von Eis und Schnee zusammenbrechen. Mitunter dringt die Kaltluft bis an die Golfküste und nach Florida vor, wo die subtropischen Agrarkulturen durch die Fröste erheblichen Schaden nehmen.

M6 *Dürreperioden und polare Kaltluft*

M7 *Blizzard*

1 Arbeiten Sie in Gruppen. Analysieren Sie anhand von M1 - M7 für ausgewählte Teilräume der USA Gunstfaktoren und Antiressourcen.

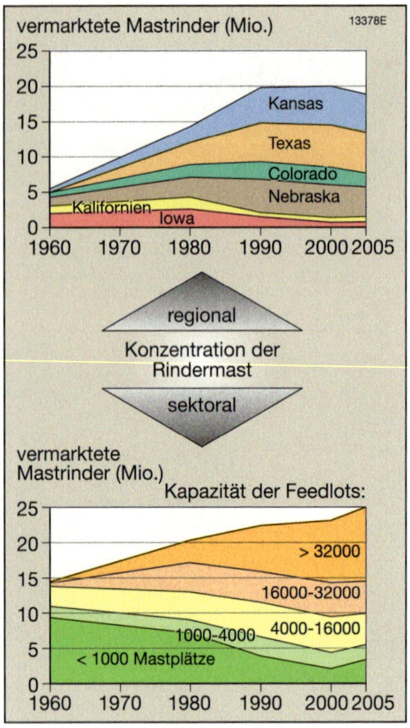

M1 *Entwicklungen in der Rindermast*

1 Beschreiben Sie die in M3 dargestellte Verflechtung eines Agrarkonzerns.

2 Analysieren Sie die Struktur eines Feedlots (Atlas, Karte: USA – Landwirtschaft, Kuner Feedlot).

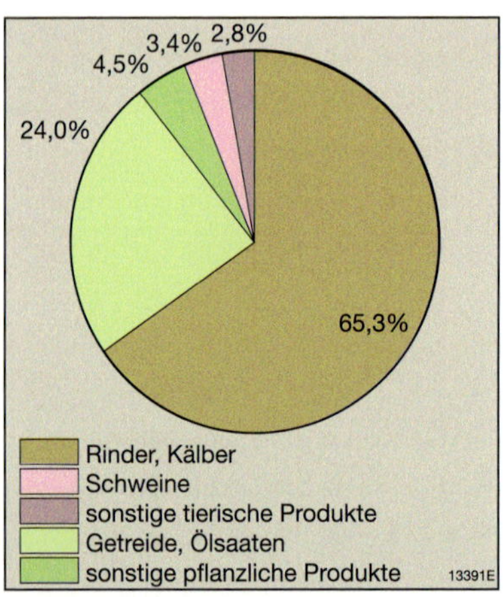

M2 *Kansas – agrarische Wertschöpfung 2002*

Landwirtschaft in den USA

Die Bedeutung der US-amerikanischen Landwirtschaft

Der Anteil des Agrarsektors am Bruttonationaleinkommen der USA ist im letzten Jahrhundert trotz gestiegener Produktivität infolge der Technisierung der Agrarproduktion wegen der raschen Bedeutungszunahme der Industrie und des tertiären Sektors der US-amerikanischen Wirtschaft kontinuierlich auf 2 % gesunken. Gleichwohl gelten die USA nach wie vor als weltweit größter Agrarproduzent und -exporteur. Bei vielen agrarischen Produkten wie Soja, Mais und Weizen nehmen die Vereinigten Staaten den ersten oder zweiten Rang in der Welterzeugung ein.

Von der Family Farm zum Agrobusiness

Die Family Farm, also der landwirtschaftliche Familienbetrieb, galt lange Zeit als das Symbol der erfolgreichen US-amerikanischen Privatwirtschaft. Im 20. Jahrhundert nahmen die Anzahl der landwirtschaftlichen Familienbetriebe und der Anteil der im Agrarsektor tätigen Menschen an der Gesamtbevölkerung jedoch stetig ab. Gleichzeitig erfolgte eine Konzentration der Agrarproduktion auf die jeweils günstigsten Agrargebiete und die produktivsten Unternehmensformen. Heutzutage werden in den USA zum Beispiel über zwei Drittel des Rindfleisches in nur drei US-Bundesstaaten erzeugt und nur vier Unternehmen kontrollieren über 80 % des Rindfleischmarktes. Eine derartige Spezialisierung wird als regionale bzw. sektorale Konzentration bezeichnet. Der Bedeutungsverlust der Family Farm hat seine Ursache vorwiegend im Zwang zur kostengünstigen und rationellen Produktion, der den kapitalintensiven Einsatz von (Gen-)Technik und Agrarchemie, Hybridzucht sowie modernen Management- und Marketingmethoden notwendig macht. Auch die US-amerikanische Agrar-, Steuer- und Außenpolitik begünstigte die Entstehung von Großbetrieben sowie von landwirtschaft-

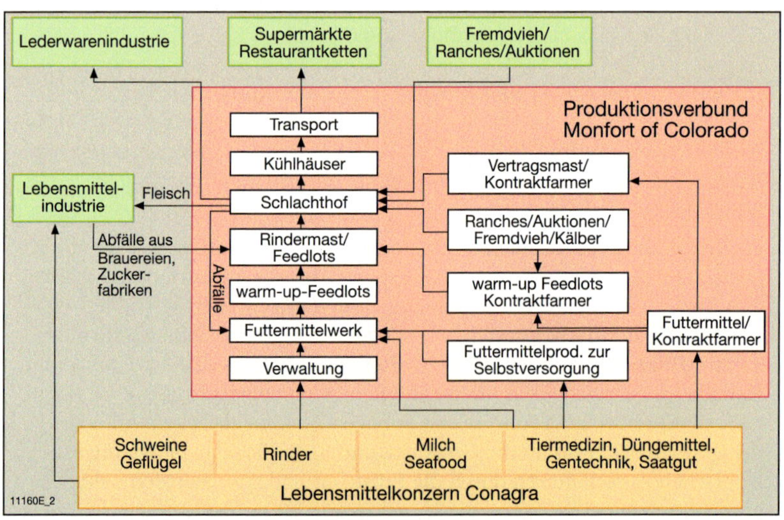

M3 *Conagra – Beispiel eines integrierten Unternehmens*

M4 *Kuner Feedlot (Colorado) – einer der größten Rindermastbetriebe der USA*

lichen Organisations- und Produktionsformen, die denen der Industrie sehr ähnlich sind, und deshalb als Agrobusiness bezeichnet werden.

Ein Beispiel hierfür sind die so genannten **Feedlots**, hoch technisierte Rindermastbetriebe, die zu sehr großen Betriebseinheiten zusammengefasst sind. Ein wichtiges Kennzeichen solch agrarindustrieller Unternehmen ist die **horizontale** und die **vertikale Integration**, das heißt die Zusammenarbeit von Betriebseinheiten gleicher bzw. aufeinander folgender Produktionsstufen. Wenn solche landwirtschaftlichen Großfarmen zu Unternehmen gehören, deren Aktivitäten primär in einem anderen Wirtschaftssektor liegen und die die Agrarbetriebe lediglich als eine lukrative Kapitalanlage verstehen, werden sie als „corporate farm" bezeichnet.

Um ihre Wettbewerbsfähigkeit auf dem Agrarmarkt zu erhalten, waren die Familienfarmer gezwungen, ihre Betriebe zu vergrößern, zu investieren und sich zu verschulden, oder aber ihre Betriebe aufzugeben. Manche Farmer beauftragen spezialisierte Agrar-Dienstleistungsunternehmen mit der Ausführung der Feldarbeit, weil sie sich die Anschaffung der für eine rationelle Bearbeitung notwendigen Maschinen nicht leisten können. Andere sind nur noch als Vertragslandwirte tätig, das heißt, sie stellen Betriebsfläche und Arbeitskraft zur Verfügung und produzieren zu festgelegten Konditionen für ein großes Agrarunternehmen, das die Bereitstellung von Betriebsmitteln sowie die Vermarktung übernimmt.

So entwickelte sich in den USA nach und nach eine duale Struktur der agrarischen Betriebe. Einerseits gibt es eine große Anzahl kleiner Farmen mit Verkaufserlösen von unter 10 000 US-Dollar. Ihnen steht auf der anderen Seite eine sehr kleine Anzahl sehr großer Betriebe gegenüber, auf die der überwiegende Teil der agrarischen Nutzfläche und Produktion entfällt.

Info

Feedlots

Niedrige Bodenpreise, geringe Umweltauflagen, das trockene Klima sowie die Bewässerungsmöglichkeiten beim Anbau von Futtermitteln führten in den südlichen Great Plains-Staaten zur Errichtung von Feedlots mit bis zu 120 000 Rindern. Speziell gezüchtete Rinder erreichen in weitaus kürzerer Zeit als früher ihre Schlachtreife. Computer berechnen die optimale Futterzusammensetzung für die Rinder – wobei der jeweilige Tagespreis an der Getreidebörse eine Rolle spielt. Der Futtermix wird mit Zusatzstoffen und Medikamenten versehen und vor dem Füttern erwärmt, damit die Rinder keine Energie für die Erwärmung auf Körpertemperatur aufwenden müssen. Per LKW wird das Futter vom Futterwerk zu den Futtertrögen gefahren. Eine Arbeitskraft allein kann bis zu 6 000 Rinder versorgen.

The wind grew stronger ... and the dust lifted up ... The dawn came, but no day. In the gray sky a red sun appeared ... Men and women huddled in their houses, and they tied handkerchiefs over their noses ... . The dust-filled air muffled sounds more completely than fog does. ... The people ... knew it would take a long time for the dust to settle out of the air. ... All the day the dust sifted down from the sky, and the next day it sifted down. An even blanket covered the earth.

M1 *Aus J. Steinbeck „The Grapes of Wrath"*

Geoökologische Aspekte der Landnutzung

Folgen nicht angepasster Landnutzung in den Great Plains

Als natürliche Vegetation schützten Steppengräser in den Inneren Ebenen mit ihrem tiefen Wurzelwerk den lockeren und leichten Boden. Im Zuge der Inbesitznahme durch weiße Siedler wurden die Prärien nach und nach als Ackerland sowie Viehweide genutzt. Eine Reihe relativ feuchter Jahre mit guten Ernten, eine steigende Nachfrage nach Fleisch und Getreide, hohe Weizenpreise und eine Fehleinschätzung des agrarischen Potenzials führten zur raschen Ausweitung der Anbauflächen oft in Grenzertragsregionen jenseits der agronomischen Trockengrenze. Auf Grund des Anbaus nach der Methode des **Dry Farming** blieb der Boden im Gebiet der Great Plains immer wieder über längere Zeit ungeschützt.

Auf Grund dieser nicht angepassten Nutzung war die trockene, lockere Erde bei längeren Dürreperioden der äolischen und fluviatilen Erosion durch Starkwinde sowie sturzflutartige Gewitterregen schutzlos ausgeliefert. So kam es in den 1930er-Jahren im Gebiet der Great Plains zu einer großräumigen Bodendegradation, der so genannten Dust Bowl. Die fruchtbare Bodenkrume wurde dabei ausgeweht und es entstanden tiefe Erosionsrinnen sowie Abtragungslandschaften, die Gullies und Badlands. Betriebsaufgaben in großer Anzahl und Landflucht von Millionen von Menschen waren die Folge.

Diese Krisensituation führte zur Einrichtung des Soil Conservation Service der Regierung, der seither die Farmer bei der Anwendung bodenkonservierender Maßnahmen unterstützt.

Maßnahme	Beschreibung	Wirkung
contour ploughing	isohypsenparalles Pflügen und Anpflanzen	Unterbrechung des natürlichen Gefälles des Geländes und Verhinderung der Bodenabspülung nach Niederschlägen
terracing	Anlegung von Terrassen am Hang	Verminderung des Oberflächenabflusses und des Bodenabtrags entlang der Falllinie
crop rotation	wechselnder Anbau unterschiedlicher Feldfrüchte von Jahr zu Jahr	bessere Erhaltung der Bodenfruchtbarkeit
strip farming	wechselnder Anbau von unterschiedlichen Feldfrüchten und Gras in aufeinander folgenden Reihen	Erhöhung der Bodenreibung und Verringerung der Windgeschwindigkeit in Bodennähe, kein Brachliegen des Bodens
shelter belts	Bepflanzung von Erosionsrinnen und Anpflanzung von Hecken- und Baumreihen	Verminderung des äolischen Bodenabtrags durch Reduzierung der Windgeschwindigkeiten
minimum tillage	Verzicht auf Pflügen des Ackerlandes für mehrere Jahre, mind. 30 % der Bodenfläche werden von Wurzeln und Pflanzenresten bedeckt	Verminderung des Bodenabtrags und Verbesserung des Bodenwasserhaushaltes
stubble mulching	Belassen der Getreidestoppeln auf den Feldern	Schutz vor Bodenverkrustung und Bodenabtrag bis zur neuen Fruchtfolge
afforestation	Anpflanzen von Bäumen	Nutzungsmöglichkeit an besonders erosionsgefährdeten Hängen

M2 *Maßnahmen zum Erhalt der Bodenfruchtbarkeit*

Luftbildinterpretation

M3 *Schrägluftbild von Feldern in Nebraska*

Schräg- und Senkrechtluftbilder ermöglichen einen detaillierten Überblick über einen Ausschnitt der Erdoberfläche.

So interpretiert man Luftbilder:

1. Annäherung an den Bildinhalt
Orientierung: Um welchen Raum handelt es sich? Welche Dimensionen weist er auf? Aus welcher Himmelsrichtung wird der Raum betrachtet?
Erkennen und Segmentieren der räumlichen Elemente: Wie lautet das Thema des Bildes? Welche Elemente befinden sich im Bildhintergrund, im Bildvordergrund, im zentralen Bereich, am Bildrand? In welcher Anordnung (dispers/konzentriert) finden sich die Bildobjekte im Bild?

2. Beschreibung des Inhalts
Erfassen von Einzelheiten und Mustern: Welche flächen-, linien- und punktförmigen Strukturen sind zu erkennen? Welche Bedeutung haben dunkle bzw. helle Flächen? Welche Prozesse sind erkennbar? Welche Elemente fallen besonders auf? Welche regelmäßigen (meist anthropogen bedingten!) Raummuster sind vorhanden?

3. Interpretation des Bildes
Erklärung der räumlichen Zusammenhänge und Sachverhalte: Welche natürlichen oder anthropogenen Ursachen könnten die erkennbaren Strukturen und Prozesse erklären? Welche kausalen Zusammenhänge und Gesetzmäßigkeiten bestehen bei den Elementen (z. B. Höhenstufen und Vegetation, Bewässerung und Bodenbedeckung, …)?

4. Ergänzung und Erweiterung durch zusätzliche Materialien
Mit welchen weiteren Materialien kann die Bildaussage ergänzt werden? Der Atlas, Karte: „Blaine County – Erosionsgefährdung/Landnutzung“, bietet z. B. Hinweise zu Bodenbedeckung, Erosionsschäden, Bodenkonservierung, Siedlungsstruktur und zum US-amerikanischen System der Landvergabe, die bei der Interpretation von M3 helfen können.

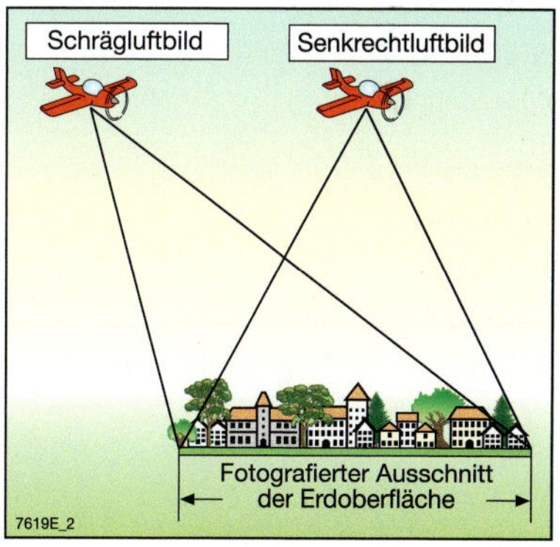

M4 *Schräg- und Senkrechtluftbild*

1 Erläutern Sie die Notwendigkeit von Maßnahmen zum Erosionsschutz in den Great Plains.

2 Interpretieren Sie das Luftbild (M3) mit Hilfe des Atlas und der vorgegebenen Schrittfolge.

Landwirtschaft in Kalifornien

Intensivanbau im Kalifornischen Längstal

„Anything that can grow anywhere, can grow somewhere in California."

Der Erfolg der kalifornischen Landwirtschaft liegt zum einen an den besonders günstigen naturräumlichen Voraussetzungen. Hierzu gehören das ebene Relief im kalifornischen Längstal, das wintermilde und sommerheiße Klima, die relativ fruchtbaren Böden und die Niederschläge durch Steigungsregen an der Sierra Nevada. Zum anderen waren in Kalifornien aber auch von Anfang an Großkonzerne mit entsprechendem Kapital an agrarischen Unternehmen beteiligt. Sie finanzierten Innovationen, wie das Abfüllen und die Konservierung von Orangensaft in Tetra Pak-Tüten, sowie neue Technologien, wie den Tomatenvollernter und die Züchtung einer entsprechend geeigneten hartschaligen Tomatensorte. So vermochte man das naturräumliche Potenzial durch professionelles Marketing, Spezialisierung auf die jeweils effektivste Anbauart, Intensivierung des Anbaus und Rationalisierung bei Produktion in großen Mengen optimal auszunutzen.

Um in Kalifornien eine derart hoch produktive Landwirtschaft betreiben zu können, ist man aber auch auf die Hilfe der zahlreichen, oft illegal eingereisten mexikanischen Wanderarbeiter angewiesen, die bei der Ernte als billige Arbeitskräfte eingesetzt werden. Die Erträge der kalifornischen Landwirtschaft sind so hoch, dass nicht nur der US-amerikanische Binnenmarkt, sondern sogar die ganze Welt mit hochwertigen Agrarprodukten aus Kalifornien versorgt werden kann.

Produkt	Anteil an der Agrarerzeugung der USA (%) und Rang	Anteil am US-Agrarexport (%)
Milchprodukte	21 (1.)	31,0
Weintrauben	88 (1.)	98,3
Kopfsalat	73 (1.)	70,1
Mandeln	99 (1.)	100,0
Rinder	4 (7.)	4,3
Erdbeeren	88 (1.)	93,7
Tomaten	85 (1.)	92,0
Heu u. Luzerne	6 (2.)	20,4

M1 *Wichtige kalifornische Agrarprodukte 2004*

Bewässerungslandwirtschaft und Nutzungskonflikte

Die intensive agrarische Inwertsetzung Kaliforniens war nur durch Maßnahmen zur Sicherstellung der Wasserversorgung möglich. Über 90 % des Ackerlandes werden bewässert, wodurch beinahe die Hälfte des kalifornischen Wasserangebots beansprucht wird. Viele Kulturen sind mangels ausreichender oder stark schwankender Niederschläge ganz oder überwiegend auf Bewässerung angewiesen, durch die sich

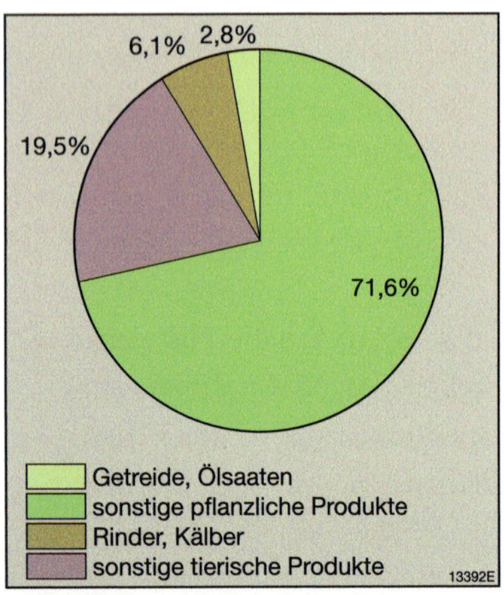

M2 *Kalifornien – agrarische Wertschöpfung 2002*

	Kalifornien	USA
Anzahl der Farmen	79 631	2 128 982
Farmland (1000 ha)	11 165	379 722
Durchschnittliche Farmgröße (ha)	140,0	178,5
Anteil der Farmen mit Bewässerung (%)	69,8	14,1
Durchschnittlicher Verkaufserlös je Farm (US-$)	323 205	94 245
Durchschnittliche Produktionskosten je Farm (US-$)	257 701	81 362

M3 *Merkmale der Landwirtschaft Kaliforniens und der USA 2002*

M4 *Bewässerungslandwirtschaft in Kalifornien*

zudem die Erträge qualitativ und quantitativ um bis zu 150 % steigern lassen. Etwa drei Viertel des in Kalifornien zur Verfügung stehenden Oberflächenwassers stammen aus der Region nördlich von Sacramento, während der Bedarf jedoch zu etwa 80 % südlich davon vorliegt. Limitierende Faktoren wie diese regionale und zeitliche Divergenz von Wasserangebot und Wassernachfrage im mediterran geprägten Kalifornien werden durch den Bau von Anlagen zum Speichern, Transportieren und Verteilen des Wassers ausgeglichen.

Solche Maßnahmen bringen jedoch auch Nachteile mit sich. Die Wasserentnahme beeinträchtigt die Abflussregimes der Flüsse erheblich und zieht ökologische Folgeschäden nach sich. Durch das Absinken des Grundwasserspiegels kommt es in Meeresnähe sogar zur Salzwasserintrusion. Auch die Entsorgung des durch Agrarchemikalien belasteten Drainagewassers stellt vielerorts ein Problem dar.

Vor dem Hintergrund der Bevölkerungszunahme, der steigenden Wirtschaftsleistung und des weiteren Ausuferns der städtischen Agglomerationen ist in Zukunft insbesondere bei wiederkehrenden Dürreperioden mit einer Verschärfung der Nutzungskonflikte um das Wasser zu rechnen. Ehrgeizige Projekte verfolgen bereits die Idee der Überleitung von Wasserressourcen aus humideren Regionen der USA. Weniger spektakuläre Maßnahmen zur Reduzierung des Wasserverbrauchs sind unter anderem der Anbau von Pflanzen mit niedrigerem Wasserbedarf oder hoher Salztoleranz, die Einführung von Methoden zur sparsameren Bewässerung wie der Tropfbewässerung oder der Bewässerung bei Nacht, der Bau von Anlagen zur Meerwasserentsalzung oder zur Rückführung von recyceltem Wasser in die Grundwasserspeicher. Bei allen Bemühungen bleibt das Wasser im Hinblick auf die verfügbare Menge und den Preis ein entscheidender Faktor für die wirtschaftliche und demographische Entwicklung Kaliforniens.

Abnehmer	Importwert (Mio. US-$)	wichtigste Agrarprodukte
EU	1 698	Mandeln, Wein, Walnüsse
Kanada	1 469	Salat, Erdbeeren, Tafeltrauben
Japan	905	Reis, Mandeln, Heu
Mexiko	527	Milchprodukte, Baumwolle
China	456	Baumwolle, Orangen, Tafeltrauben

M5 *Wichtigste Abnehmer kalifornischer Agrarprodukte 2006*

1 Begründen Sie die räumliche Verteilung der Niederschläge in Kalifornien (Atlas, Karte: Kalifornien – Wasserwirtschaft).

2 Beschreiben Sie das System der Wasserwirtschaft in Kalifornien und diskutieren Sie mögliche Probleme, die sich daraus ergeben. Zeigen Sie Lösungsansätze auf.

Unternehmen	Sektor	Umsatz (Mrd. US-$)
BP (GB)	Energie	285
Wal-Mart (USA)	Einzelhandel	284
Royal Dutch (NL)	Energie	264
Exxon (USA)	Energie	264
Toyota (J)	Fahrzeuge	166
General Electric (USA)	Misch-konzern	152
Chevron (USA)	Energie	143
Total (F)	Energie	131
Citigroup (USA)	Bankwesen	108
IBM (USA)	Hightech	96
American Int. Group (USA)	Versiche-rungen	95
Deutschland		1 436
China		548
Australien		189
Tschechische Republik		48
Ägypten		20
Kenia		3

M1 *Umsatzstärkste Unternehmen der Welt 2005 im Vergleich zu den Staatshaushalten ausgewählter Länder*

Die im Zuge der Luft- und Raumfahrtforschung sowie dem Aufstreben der Rüstungsindustrie entwickelten Werkstoffe, Verfahren und Techniken werden wie selbstverständlich weltweit in der Industrie, im Infrastrukturbereich und in Privathaushalten genutzt, z. B.:

- Teflon-Pfannenbeschichtung: zunächst für den Hitzeschild von Raumfahrzeugen entwickelt
- Mikrochips in Computern oder Haushaltsgeräten: leichte und platzsparende Vorläufer mussten für das Mondlandeprogramm Apollo in den 1960er-Jahren entwickelt werden

M2 *Vom Hitzeschild zur Teflon-Pfanne*

M3 *Weltweit bekannte US-amerikanische Marken*

Die USA als Weltwirtschaftsmacht

Voraussetzungen im Innern

Ausgehend von der wirtschaftlichen Stärke des eigenen Landes, gelang es den Vereinigten Staaten von Amerika in ganz besonderer Weise, sich eine Spitzenstellung auf dem Weltmarkt zu erarbeiten. Hohe Leistungsfähigkeit und große Kaufkraft der heute fast 300 Millionen Einwohner waren seit jeher Garanten für eine höchst ertragreiche wirtschaftliche Produktion und einen riesigen Absatzmarkt. Einfuhrbestimmungen, die stets einheimischen Waren den Vorzug gaben, unterstützten das wirtschaftliche Wachstum über viele Jahrzehnte. Die politischen Voraussetzungen für diese Entwicklung waren von Beginn an günstig: Zunächst stellen die USA die am längsten existierende Demokratie der Welt dar. Zudem herrschte stets ein liberaler Wirtschaftsgeist, der ein freies Unternehmertum, die Möglichkeit der privaten Kapitalbildung und eine grundsätzlich positive Einstellung zu Geld ermöglichte. Während der Zeit des Kalten Krieges, einer Phase des Wettrüstens zwischen den USA und der Sowjetunion, verstanden es die Vereinigten Staaten schließlich, politische Interessen auch zur Ankurbelung der eigenen Rüstungsindustrie zu nutzen. Selbst die immensen Investitionen in die Entwicklung der Raumfahrt, so etwa seit den 1960er-Jahren ein Satellitennetz aufzubauen, 1969 den ersten Menschen auf den Mond zu bringen oder ein wiederverwendbares Raumfahrzeug, das Space Shuttle, zu bauen, haben nationalen und internationalen Ruhm gebracht. Darüber hinaus waren die innere Stärke der USA, die auf einem ständig wachsenden nationalen Selbstvertrauen fußen konnte, und das enorme sowie kapitalstarke Engagement der US-amerikanischen Privatwirtschaft im eigenen Land und in aller Welt letztlich Garanten für eine selbstbewusste wirtschaftliche Entwicklung des Landes.

M4 *Hauptsitz des zweitgrößten Autoherstellers der USA*

Dominanz der USA in der Welt

Leitwährung US-Dollar
Nachdem die europäischen Landeswährungen infolge der beiden Weltkriege stark erschüttert worden waren, entwickelte sich der US-Dollar parallel zum wirtschaftlichen Erstarken der USA zur internationalen Leitwährung „Nummer Eins". Heute werden die meisten Rohstoffe, Konsum- und Investitionsgüter in dieser Währung auf dem Weltmarkt gehandelt.

Weltweite Dominanz des Börsenplatzes New York
Nahezu alle Wertpapierbörsen der Welt hängen mit ihren Kursen von der US-amerikanischen Börse in New York ab. Wirtschaftskrisen in den USA, wie der „Black Thursday" an den US-amerikanischen Börsen im Jahre 1929, können sich zu Weltwirtschaftskrisen mit massiver Arbeitslosigkeit, Unternehmenszusammenbrüchen und wirtschaftlicher Not ausweiten.

Weltweite Kapitalbeteiligungen und Unternehmensaufkäufe
US-Unternehmen waren international die ersten mit Kapitalbeteiligungen an ausländischen Firmen und damit auch entscheidenden unternehmerischen Mitspracherechten. Meist werden ganze Unternehmen aufgekauft. Dass beispielsweise „Opel" zum „General Motors"-Konzern gehört und sich so in US-amerikanischer Hand befindet, weiß nicht jeder in Deutschland.

Weltweite Produktplatzierung
Als Folge von Kapitalbeteiligungen und Firmenaufkäufen sowie dem gigantischen privaten Investitionskapital konnten US-amerikanische Produkte, Dienstleistungen und Unternehmenskonzepte auch auf allen Kontinenten platziert werden. Beispiele hierfür sind „Coca Cola", „McDonald's", „Disney Land" und Hollywood-Filme.

Weltwirtschaftspolitische Dominanz
Die USA sind an allen entscheidenden weltwirtschaftlichen Prozessen beteiligt. In vielen weltweit arbeitenden Wirtschaftsorganisationen, z. B. der Weltbank, und auf den Weltwirtschaftsgipfeln übernehmen sie die dominierende Rolle. Zahlreiche wichtige Posten dieser Organisationen sind mit US-amerikanischen Fachleuten besetzt. Für Europa sind die USA sowohl Haupthandelspartner, aber auch Haupthandelskonkurrent.

1 Arbeiten Sie mit Hilfe des Internets und anderer Quellen Hauptunterschiede in der wirtschaftlichen Entwicklung der USA und Deutschlands heraus.

2 Beschreiben und begründen Sie die US-amerikanischen Außenhandelsstrukturen und führen Sie mögliche hieraus resultierende Risiken für die US-Wirtschaft auf.

3 Listen Sie weitere Beispiele der weltweiten US-amerikanischen Dominanz im Bereich der Güter- und Dienstleistungsproduktion auf.

4 Erläutern Sie Probleme bei der internationalen Zusammenarbeit im Bereich des Umweltschutzes. Arbeiten Sie dabei die spezifische Rolle der USA heraus.

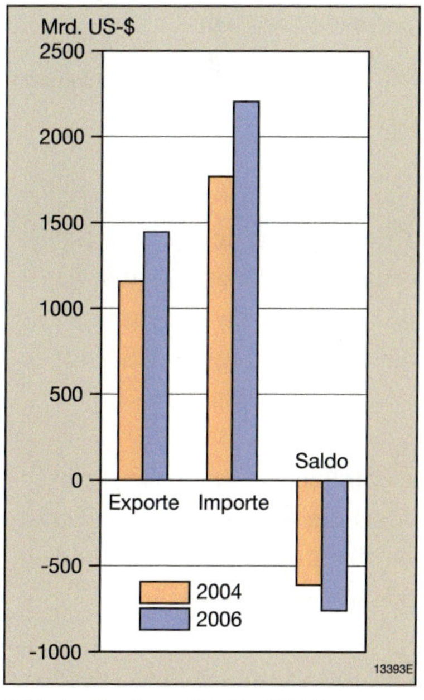

M5 *Außenhandel der USA*

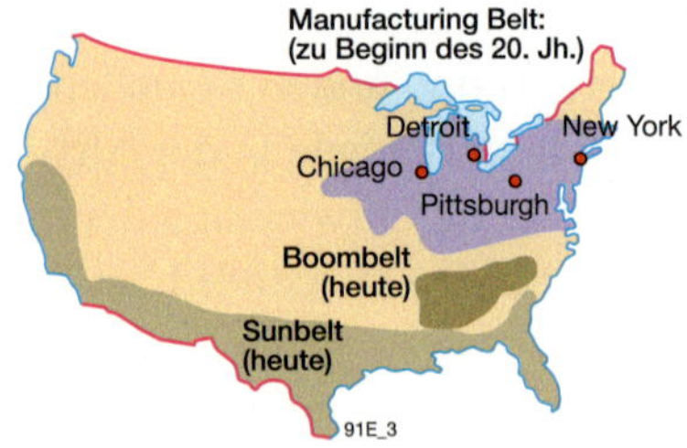

M1 *Wirtschaftsräume in den USA*

- reiches Rohstoffpotenzial, leicht abbaubare Eisenerz- und Kohlevorkommen
- großes Arbeitskräftepotenzial durch internationale Einwanderung und Zuwanderung von Afroamerikanern aus dem Süden der USA
- frühzeitige Verkehrsanbindung durch Hochsee- und Binnenschifffahrt und Eisenbahnen
- frühzeitige Innovationen, wie die Fließbandarbeit
- gesicherte Energieversorgung durch Wasser- und Wärmekraftwerke
- gute Verbindungen zu den Städten der Ostküste, deren Kapital und Innovationskraft
- liberaler Wirtschaftsgeist, wenig gesetzliche Regulierungen
- freies Unternehmertum, hohes privates Investitionskapital
- positive Einstellung zu Arbeit, Geld und Erfolg

M2 *Wirtschaftliche Standortgunst des Manufacturing Belt*

1 Begründen Sie die Standortgunst des Manufacturing Belt und dessen Bedeutung für den Aufstieg der USA zur Weltwirtschaftsmacht.

2 Stellen Sie mit Hilfe des Atlas die komplexen räumlichen Verflechtungen der Autoindustrie in den USA dar.

3 Find examples for a specialised steel production in the U.S.

Wirtschaftsräume der USA im Wandel

Der Manufacturing Belt – wo alles begann

Der Motor für den Aufstieg der USA zur Weltwirtschaftsmacht lag ursprünglich in der rasanten industriellen Entwicklung im Nordosten des Landes, im Manufacturing Belt. Ähnlich wie im Ruhrgebiet wurden schon im 19. Jahrhundert im Raum Pittsburgh Eisen und Stahl erzeugt. Die benötigte Energie fand man in der im Tagebau gewonnenen Kohle der nahen Appalachen, wo auch Eisenerzlagerstätten vorhanden waren. Als diese um 1930 erschöpft waren, wurde das Eisenerz von günstig gelegenen Vorkommen im Bereich des Oberen Sees per Schiff herantransportiert. Darüber hinaus begünstigte die wirtschaftliche Entwicklung auf der Basis von Kohle und Stahl weitere Nachfolgeindustrien, etwa den Maschinen- und Fahrzeugbau.

Allerdings fanden und finden sich auch im Manufacturing Belt Industrieanlagen nur punktuell an einigen lokal begrenzten Standorten, wohingegen die übrigen Regionen eher einen ländlichen Charakter aufweisen.

In den 1980er-Jahren entwickelte sich darüber hinaus auf dem Weltmarkt ein Überangebot an Stahl, weil die Nachfrage nach vielen Erzeugnissen der Eisen- und Stahlindustrie infolge moderner Technologien sowie neuartiger Werkstoffe zunehmend sank. Da zudem die heimische Automobilindustrie einen Rückgang des Absatzes und die wachsende Konkurrenz japanischer Erzeuger verkraften musste, verloren Zehntausende von Stahlarbeitern im Manufacturing Belt ihren Arbeitsplatz. Immer häufiger sprach man deshalb vom „Rust Belt“ der USA.

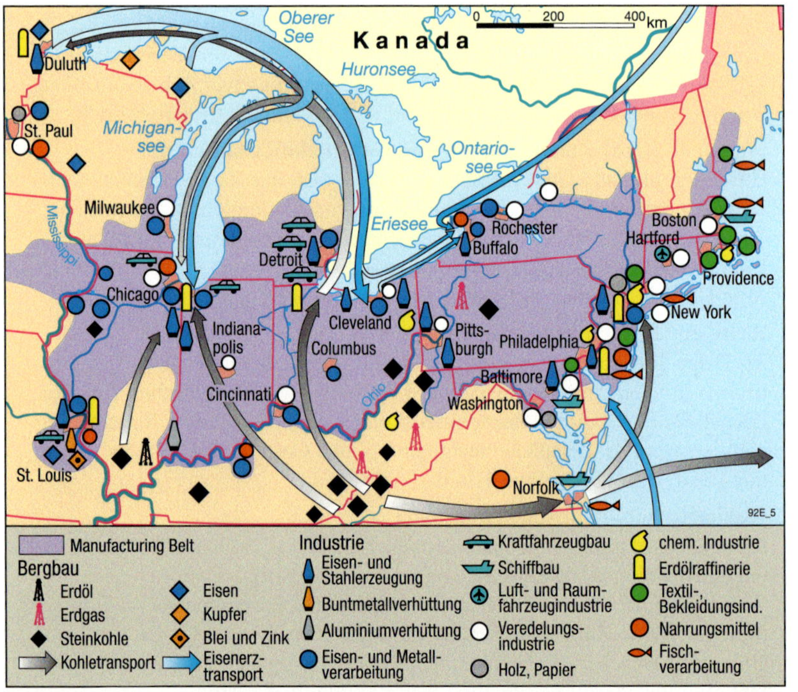

M3 *Rohstoffe und Industriestandorte im Manufacturing Belt*

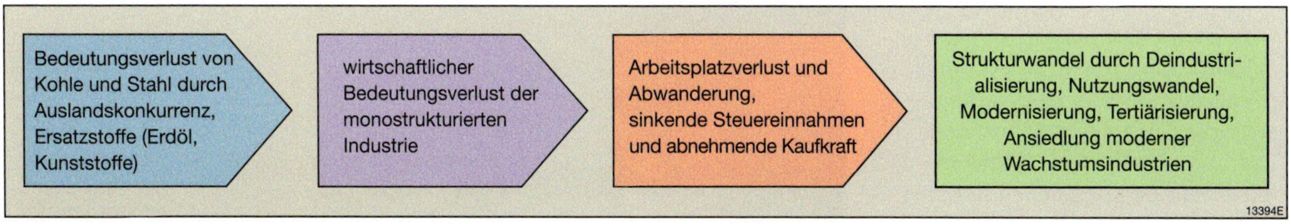

M4 *„Schicksal" altindustrialisierter Räume*

Die Automobilindustrie hatte sich im 20. Jahrhundert zum größten Arbeitgeber im industriellen Nordosten entwickelt. Der Raum Detroit ist heute noch durch die „Big Three", „General Motors", „Ford" und „Chrysler", geprägt. Bereits 1908 ließ Henry Ford seine Autos mit Hilfe der Fließbandtechnik bauen. Eine drastische Senkung der Produktionskosten pro Fahrzeug war die Folge. In den 1970er-Jahren kam es allerdings zu einer schweren Krise in der Autoindustrie, bedingt durch Versäumnisse in der Modernisierung der Produktionstechniken und -standorte, das Fehlen attraktiver Modelle und die zunehmende Konkurrenz der Autos zu günstigeren Preisen sowie mit besserer Ausstattung anbietenden japanischen Automobilhersteller. Die Folge waren Absatzschwierigkeiten und Massenentlassungen in den Detroiter Werken. In dieser schwierigen wirtschaftlichen Situation wurde die US-amerikanische Automobilindustrie durch die Einführung hochtechnologischer Herstellungsverfahren und die Entwicklung umweltfreundlicherer Fahrzeuge modernisiert. Die dabei entstandenen Automatisierungsprozesse kosteten zwar weitere Arbeitsplätze, festigten langfristig aber den Fortbestand dieses Industriezweiges.
Heute ist die Herstellung von Automobilen ein hochkomplexer Prozess mit starken wirtschaftlichen und räumlichen Verflechtungen.

M5 *Automobilstandort Detroit*

That was the old Pittsburgh: During the first half of the 20th century, soot from steel mills blackened the sky. Housing for the working class was overcrowded and absolutely unhealthy. The rivers ran thick with industrial waste. Pittsburgh's fate as an industrial center was determined from the start by its location. It sat upon rich coal and its access by water or rail to the best iron deposits in the Lake Superior region gave the city an unbeatable edge as a site for steel-making. But in the 1970s and early 1980s foreign competition and a decreased demand for raw steel slowed the mills to a near halt. Today only a few remain, all outside the city. Many former steelworkers still have problems, about 40 per cent remain unemployed. Except for workers in steel and related industries, most of Pittsburgh made a rapid recovery from the economic crisis. Though the region lost about 150 000 jobs in manufacturing during the 1980s and 1990s, it also gained over 100 000 non-manufacturing jobs, mostly in business services and health. To encourage new businesses, particularly those in high-technology fields – computer software, biomedicine, factory automation, and advanced materials – a number of collaborations were formed between companies, government, and academia. Even the steel industry has partially recovered through specialising on high-tech automotive production methods for quality steel sorts.

M7 *Pittsburgh – stronger than steel*

M6 *Ford-Werke im Süden von Detroit*

M8 *Downtown Pittsburgh*

- Existenz städtischer Ballungsräume mit großem Angebot an spezialisierten Arbeitskräften
- starke Zuwanderung aus den altindustrialisierten Gebieten und aus den ländlichen Räumen der USA
- zunächst niedrige Boden- und Immobilienpreise
- hohe private Investitionsbereitschaft in Forschung und Hightech-Produktion
- staatliche Förderung von Forschung und Ausbildung
- enge Verflechtungen zwischen privaten und staatlichen Institutionen (Beispiel NASA)
- staatliche Subventionen zur Unternehmensansiedlung
- allgemeine Klimagunst, hohe Sonnenscheindauer
- hoher Freizeitwert, Tourismusindustrie, Altersruhesitze

M1 *Wirtschaftliche Gunstfaktoren im Sun- und im Boombelt*

M3 *IBM Almaden Research Center*

Sunbelt und Boombelt – Wirtschaftskraft in neuen Räumen

Im Süden der USA haben sich in den letzten Jahrzehnten neue Wirtschafts- und Freizeiträume herausgebildet.

Der **Sunbelt** umfasst etwa den Raum südlich des 37. Breitengrades, dessen Klima von hoher Sonnenscheindauer geprägt ist. Eigentlich müsste man von Sun Spots sprechen, da nicht der gesamte Raum flächendeckend mit neuen Standorten belegt ist. Im Südosten hingegen, wo einst Baumwoll- und Zuckerrohranbau, später Erdöl- und Erdgasförderung die wichtigsten Wirtschaftsfaktoren waren, hat sich beiderseits des Highway 85 der so genannte Boombelt entwickelt. Hier sind heute neue Hightech- und Forschungsstandorte vor allem der Kommunikations- und Informationstechnologie Grundlage eines außergewöhnlichen Wirtschaftsaufschwungs.

Der Sunbelt wurde durch die Ansiedlung modernster Hochtechnologieindustrien (z.B. Elektro- und Weltraumtechnik, Petroindustrie, Rüstungs- und Informationstechnologie) zu einer der Zukunftsregionen der US-amerikanischen Wirtschaft. Neue Standorte aus Forschung und Entwicklung sind dabei eng mit den hochmodernen Produktionsstätten verflochten. Hier entstanden zudem zahlreiche Standorte von Immobilienprojekten wie Rentnerstädte. Schließlich stellt der Sunbelt die Wiege der ersten Freizeitparks dar, welche von hier aus ihren Siegeszug um die ganze Welt antraten.

M2 *Der Boombelt*

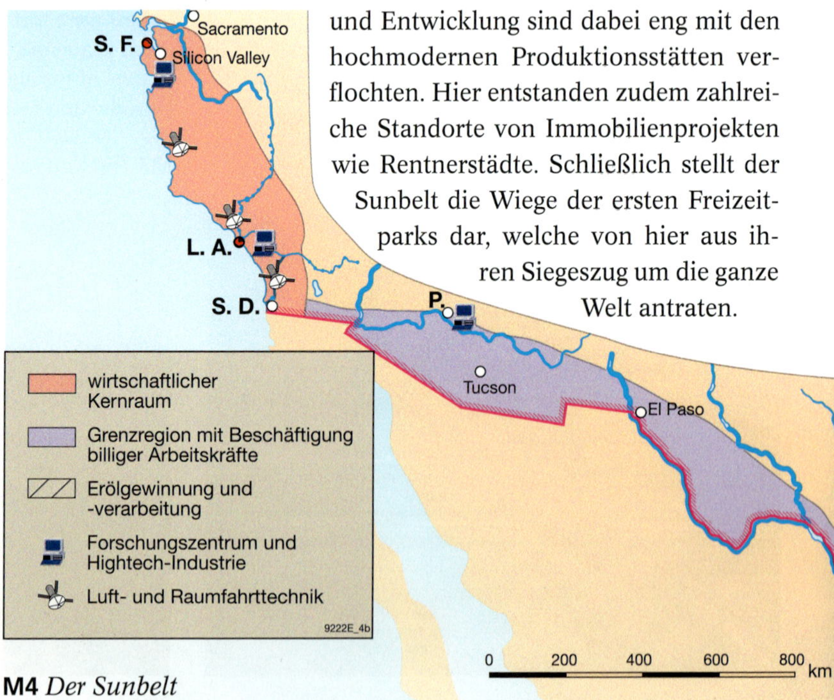

M4 *Der Sunbelt*

M5 *Im Silicon Valley*

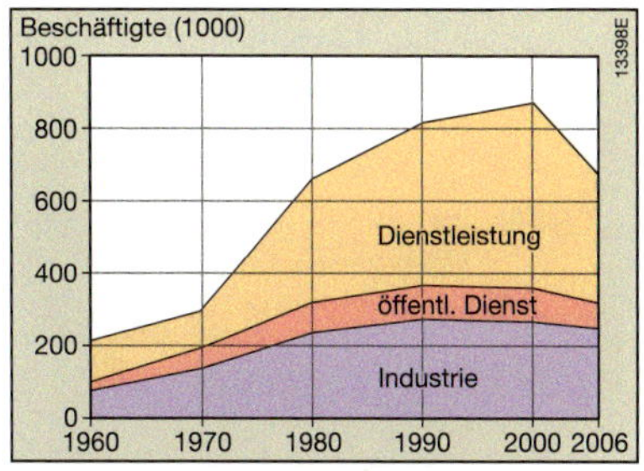

M7 *Erwerbsstruktur im Santa Clara County (Silicon Valley)*

Chip & Co im Silicon Valley

Kalifornien steht als siebtgrößte Wirtschaftsmacht in der Weltrangliste. Ein Fünftel der Weltsoftwareproduktion wird hier erzeugt. Berühmtester Hightech-Standort ist das Silicon Valley nahe San Francisco. Seit den 1980er-Jahren haben sich hier Softwarefirmen, Computer- und Chiphersteller (z. B. AMD und Intel) sowie Unternehmen der Kommunikations- und Informationstechnik angesiedelt. Hier begann etwa in den 1970er-Jahren die Erfolgsstory von Steve Jobs, dem Mitbegründer des Apple-Konzerns. Die Nähe zu hochrangigen Elite-Universitäten (z. B. Stanford University) und anderen Forschungseinrichtungen ermöglichte eine enge Vernetzung von Forschung, Wissenschaft und Praxis.

Staatlich geplante und finanzierte Technologieparks sowie garantierte Aufträge aus Rüstungs- und Raumfahrtindustrie ermöglichten eine optimale Infrastruktur für neue Betriebe. Die hohe Lebens- und Freizeitqualität im Golden State lockte hochspezialisierte Arbeitskräfte an.

Aus dem Werbeprospekt einer Retirement Community (West-Florida)

- Alterskategorie: 62+, 4500 2-6-Zimmer-Appartements, rund um die Uhr bewachtes Eingangstor, Sicherheitsdienst, eigener Notruf
- 3 beheizte Pools mit Hebevorrichtung, 2 Saunaanlagen, Fitness-Center mit medizinischer Betreuung; Computerraum, Gemeindebibliothek, 3 Clubhäuser, 4 Tennisplätze, 18-Loch Golf Course, Essenslieferung
- Boccia-Bereiche, Billard-Saal, Angelpier, Tischtennis-Platten
- 3 Restaurants, Bäckerei, Metzgerei, 2 Supermärkte, Apotheke
- 2 Allgemeinarztpraxen, Zahnarzt, Medical Center, Alkoholverbot
- pro Wohneinheit ein Haustier bis 20 Pfund Gewicht erlaubt
- kostenloses Gemeinde-Shuttle, gute Verkehrsanbindungen zu den Sehenswürdigkeiten Floridas, ganzjähriger Veranstaltungskalender

M6 *Arbeiten und Wohnen im Sunbelt*

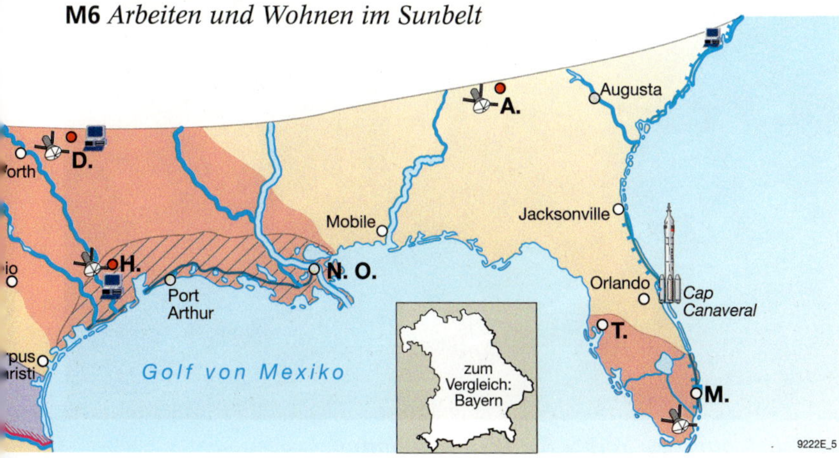

M8 *„Seaworld" in Florida*

1 Vergleichen Sie die Standortfaktoren, die einst für die Entwicklung des Manufacturing Belts wichtig waren, mit denen, die heute den Boom der Wirtschaft im Süden der USA begünstigen.

2 Erarbeiten Sie die Standortfaktoren für die Industrie im Silicon Valley (Atlas, Karte: Silicon Valley) und erläutern Sie mögliche Probleme der weiteren wirtschaftlichen Entwicklung vor dem Hintergrund der Globalisierung.

3 Arbeiten Sie mögliche Auswirkungen der Retirement Communities auf die Bevölkerungsstruktur und die Bevölkerungsentwicklung Floridas heraus.

M1 *Städtehierarchie in den USA*

1 Erläutern Sie die grundlegenden Unterschiede zwischen dem deutschen und dem US-amerikanischen Städtesystem.

2 Stellen Sie gesellschaftliche Probleme dar, die sich aus der wachsenden Polarisierung zwischen städtischen und ländlichen Räumen in den USA ergeben können.

Agglomeration	Mio. Einw.	Veränderung 2000 - 2004
New York - Newark - Edison	18,7	+2,1 %
Los Angeles - Long Beach - Santa Ana	12,9	+4,5 %
Chicago - Naperville - Joliet	9,4	+3,2 %
Philadelphia - Camden - Wilmington	5,8	+2,0 %
Dallas - Fort Worth - Arlington	5,7	+10,4 %
Miami - Fort Lauderdale - Miami Beach	5,4	+7,1 %

M2 *Auswahl der größten Städteagglomerationen 2004*

Stadtlandschaften in den USA

Rund 80 % der US-amerikanischen Bevölkerung leben in zum Teil riesigen städtischen Ballungsräumen. Im Zuge der raschen Bevölkerungszunahme entstanden überwiegend an der Küste im 19. und 20. Jahrhundert ausgedehnte Städtebänder. Eines der bekanntesten ist die 640 km lange Boswash-**Megalopolis**, die sich im Nordosten des Landes zwischen Boston und Washington entwickelte. Solche Städtebänder waren und sind jedoch keineswegs Flächen mit durchgängig dichter städtischer Besiedlung. Sie stellen vielmehr sich über mehrere hundert Kilometer erstreckende Bevölkerungskernräume dar, welche mit Regionen durchsetzt sind, die man in Deutschland eher als ländlich einstufen würde.

In den städtischen Verdichtungsräumen der USA, im statistischen Sinne Metropolitan Areas genannt, wird ein erheblicher Teil des US-amerikanischen Bruttoinlandsprodukts erwirtschaftet. Im weltweiten Ländervergleich würde heute allein der Großraum Chicago, gemessen an seiner Wirtschaftskraft, auf Platz 20 rangieren.

Mit der Städteentwicklung eng verbunden sind heute ein enormer Bedeutungsanstieg des Dienstleistungssektors, eine zunehmende Diskrepanz zwischen städtischen und ländlichen Räumen und eine wachsende Polarisierung in den Städten selbst.

Während klassische Industriemetropolen wie etwa Detroit und Pittsburgh nur sehr langsam wachsen oder gar an Bevölkerung verlieren, boomen die Städte im Sun- und Boombelt durch enorme Bevölkerungszuwachsraten.

M3 *Blick auf New York – Stadtteil Manhattan*

M4 *Satellitenbild von New York am 11.09.2001*

Global City New York

Kein Land der Erde verfügt über so viele Städte mit weltwirtschaftlicher Bedeutung. Hier befinden sich global agierende Finanzzentren und die Zentralen großer internationaler Unternehmen, sozusagen die „Kommandostationen der Weltwirtschaft“. Eine solche Stadt, eine **Global City** (vgl. S. 136), ist New York, mit 7,3 Millionen Einwohnern in der Metropolitan Area und 18 Millionen Menschen im Großraum die bevölkerungsreichste Stadt der USA. Von den 100 umsatzstärksten Unternehmen der USA hatten 2005 24 ihren Hauptsitz in New York. Hier befinden sich in der Wall Street und den angrenzenden Bereichen Manhattans die wichtigsten Börsenplätze und die bedeutendsten Finanzzentralen der Welt. Nahezu alle Großbanken, Broker, Versicherungen und Mediengesellschaften sind mit ihrem Stammsitz vertreten. Ein Viertel aller Erwerbstätigen New Yorks arbeitet heute im FIRE-Sektor (Finances, Insurances, Real Estate), weitere zwei Viertel in anderen Dienstleistungsbereichen.

New York ist zwar nicht das politische, aber das kulturelle Zentrum der USA. Seine über 60 Museen sind teilweise weltberühmt. An der MET, der Metropolitan Opera, gastieren die besten Interpreten klassischer Musik. Allein am 25 km langen Broadway gibt es mehr als 40 Theater, an denen zum Beispiel Musical-Welterfolge wie „Cats“, „Oklahoma“ und Leonard Bernsteins „West Side Story“ uraufgeführt wurden.

Satellitenbild New York

Abgebildet sind die Stadtteile Manhattan (Zentrum), Bronx, Queens, Brooklyn und Teile von Staten Island. Deutlich sichtbar ist der gitternetzförmige Straßenverlauf und die daraus resultierende Blockbebauung. Die Rauchfahnen der brennenden Twin Towers des World Trade Centers wehen, bedingt durch die Nordostwindströmung, nach Südwesten über den Hudson River in Richtung Staten Island.

WWW

www.earth.google.de

- gitterförmiges Straßennetz im Innenstadtbereich
- Einteilung der Stadtflächen in Blocks
- oft nord-süd-ausgerichtete Main Street, von der aus die weiteren parallel verlaufenden Straßen nach Osten bzw. Westen durchnummeriert werden
- Kreuzung der Main Street im Stadtkern und Nummerierung der Straßen in der nördlichen und südlichen Stadthälfte
- Innenstadtbereich (downtown) mit Hauptgeschäftszentrum (Central Business District, CBD)
- im Anschluss: ringförmige, multifunktionale Übergangszone unterschiedlicher Prägung (Handel, Industrie, Wohngebäude, ethnische Segregation, teilweise Gettos und Slumbildung)
- im äußeren Ring: Suburbs mit Eigenheimbebauung und Shopping Centers an den Ausfallstraßen

M1 *Merkmale der US-amerikanischen Stadt*

USA

- insgesamt große Bereitschaft zur Verlagerung des Wohnstandorts über weite Entfernungen infolge beruflicher Veränderung
- extreme Motorisierung der Familien
- rasche Veräußerung von Eigenheimen und Immobilienbesitz infolge hoher räumlicher Mobilität; Bedürfnis, unter sozial Gleichrangigen zu leben; einfachere, kostengünstigere Bauweise

Deutschland

- geringe Neigung zur Wohnortverlagerung auch infolge generell kürzerer Entfernungen; starke Ortsgebundenheit
- Eigenheimerwerb und Hausbau meist für das ganze Leben infolge hoher Beschaffungskosten

M2 *Räumliche Mobilität im Vergleich*

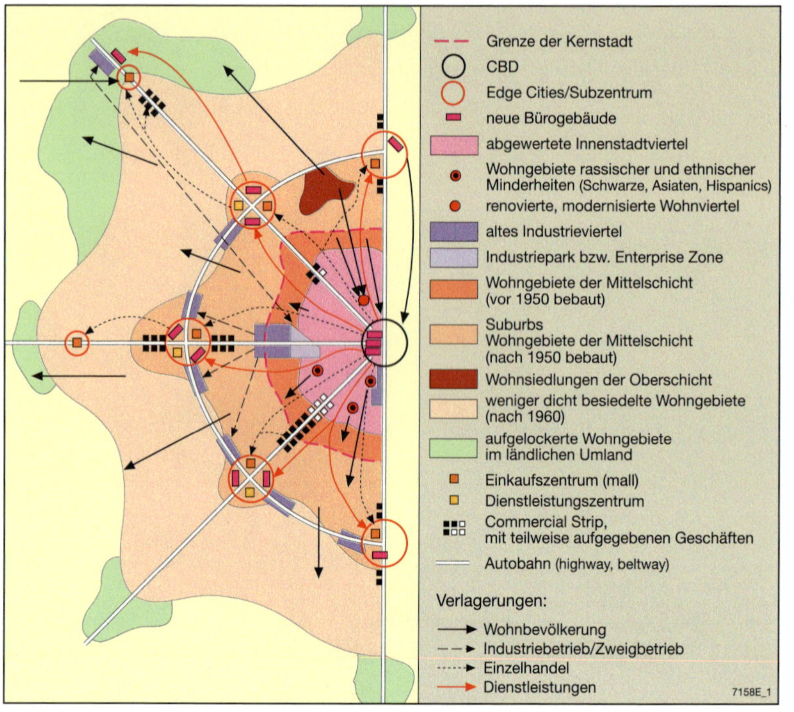

M3 *Ein Modell der nordamerikanischen Stadt*

Die US-amerikanische Stadt – Strukturen und Prozesse

US-amerikanische Städte sind räumliche Spiegelbilder sowohl geschichtlicher Entwicklungen wie auch gegenwärtiger Prozesse.

Die im 19. Jahrhundert einsetzende Urbanisierung war eine Folge der Einwanderung von Menschen aus Übersee, die sich bevorzugt in den Städten niederließen. Dies brachte im Laufe der Zeit eine zunehmend multikulturelle Zusammensetzung der städtischen Bevölkerung mit sich, die räumlich durch **Segregation** infolge ethnischer und sozialer Polarisierungsprozesse wahrnehmbar wurde. Noch heute erinnern daran beispielsweise die zahlreichen Chinatowns, Little Italies und Germantowns in den US-amerikanischen Großstädten.

M4 *San Francisco und die Bay Area*

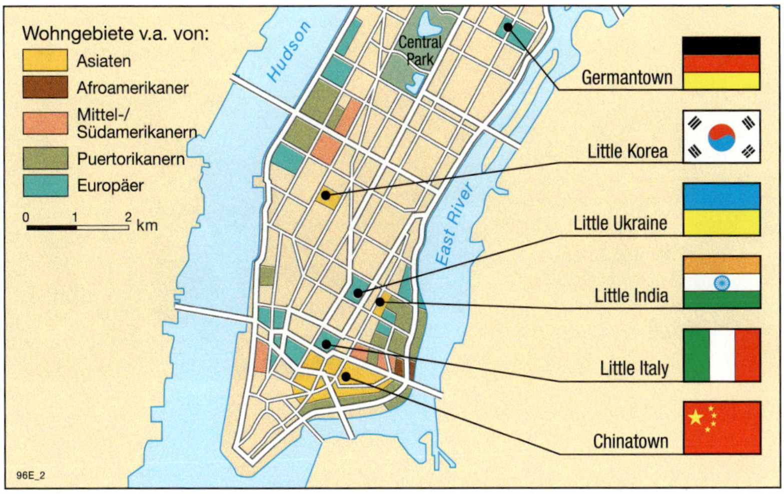

M5 *Ethnische und sozialräumliche Segregation in Manhattan*

In der zweiten Hälfte des 20. Jahrhunderts begann der Prozess der Suburbanisierung, in dessen Folge besonders Angehörige der weißen Mittelschicht ihre Wohnstandorte aus zentrumsnahen Vierteln in die Suburbs verlagerten. Motivation war meist der Wunsch nach einem Eigenheim in den ruhigeren Wohngebieten im Grünen unter Nutzung zinsgünstig vergebener staatlicher Kredite. Zur Bewältigung der in der Folge entstehenden starken Pendlerbewegungen zwischen Wohnstandort in den Suburbs und Arbeitsstandort in den Innenstädten diente das Automobil. Mit dem Wegzug der Mittelklassebevölkerung verloren die Kernstädte im Zuge dieser Suburbanisierung wichtige Steuerzahler an die Vororte. In den Wohnbezirken der Innenstädte und der Übergangszone war ein teilweise erheblicher Verfall baulicher Substanz sowie das Anwachsen sozialer Spannungen durch den Zuzug einkommensschwacher Bevölkerungsteile zu beklagen.

In den letzten beiden Jahrzehnten ist jedoch wieder eine Rückwanderung einkommensstärkerer Bevölkerungsteile in die innerstädtischen Wohnquartiere zu beobachten. Dieser als **Gentrifizierung** bezeichnete Prozess wird meist von aufwändigen, privat finanzierten Sanierungsprojekten begleitet.

M6 *In einem Suburb*

1 Begründen Sie die Unterschiede in der räumlichen Mobilität zwischen US-Amerikanern und Deutschen.

2 Zeigen Sie auf, inwiefern die Suburbanisierung die Entwicklung von Räumen und Siedlungen in den USA entscheidend mitgeprägt hat.

3 Erläutern Sie die Entstehung ethnischer Stadtviertel.

Info

Gated Communities

Gated communities have become very common in the Sunbelt States of the USA. Mostly often they are residential areas enclosed by walls and (or) fences provided with controlled entrance areas for automobiles and pedestrians. They are staffed by private security guards. The size of these communities strongly varies from singular apartment blocks to largely extended residential areas including their own social and economical infrastructure, schools and hospitals. An increasing number of gated communities is being installed as homes to high-value properties or as retirement villages.

M1 *Die „Mayflower", 1620*

M3 *Die USA – eine Nation?*

1 Erläutern Sie das Problem, von *einer* amerikanischen Nation zu sprechen.

2 Stellen Sie die Gründe für den großen Erfolg US-amerikanischer Produkte und Dienstleistungen in aller Welt dar.

3 Zeigen Sie die Auswirkungen US-amerikanischer Einflussnahme in Politik oder Kultur außerhalb des Landes an einem Beispiel auf.

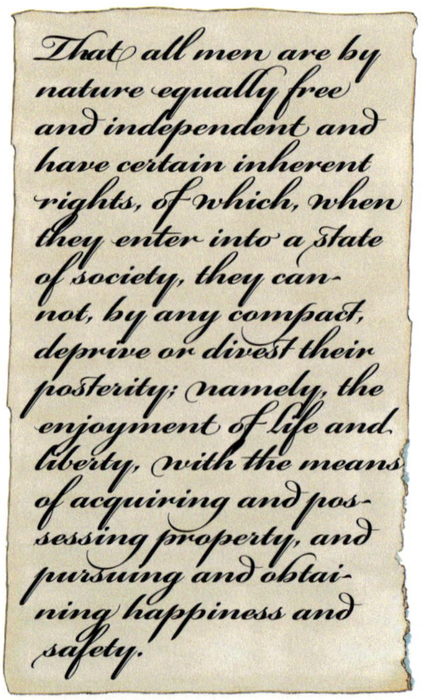

That all men are by nature equally free and independent and have certain inherent rights, of which, when they enter into a state of society, they cannot, by any compact, deprive or divest their posterity; namely, the enjoyment of life and liberty, with the means of acquiring and possessing property, and pursuing and obtaining happiness and safety.

M2 *Aus der Virginia Declaration of Rights (1776)*

Die US-amerikanische Kultur

Die USA – „Melting Pot of Nations"

Das Selbstverständnis der amerikanischen Nation hat seine Wurzeln auch in der Geschichte der Einwanderung. Die Zeit der neueren Besiedelung Nordamerikas seit der Ankunft der ersten Siedler, der Pilgrim Fathers, im Jahre 1620 umfasst nicht einmal 400 Jahre. Seit der Unabhängigkeitserklärung sind gerade einmal 230 Jahre vergangen. Im 18. und 19. Jahrhundert und in der ersten Hälfte des 20. Jahrhunderts hat sich die amerikanische Nation aus einer Vielzahl unterschiedlicher ethnischer Gruppen im Gefolge mächtiger Einwanderungswellen zusammengefunden: Die Gründe für diese zunächst hauptsächlich europäische Einwanderung in die USA lagen in der Garantie von persönlicher und geistiger Freiheit und Gleichheit, in den Möglichkeiten der freien Berufswahl, der freien wirtschaftlichen, politischen und religiösen Entfaltung sowie der privaten Kapitalbildung. Der „weiße Amerikaner" europäischer Herkunft wurde im Zuge der raschen Erschließung des Kontinents und der industriellen Entwicklung der USA zum Träger eines eigenen kulturellen und nationalen Verständnisses. In der Folge differenzierte sich diese europäisch dominierte Bevölkerung durch Zuwanderung auch aus außereuropäischen Ländern immer weiter. Für den Bau der Transkontinentaleisenbahnen wurden Hunderttausende Chinesen ins Land geholt. Der Großteil der Einwanderer erlangte in der Folge die US-amerikanische Staatsbürgerschaft, behielt aber dennoch einen Teil seiner ethnischen Herkunft in Form spezieller Traditionen und Lebensweisen bei. Viele Ethnien, aber eine Nation! So gibt es im Südwesten der USA heute bereits Gebiete, in denen infolge der Einwanderung der Hispanics ebenso viel Spanisch wie amerikanisches Englisch gesprochen wird. Die amerikanische Gesellschaft des 21. Jahrhunderts kann deshalb als äußerst vielgestaltig und vielschichtig bezeichnet werden. Diese gesellschaftliche Vielseitigkeit, die sich beispielsweise in den Bereichen Mode, Musik, Sport, Kunst, Theater, Film und in der Gastronomie zeigt, hat es den US-Amerikanern schon immer erleichtert, ihre Kultur in alle Welt zu exportieren.

M4 *Venedig oder Las Vegas?*

M5 *America in Tokyo*

M6 *America in Munich*

„Globalkultur" Amerika

Wie selbstverständlich haben die USA Kulturelemente aus aller Welt übernommen, diese mit Hilfe eines höchst kapitalintensiven privaten Unternehmertums modifiziert und sie als eigenes Kulturgut wieder in alle Welt exportiert. Dabei spielen global orientierte Unternehmensstrategien und die Bereitschaft zu teilweise höchst riskanten Investitionen eine entscheidende Rolle.

Der Einfluss US-amerikanischer Kulturelemente ist heute in aller Welt spürbar. Die internationale Filmindustrie wird seit Jahrzehnten von Hollywood dominiert. Mächtige US-amerikanische Freizeit- und Tourismus-Konzerne investieren weltweit in gigantische Erlebniswelten, unzählige Musikstilrichtungen wie Blues, Jazz, Soul, Rock, Rap und Hip Hop haben ihre Wurzeln in den USA. US-amerikanische Pop Art hat das Schaffen von modernen Designern weltweit beeinflusst und die Wellness- sowie Beauty-Welle wurde in Kalifornien ausgelöst. Produkte US-amerikanischer Firmen wie Kellogg's und Coca Cola haben in den Alltag der Menschen auf allen Kontinenten Eingang gefunden und US-amerikanische Fastfood-Ketten sind in allen Erdteilen mit Tausenden von Filialen vertreten. Den USA ist es somit vor allem im Laufe des 20. und beginnenden 21. Jahrhunderts gelungen, den weltweiten Export ihrer Kultur und Lebensweise zum sicheren Katalysator für die eigene wirtschaftliche Entwicklung zu machen. Die weitergegebenen Kulturelemente werden jedoch nicht immer und überall als positiv empfunden. Viele Menschen anderer Kulturräume befürchten eine Beeinträchtigung ihrer angestammten Wertesysteme durch die „Globalkultur" Amerika und deren Schnelllebigkeit.

Info

Guggenheim-Museum weltweit

1929 begann Solomon R. Guggenheim, Sprößling einer Industriellen-Familie, eine Sammlung avantgardistischer moderner Kunst aufzubauen. 1959 wurde das inzwischen weltberühmte Museum Guggenheim an der Fifth Avenue in New York eröffnet. Der Name Guggenheim ist seitdem weltweit zum Gütesiegel für moderne Kunst geworden. Guggenheim-Museen wurden außer in New York auch in Venedig, Bilbao, Berlin und Las Vegas eröffnet. Im Bau bzw. in Planung sind weitere Museen im mexikanischen Guadalajara, in Abu Dhabi und auf Taiwan. Der Name Guggenheim stellt somit einen wichtigen kulturellen Exportschlager der USA dar.

M1 *Titelblatt (DER SPIEGEL, 36/1997)*

Politische Weltmacht USA

Seit dem Ende des Kalten Krieges Anfang der 1990er-Jahre sind die USA die einzige politisch-militärische **Weltmacht**. Diese Rolle ist aus Sicht vieler anderer Länder jedoch ambivalent: Einerseits sieht man die USA als globale Ordnungsmacht und als Vorbild für Demokratie und Freiheit („*America rules - thank God!*"). Andererseits wird aber der US-amerikanischen Vorherrschaft mit antiamerikanischen Tendenzen oder gar offenem Widerstand begegnet („*The US - the global bully!*"). Für die USA geht es um die Frage, auf welche Art und in welchem Ausmaß sie sich politisch und militärisch in der Welt engagieren sollen und welche Chancen sowie Risiken damit verbunden sein könnten. Dabei schwankten die USA immer schon zwischen Isolation einerseits und direkter Einflussnahme andererseits.

„Entscheidend für unser Verhalten gegenüber anderen Nationen sollte sein, dass wir so wenig politische Verbindungen mit ihnen haben wie nur irgend möglich."

(George Washington, 1776)

„Lasst jede Nation wissen, egal ob sie uns gut oder böse gesinnt ist, dass wir jeden Preis bezahlen, jede Last schultern, jede Entbehrung auf uns nehmen, jeden Freund unterstützen und jedem Feind die Stirn bieten werden, um den Siegeszug der Freiheit zu garantieren."

(John F. Kennedy, 1961)

M2 *Meinungen zur Rolle der USA als Weltmacht*

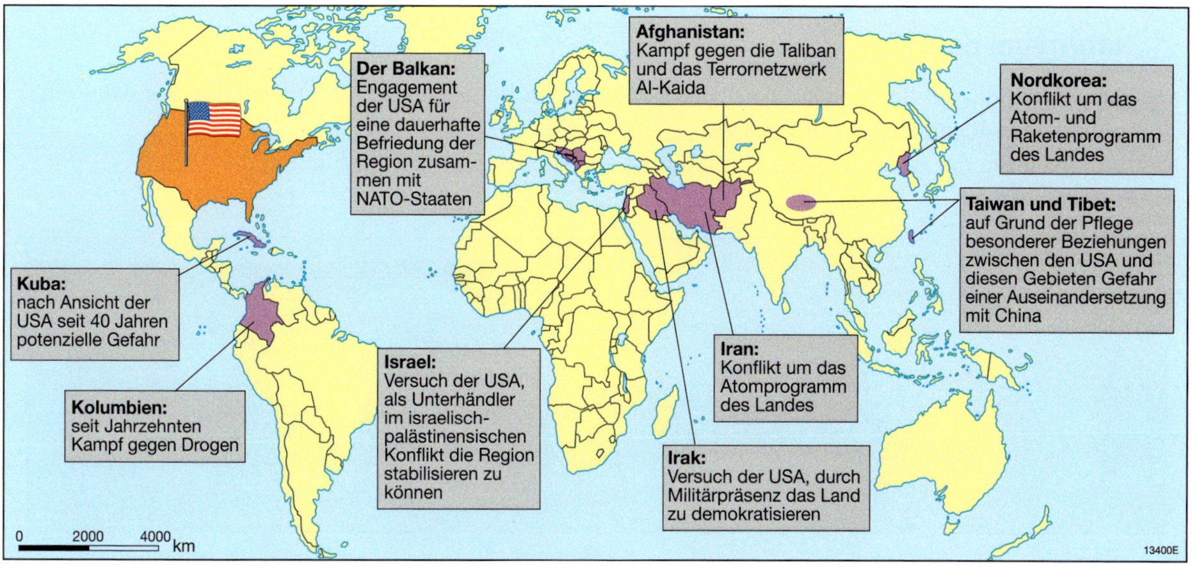

M3 *Beispiele außenpolitischer Interessengebiete der USA*

„[Der ehemalige US-Präsident W. Wilson, 1913-1921, hinterließ seiner Nation] ... zum einen die Überzeugung, dass die USA im Zeitalter globaler Verflechtung gar keine andere Wahl hätten, als sich aktiv an der Gestaltung der internationalen Beziehungen zu beteiligen; zum anderen das Vertrauen, dass das Vorbild und der Einfluss der amerikanischen Weltmacht Demokratie und Menschenrechten in aller Welt zum Sieg verhelfen und damit die Voraussetzungen für den Erfolg einer dauerhaften weltweiten Friedensordnung schaffen würden, da demokratisch konstituierte Staaten per se keine imperialistischen oder kriegerischen Absichten hegen könnten."

(K. Schwabe, Historiker, 2006)

„In dieser neuen [unipolaren] Weltordnung passt sich Amerika nicht mehr der Weltpolitik an, sondern fordert vom Rest der Welt [die] Übernahme amerikanischer Werte und Prinzipien. Dabei wird die internationale Politik stärker denn je ökonomisiert und militarisiert. Es schwinden die ‚weichen Machtfaktoren', die Amerika früher als ‚sanften Hegemon' stärkten: zivilisatorische Attraktivität, flexible Diplomatie und Großzügigkeit."

(Ch. Hacke, Universität Bonn, Institut für Politische Wissenschaften und Soziologie, 2004)

„Überzeugt von der Notwendigkeit, sich weltweit für Menschenrechte und Demokratie engagieren zu müssen, erfüllen die USA die Erwartungen derer, die in einem amerikanischen Empire den Garanten für eine künftige unipolare Weltordnung sehen. Zugleich schüren sie den Hass jener Kritiker, die Globalisierung zunehmend mit der Verwestlichung beziehungsweise Amerikanisierung der Welt gleichsetzen."

(H. Podolsky, Autor des Unterrichtsmagazins „Globalisierung", 2006)

„Tatsache ist, dass Unilateralismus, Imperialismus, Nationalismus oder Egozentrik als Tendenzen immer schon in der amerikanischen Außenpolitik vorhanden waren. Dazu gehört auch immer wieder das Missionarische. Aber manchmal haben sich auch Idealismus und Multilateralismus durchgesetzt."

(H. Schmidt, früherer Bundeskanzler Deutschlands, 2007)

M4 *Meinungen von Politikern und Wissenschaftlern*

	stationierte Soldaten
USA, US-Territorien	1 112 684
Europa	105 570
Asien, Pazifikregion (außer Südasien)	807 550
Nordafrika, Naher Osten, Südasien	175 463
Schwarzafrika	448
Lateinamerika	1 978

M5 *US-Militärpräsenz 2006*

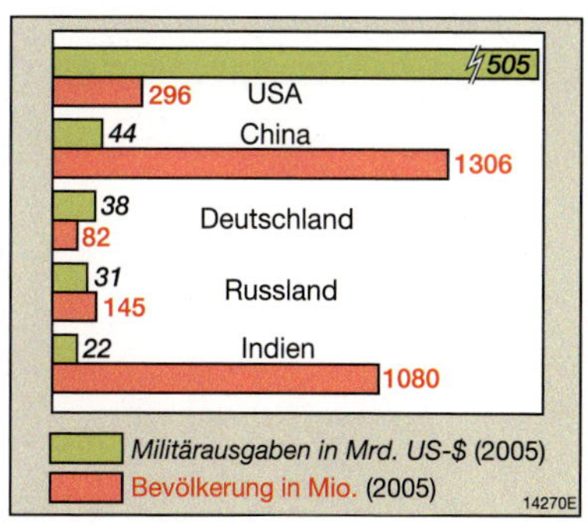

M6 *Militärausgaben und Bevölkerungsanzahl ausgewählter Staaten*

1 Diskutieren Sie auf der Grundlage von M1-M6 die ambivalente Rolle der USA als politische Weltmacht.

1. Naturraum der USA

a) Ordnen Sie die auf den Seiten 90/91 dargestellten Landschaftsbilder (A-F) mit Hilfe des Atlas entsprechenden Regionen in den USA zu.

b) Benennen Sie die in der folgenden Abbildung abgegrenzten Großlandschaften der USA (A-I) mit Hilfe des Atlas.

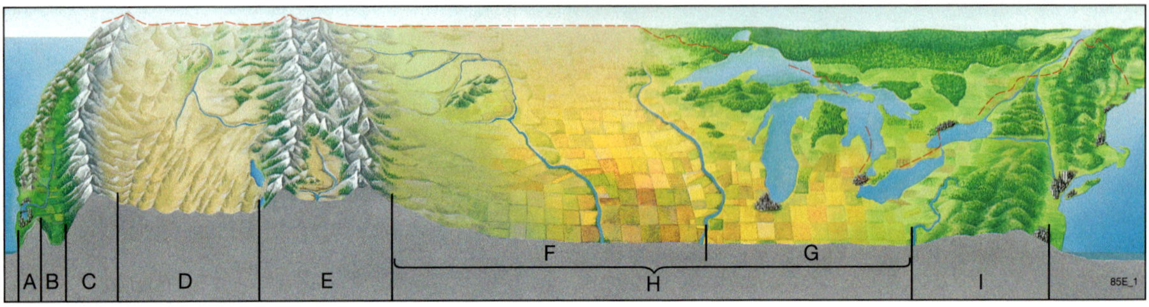

c) Ordnen Sie begründet die Klimadiagramme Regionen in den USA zu.

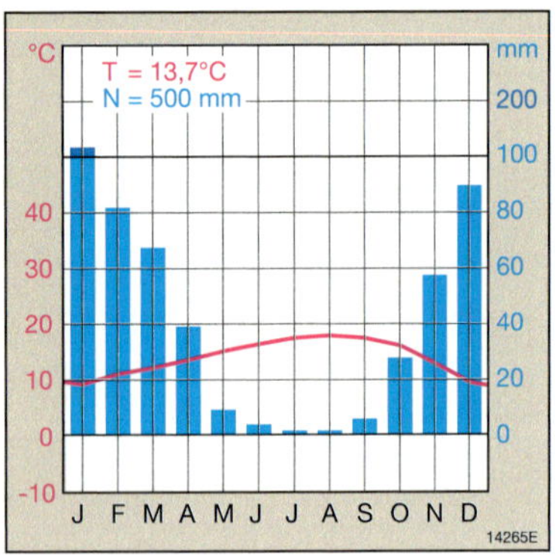

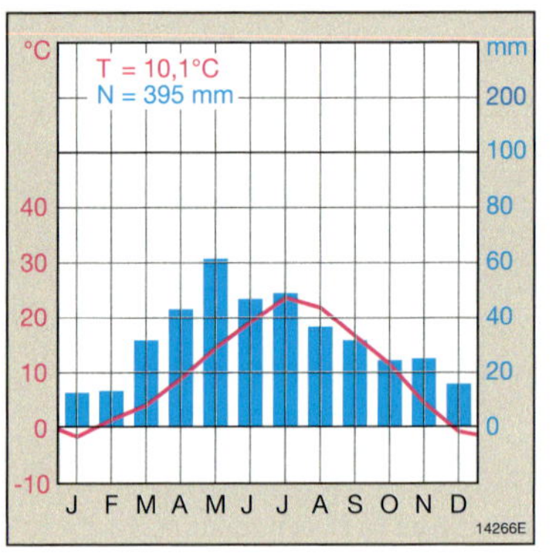

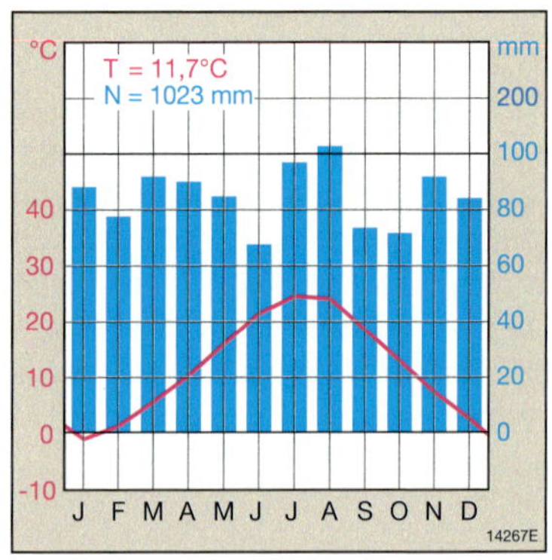

2. Landwirtschaft in den USA

a) Erläutern Sie die Kernaussage der Karikatur.

b) Erklären Sie Ursachen für die Entstehung der Dust Bowl, deren Auswirkungen auf dem Foto dargestellt sind.

3. Bevölkerungsentwicklung in den USA

Erläutern Sie die in der Karte ersichtlichen Tendenzen der Bevölkerungsveränderungen in den USA zwischen 1990 und 2000.

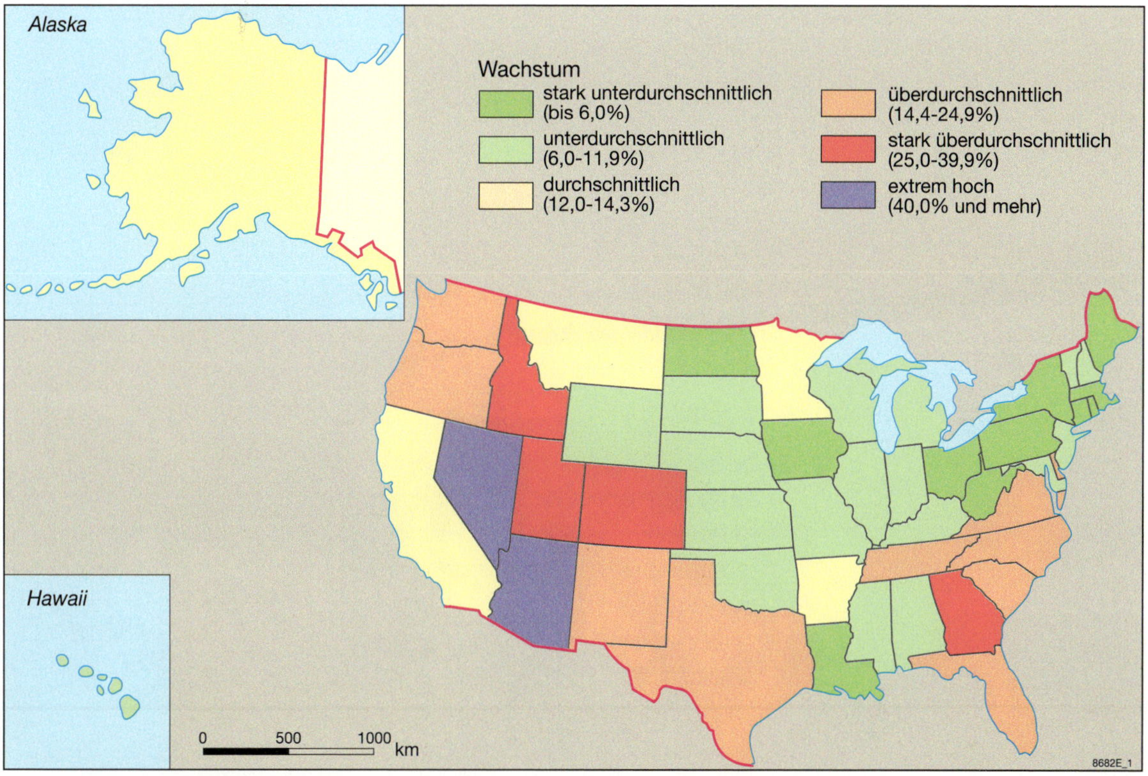

4. Luftbildinterpretation

Das Luftbild zeigt die mexikanisch-US-amerikanische Grenze bei Calexico/Kalifornien. Interpretieren Sie die erkennbaren Raumstrukturen mit Hilfe des Atlas.

Wichtige Begriffe

Blizzard
Dry Farming
Feedlot
Gentrifizierung
Global City
horizontale Integration
Hurrikan
Megalopolis
Schwarzerde
Segregation
Steppe
Sunbelt
Tornado
vertikale Integration
Weltmacht

A
B
Moskau
F
E

Russland – Land im Umbruch

Russland – Weltmacht in nördlicher Lage

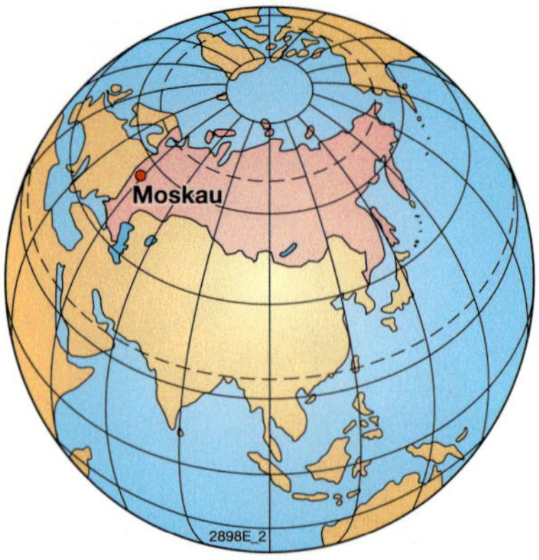

M1 *Lage von Russland*

Russland nimmt nach dem Zerfall der Sowjetunion heute in etwa das Territorium des Zarenreiches am Ende des 17. Jahrhunderts ein. Als größtes Land weltweit umfasst Russland mit seinen 17 Mio. km² einen beträchtlichen Teil Osteuropas sowie Nordasiens und rund 11 % der Festlandsfläche der Erde. Die Staatsfläche erstreckt sich bei einer maximalen West-Ost-Ausdehnung von rund 10 000 km über elf Zeitzonen. Im Bereich des 50. östlichen Längengrades liegt mit knapp 4 000 km die größte Nord-Süd-Ausdehnung vor. Die Länge der Meeresküsten Russlands beträgt zwar 37 700 km, gleichwohl ist das Land nur in geringem Maße maritim geprägt.

Im Hinblick auf die geotektonische Großgliederung der Erde ist Russland Teil der Eurasischen Platte. Bereits im Präkambrium bildeten sich im Zuge plattentektonischer Prozesse reiche Erzlagerstätten. Senkungsbereiche wurden danach durch kilometerdicke Sedimente bedeckt, sodass die früher entstandenen Lagerstätten nicht leicht zugänglich sind. Im Laufe der Zeit kam es immer wieder auch zur Sedimentation von Biomasse. Daraus entwickelten sich ergiebige Kohlenflöze sowie Erdöl- und Erdgasfelder.
Im Nordwesten und Südwesten des Osteuropäischen Tieflands fehlen Sedimentdecken auf den präkambrischen Strukturen, sodass diese als Schilde die Erdoberfläche bilden. Daher konnten auf der Halbinsel Kola und um Kriwoi Rog bedeutende Eisenerzlagerstätten auch im Tagebau erschlossen werden.
Wie das Osteuropäische Tiefland weist auch Sibirien einen präkambrischen Sockel auf, auf dem vor allem im Westsibirischen Tiefland mächtige Sedimente auflagern, die als Speichergestein für reiche Erdöl- und Erdgasvorkommen dienen. Das Uralgebirge baut sich aus mehreren meridional verlaufenden Gebirgszügen auf und weist zahlreiche abbauwürdige Lagerstätten auf, die sich in Sedimentationsbecken zwischen den Gebirgszügen bilden konnten. Im Mittelsibirischen Bergland fehlt das Deckgebirge. Hier stehen daher zum Teil sehr alte Gesteine an der Erdoberfläche an. Das Nordostsibirische Bergland und Teile der Hochgebirge im Süden gehören überwiegend zum alpidischen Faltengebirgsgürtel, wo sich ebenfalls reiche Lagerstätten entwickelt haben, die aber bislang nur zum Teil erschlossen wurden.

Bodenschatz	Förderung 2005	Anteil an der Weltförderung (Rang)
Diamanten	8 560 kg	25,3 % (1.)
Erdgas	610 Mrd. m³	23,0 % (1.)
Erdöl	450 Mio. t	11,6 % (2.)
Nickel	315 000 t	23,9 % (1.)
Palladium	95 000 kg	45,7 % (1.)
Platin	26 834 kg	12,8 % (2.)

M2 *Geotektonische Bedingungen und Bodenschätze*

Prägendes Merkmal des Klimas ist die zunehmende Kontinentalität von Westen nach Osten. Durch die Lage in der Westwindzone und auf Grund der Nähe zum Atlantik fallen im europäischen Teil Russlands noch ausreichend Niederschläge, die Temperaturamplitude liegt bei rund 20 °C. Nach Osten hin nehmen die maritimen Einflüsse rasch ab: So ergeben sich im Bereich der Lena nur noch 200 mm Jahresniederschläge, der Temperaturunterschied zwischen dem wärmsten und kältesten Monat beträgt mehr als 60 °C. Die Winter sind hier extrem kalt, da polare Luftmassen ungehindert nach Süden vordringen können. Auf Grund der alpidischen Gebirgsgürtel im Osten bleiben pazifische Einflüsse auf die Küstenbereiche begrenzt. Durch monsunale Einflüsse gestaltet sich der Temperaturgang hier ausgeglichener und die Niederschlagsmengen fallen höher aus. In großen Teilen Sibiriens ist der Untergrund dauerhaft gefroren. Diese Permafrostschicht kann eine Mächtigkeit von bis zu 1500 m aufweisen. Fast die Hälfte Russlands liegt im Permafrostbereich.

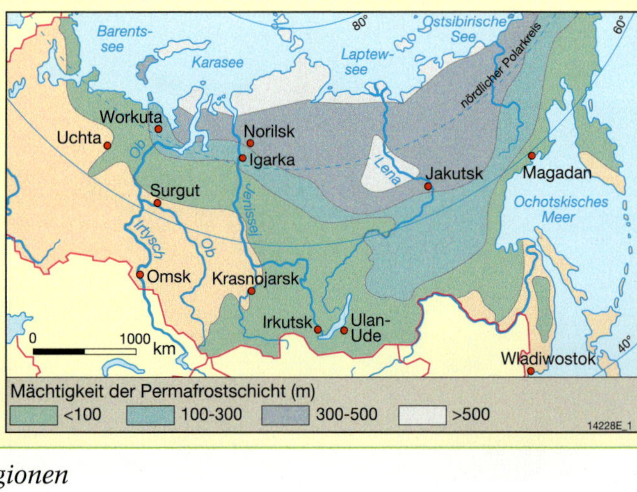

M3 *Klimatische Bedingungen und Permafrostregionen*

Pro Quadratmeter und Jahr fallen in Russland durchschnittlich 460 Liter Niederschlag. Trotz dieses vergleichsweise geringen Wertes, in den USA liegt er bei 735 Litern, gibt es in Russland sehr wasserreiche Ströme und mit dem Baikalsee das weltweit größte Süßwasserbecken, weil die Einzugsgebiete jeweils riesige Regionen umfassen, die Verdunstung wegen der nördlichen Lage gering ist und der Wasserzufluss aus den südlich angrenzenden Hochgebirgen aus der Schneeschmelze im Frühjahr erheblich ist.
Die Flüsse Russlands sind seit jeher wichtige Verkehrsadern, können sie doch im Winter auf Grund der Eisdecke wie Straßen und in den übrigen Monaten als Schifffahrtswege genutzt werden. Als Hindernis erweist sich jedoch die Fließrichtung der sibirischen Flüsse: Während der Großteil der Gütertransporte in west-östlicher Richtung verläuft, fließen die wichtigsten Ströme von Süden nach Norden. Da im Frühjahr die Flüsse zunächst im Süden auftauen, behindern oft Eisschollen im Norden den Abfluss ins Nordpolarmeer. Während der Schneeschmelze kann es so in Westsibirien innerhalb kurzer Zeit zu katastrophalen Überschwemmungen kommen. Der Wasserreichtum etlicher Flüsse ermöglichte die Anlage leistungsfähiger Wasserkraftwerke, die bei der Erschließung Sibiriens eine bedeutende Rolle spielen. Am Jenissej und seinen Nebenflüssen befinden sich drei der zehn größten Wasserkraftwerke der Erde, die heute zusammen mit den anderen Wasserkraftwerken ein Fünftel des Strombedarfs Russlands decken.

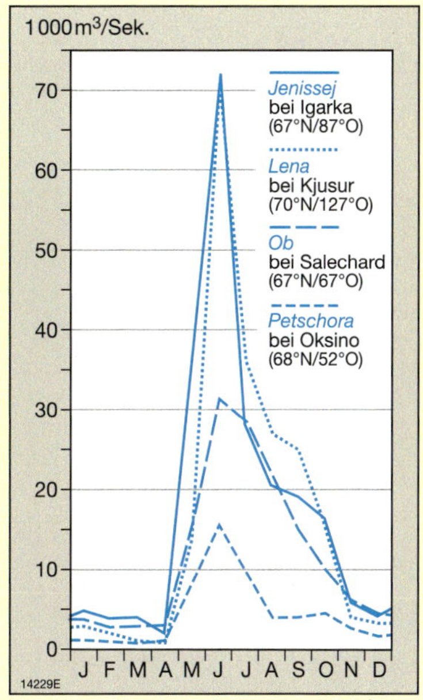

M4 *Gewässer und Abflussverhalten sibirischer Flüsse*

Die Anordnung der von Klima und Vegetation bestimmten Bodentypen Russlands ist überwiegend zonal, also breitenkreisparallel. Der flächenmäßig bedeutendste Bodentyp ist der Podsol, auch „Bleicherde" genannt, der bei niedrigen Temperaturen und ausreichender Durchfeuchtung unter borealem Nadelwald entsteht. Auf Grund des fast fehlenden Bodenlebens und der schwer abbaubaren Nadelstreu wird die Streuschicht nur wenig zersetzt. Es bildet sich vielmehr eine Rohhumusauflage (O), die dem Mineralboden weitgehend unvermischt aufliegt. Beim langsamen Abbau der Nadelstreu bilden sich Säuren, die mit dem Sickerwasser in tiefere Bodenschichten gelangen. Dabei werden alle Mineralstoffe aus den oberen Bodenschichten (A_h, A_e) gelöst und in den Unterboden geschwemmt (B_h, B_s). Hier reichern sich die ausgewaschenen Stoffe an und bilden bei fortschreitender Einwaschung eine harte, nahezu wasserundurchlässige, kaum durchwurzelbare, rostbraune bis schwarze Ortsteinschicht. Auf Grund dieser Eigenschaften und der klimatischen Verhältnisse im Bereich der Podsolzone können nur Kulturpflanzen mit geringen Ansprüchen angebaut werden, deren Erträge sehr gering bleiben.
In den winterkalten Steppen Südrusslands hingegen entwickelten sich auf Lössablagerungen Schwarzerdeböden mit mehr als einen Meter mächtigen Oberböden. Durch die geringen Temperaturen und Niederschläge ist die chemische Verwitterung herabgesetzt, gleichzeitig kommt es kaum zur Nährstoffauswaschung. Die in Russland als Tschernoseme bezeichneten Schwarzerdeböden bilden die Grundlage des intensiven Ackerbaus im südlichen Agrardreieck, während im nördlichen Teil der Anbau auf Braunerden erfolgt. In Gebirgs- und Wüstenregionen finden sich nur schwach entwickelte Rohböden, die sich für eine Inwertsetzung wenig eignen.

Podsolboden

M5 *Böden Russlands*

1 Arbeiten Sie in Gruppen. Stellen Sie die naturräumlichen Gunst- und Ungunstfaktoren Russlands dar (M2 - M5; Atlas).

2 Erläutern Sie, weshalb Russland in viel geringerem Maße Naturgefahren ausgesetzt ist als die USA.

M1 *Das Agrardreieck*

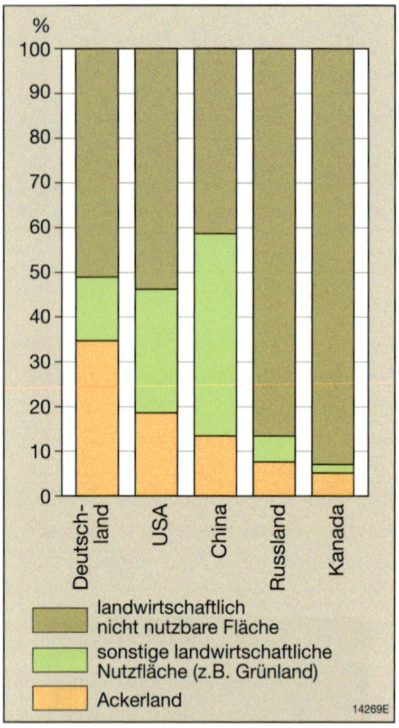

M2 *Anteil der landwirtschaftlichen Nutzfläche im Vergleich*

Das Agrardreieck – die Natur setzt Grenzen

Die Fläche Russlands ist nur zu einem knappen Zehntel für den Ackerbau geeignet. Gleichwohl ist die gesamte landwirtschaftliche Nutzfläche mehr als sechsmal so groß wie die Fläche der Bundesrepublik Deutschland.

Klimatische Voraussetzungen schränken den Raum mit ausreichenden Anbaubedingungen weitgehend auf das so genannte Agrardreieck ein, einer sich von Westen nach Osten erstreckenden, immer schmaler werdenden, keilförmigen Fläche, deren Eckpunkte von den Städten St. Petersburg, Rostow am Don und Krasnojarsk gebildet werden. In diesem Gunstraum werden über 90 % der landwirtschaftlichen Produkte Russlands erzeugt.

Nördlich des Agrardreiecks ist wegen des früh einsetzenden und lang andauernden Winters die Vegetationsperiode für die meisten Kulturpflanzen zu kurz, intensiver Ackerbau daher nur noch sehr eingeschränkt möglich. In der Region Tura im Mittelsibirischen Bergland etwa ist der Boden zwischen November und Anfang Mai von einer geschlossenen Schneedecke bedeckt und die Vegetationsperiode beträgt gerade einmal 60 bis 115 Tage.

Der **Kältegrenze** im Norden entspricht die agronomische Trockengrenze im Süden des Agrardreiecks. Hier stellt die mangelnde Wasserverfügbarkeit den limitierenden Faktor dar, zumal bei sehr hoher potenzieller Verdunstung und extremer Niederschlagsvariabilität im langjährigen Durchschnitt zum Teil nur 300 mm Niederschlag fallen.

Auf Grund organisatorischer Mängel im Agrarsektor waren in sowjetischer Zeit oft Nahrungsmittelimporte zur Versorgung der eigenen Bevölkerung erforderlich. Deshalb unternahm man immer wieder Versuche, den Anbau nach Norden und nach Süden hin auszudehnen. So wurden Maßnahmen zur Bodenmelioration ergriffen, Windschutzstreifen angelegt, um die Erosion einzudämmen, kälte- und trockenresistente Pflanzen gezüchtet und der Bewässerungsfeldbau in erheblichem Maße erweitert.

Anbauprodukt	Mindestdauer Vegetationsperiode (Tage)	Mindesttemperatur wärmster Monat (°C)	Trockengrenze/ Jahresniederschlag (mm)	Verbesserung der Qualität durch Sommertrockenheit	ganzjährig Feuchtigkeit erforderlich	nördliche Anbaugrenze
Zitrusfrüchte	300	25	1 000		x	35-44°
Baumwolle	300	25	500	x		35-42°
Körnermais	200	22	600		x	45-54°
Silomais	175	15	600		x	61°
Zuckerrüben	120	15	450		x	61°
Kartoffeln	120	12	400		x	70°
Hafer	100	12	400		x	70°
Gerste	90	12	300		x	70°
Winterweizen	200	15	250	x		60°
Sommerweizen	120	15	250	x		63°

M3 *Ansprüche ausgewählter Nutzpflanzen und deren Anbaugrenzen*

Anfertigung eines Kausal- und Klimaprofils

Durch die Anfertigung eines Kausal- und Klimaprofils können die Zusammenhänge zwischen Klima, Vegetation, Boden und Landnutzung sowie der Formenwandel innerhalb eines Raumes übersichtlich herausgearbeitet werden.

So geht man bei der Anfertigung eines Kausal- und Klimaprofils vor:

1. Auszuwählen ist eine annähernd meridional bzw. breitenkreisparallel verlaufende Profillinie, die möglichst viele unterschiedliche Landschaftszonen erfasst.
2. Die Profillinie sollte Orte verbinden, deren Klimadaten verfügbar sind.
3. Beim Zeichnen des Liniendiagramms sind unter der Abszisse zunächst die Klimastationen unter Angabe des Längen- bzw. Breitengrades in maßstabsgetreuem Abstand einzuzeichnen. Danach werden jeweils die Januar- und Julitemperaturwerte sowie die Jahresniederschlagssumme eingetragen. Dabei sind wie beim Klimadiagramm unterschiedliche Farben und zwei Hochwertachsen zu verwenden. Auf eine sinnvolle Skalierung in Abhängigkeit von den ermittelten Werten ist zu achten.
4. Den Klimastationen bzw. den zugehörigen naturräumlichen Einheiten sind schließlich die entsprechende Klima- und Vegetationszone bzw. der Klima- und Vegetationstyp, der vorherrschende Bodentyp und die Landnutzung zuzuordnen und unterhalb des Liniendiagramms einzutragen.

WWW

www.klimadiagramme.de

1 Beschreiben und begründen Sie den in M4 dargestellten klimatischen Wandel.

2 Legen Sie ein Kausal- und Klimaprofil durch Russland im Bereich 50° nördlicher Breite an.

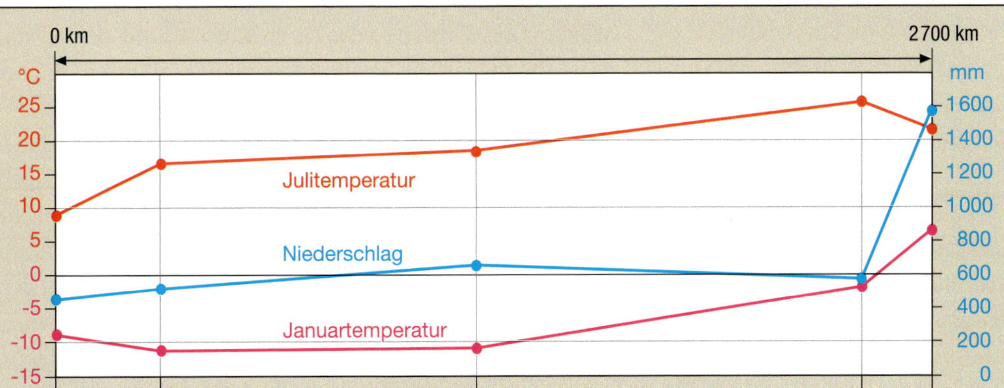

	Kap Kanin Nos (68° N)	**Archangelsk** (65° N)	**Nishnij Nowgorod** (56° N)	**Armawir** (45° N)	**Sotschi** (43° N)
Klimazone bzw. -typ	subarktisches Klima	Kontinental-klima	Subkontinental-klima	winterkaltes Steppenklima	warm-gemäßigtes Klima
Vegetations-zone bzw. -typ	Tundra	Taiga	Laub- und Mischwald	Steppe	Laub- und Mischwald
Bodentyp	Tundrengley	Gley/ Podsol	Braunerde	Schwarzerde	Rendzinen
Landnutzung	Rentier-nomadismus	Holzgewinnung	Kartoffel-, Roggen-, Gersteanbau	Weizen-, Zuckerrüben-anbau	Obst-, Gemüse-, Tabakanbau

14227E

M4 *Nord-Süd-Kausal- und Klimaprofil entlang 41° O*

1917: Abdankung des Zaren; Oktoberrevolution; Enteignung der Großgrundbesitzer (Zarenfamilie, Kirche, Adel); Landvergabe an Städter und Landarbeiter.
1922: Gründung der UdSSR durch den Zusammenschluss von Russland mit Nachbarstaaten; Moskau als Hauptstadt des zentralistisch, nach kommunistischer Ideologie regierten Staates.
Bis 1941: zwangsweise Eingliederung von Staaten (u. a. Estland).
1991: Zuspitzung der seit langem schwelenden wirtschaftlichen und politischen Krisen; Unabhängigkeitserklärung der baltischen, später auch anderer Republiken; Auflösung der Sowjetunion; Gründung der Gemeinschaft Unabhängiger Staaten (GUS);
Transformationsprozess nach 1991: Ablösung der Planwirtschaft durch eine marktwirtschaftlich geprägte Wirtschaftsordnung: Privatisierung von Kollektivgütern, Preisbildung durch Angebot und Nachfrage.

M1 *Daten zur Geschichte Russlands im 20. Jahrhundert*

1 Arbeiten Sie in Gruppen die Merkmale der „neuen" landwirtschaftlichen Betriebsformen heraus und diskutieren Sie deren Zukunftschancen (M2 - M6).

Russlands Landwirtschaft im Wandel

Nach 1922 weitete der sowjetische Staat seinen Einfluss in allen Wirtschaftsbereichen stark aus. In der Landwirtschaft wurden Einzelbetriebe zu größeren Einheiten zusammengefasst. Diese **Kollektivierung** erfolgte zunächst auf freiwilliger Basis, ab 1929 auf staatliche Anordnung. Dabei entwickelten sich drei unterschiedliche Betriebsformen: Einerseits erfolgte der Zusammenschluss einzelner Betriebe zu Produktionsgenossenschaften, den **Kolchosen**. Die Bauern verfügten nur noch über geringe Autonomie: So wurde etwa der Anbau bestimmter Produkte vorgeschrieben, die der Staat zu Festpreisen aufkaufte. Andererseits gründete man vor allem in Neulandgebieten reine Staatsbetriebe, die **Sowchosen**, die über mehrere zehntausend Hektar Land verfügten und von angestellten Lohnarbeitern bewirtschaftet wurden.

Sowohl die Kolchosbauern als auch die Arbeiter auf den Sowchosen erhielten kleine Parzellen zur privaten Nutzung. Die in diesen Hauswirtschaften und Nebenwirtschaften produzierten Nahrungsmittel dienten der Selbstversorgung, anfallende Überschüsse konnten aber auch privat vermarktet werden, sodass in den privat geführten Kleinstbetrieben sehr intensiv, mit hohen Flächenerträgen gewirtschaftet wurde. Im Gegensatz dazu war die Produktion der staatlichen Großbetriebe in der Sowjetunion oft unzureichend. Wegen vieler organisatorischer Mängel, des Fehlens von Düngemitteln und der geringen Motivation der Arbeiter lag die Produktion meist unter den Vorgaben der staatlichen Planungsbehörden.

Seit 1991 wurde die Marktwirtschaft bestimmendes Prinzip der russischen Landwirtschaft. Kolchos- und Sowchosbetriebe gingen in das Privateigentum ihrer Mitarbeiter über, die dann entscheiden konnten, ob der Betrieb stillgelegt und die Betriebsfläche an den Staat oder andere Interessenten verkauft wurde oder eine Aufteilung in einzelne privatbäuerliche Unternehmen, so genannte Fermer-Betriebe, erfolgen sollte. Auch ein Weiterbetrieb unter einer anderen Rechtsform war möglich.

		1991	1999	2005
Groß-betriebe	Getreide	99,7	92,0	80,2
	Kartoffeln	33,9	7,0	6,3
	Fleisch	75,2	38,9	46,9
Haus- u. Nebenwirt-schaften	Getreide	0,3	0,9	1,5
	Kartoffeln	66,1	92,0	91,6
	Fleisch	24,8	59,4	50,7
Fermer-Betriebe	Getreide	0,0	7,1	18,3
	Kartoffeln	0,0	1,0	2,1
	Fleisch	0,0	1,7	2,4

M2 *Beitrag der Betriebsformen zur Produktion ausgewählter Güter (%)*

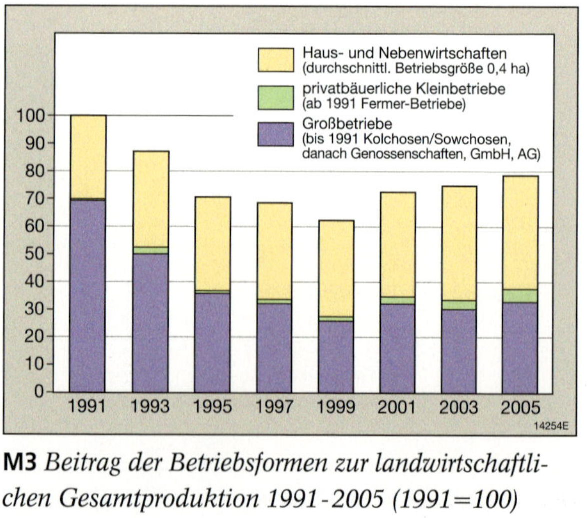

M3 *Beitrag der Betriebsformen zur landwirtschaftlichen Gesamtproduktion 1991 - 2005 (1991=100)*

Bis zum Jahr 1991 waren Leonid und Irina Malkin bei der Sowchose Romanow in der Nähe von Saratow angestellt. Herr Malkin arbeitete als Traktorist, seine Frau als Melkerin. Sie bewohnten eine kleine Wohnung in einem der Sowchose gehörenden Wohnblock. Die Familie musste häufig ohne Bargeld auskommen, da der Lohn in Weizen und Mais ausbezahlt wurde, mit dem aber zwei Kühe, acht Schweine und 20 Hühner gefüttert werden konnten. Zum Bearbeiten des zwei Hektar großen privaten Gemüsefeldes durften die Maschinen der Sowchose verwendet werden.

Im Zuge der Privatisierung der Sowchose erwarb Familie Malkin günstig sechs Hektar Land, ein heruntergekommenes Haus mit Ställen, einen 20 Jahre alten Traktor und verschiedene andere landwirtschaftliche Maschinen sowie weitere Kühe. Die Milch wird an die Molkerei, das Gemüse ab Hof verkauft.

An den Lebensverhältnissen der Familie hat sich seit 1991 wenig geändert. Sie kann sich selbst versorgen und durch den Verkauf der Produktionsüberschüsse andere Grundbedürfnisse decken. Für die Anschaffung eines Fernsehers fehlt nach wie vor das Geld.

M4 *Haus- und Nebenwirtschaften – früher und heute*

„Agrokomplex“ ist eine Aktiengesellschaft, deren Eigentümer die 8500 Mitarbeiter sind. Das Unternehmen liegt bei Krasnodar im Agrardreieck. Hier können mit minimalem Dünger- und Pestizideinsatz bei Weizen Durchschnittserträge von 55 dt pro ha erwirtschaftet werden. Insgesamt bearbeiten die Mitarbeiter 82 000 ha. Mit etwa 22 000 ha ist Weizen die Hauptackerfrucht. Diese wird mit 86 Mähdreschern eingefahren. Es folgen Gerste und Silomais mit jeweils 10 000 ha. Der Tierbestand umfasst 6 100 Milchkühe, 18 000 Mastrinder, 3 000 Zuchtsäue, 24 000 Mastschweine und 2,2 Millionen Stück Geflügel. „Agrokomplex“, aus neun verschuldeten Kolchosen hervorgegangen, ist heute ein vertikal integriertes Unternehmen: Das Getreide wird in betriebseigenen Mühlen gemahlen, in eigenen Bäckereien verarbeitet und die Produkte in 130 eigenen Läden verkauft.

Im Zuge der Privatisierung wurden manche Sowchosen auch von Konzernen übernommen. So bewirtschaftet eine Tochtergesellschaft von Gazprom mit 25 300 Mitarbeitern eine Fläche von 507 000 ha. Auch Banken besitzen eigene Großbetriebe in landwirtschaftlichen Gunstgebieten.

M5 *Früher Kolchose – heute Aktiengesellschaft*

Alexander Poprov ist von Beruf Militärpilot und war zehn Jahre im Norden des Landes stationiert. Nach seinem Militärdienst hatte er Anspruch auf freie Wahl des Wohnortes. So kam er 1989 nach Kaliningrad. Da in den Folgejahren viele Arbeitsplätze verloren gingen, versuchte er sich als Privatbauer, als Fermer. Er konnte anfangs nur wenig Land erwerben und die Familie lebte in großer Armut, da er einen Großteil seiner Ersparnisse durch die hohe Inflation verloren hatte. Dann machte er eine Fortbildung als Voraussetzung, um mehr Land zu kaufen und Kredite zu erhalten. 1995 konnte Poprov zusätzlich 15 ha erwerben. Er verfügte jetzt über zwei Kühe, zehn Jungtiere und 18 ha Kartoffelanbaufläche. Mit einem Kredit kaufte er zwei Traktoren. Er baute sein Haus aus und konnte mit dem Überschuss aus dem Kartoffelverkauf den Kredit zurückzahlen.

Dann errichtete Poprov einen Hühnerstall und eine Lagerhalle für Getreide. Zu diesem Zeitpunkt wurde in der Nähe eine Kolchose wegen Überschuldung aufgelöst. Ein Angebot zur Übernahme des Betriebes lehnte Poprov ab. Allerdings wollte er die Arbeitskräfte übernehmen, wenn sie ihre Bodenanteile in seinen eigenen Betrieb einbringen. Schließlich wurden ihm 1 800 ha Land zur Nutzung sowie 30 Schweine und 100 „hungrige Kühe“ überlassen. Heute baut Poprov Futtergetreide, Brotweizen, Raps und Rüben an und hält 200 Milchkühe sowie 500 Schweine. Zur Maschinenausstattung gehören 14 Traktoren und zwei Mähdrescher. Poprows Betrieb ist eine Ausnahme. Viele Fermer sind gescheitert, da die Bodenqualität zu schlecht ist und Kapital und Knowhow fehlen. Zudem verfügt Russland auch heute noch nicht über leistungsfähige Vermarktungsstrukturen.

M6 *Vom Militärpiloten zum Fermer*

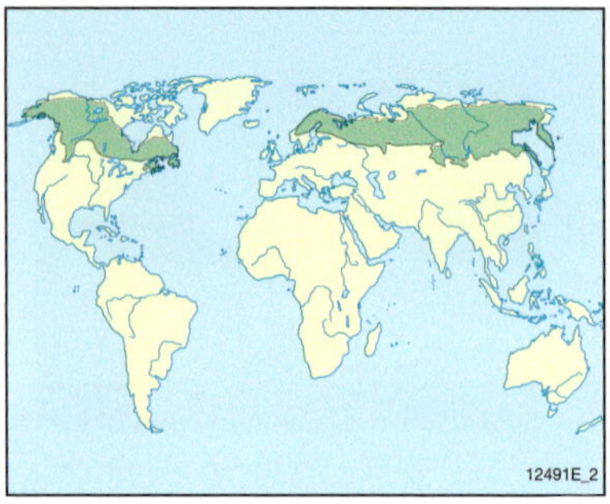

M1 *Borealer Nadelwaldgürtel der Erde*

M3 *Holzeinschlag in der Taiga*

Entwicklung durch Rohstoffexport?

1 Stellen Sie die Folgen der Abholzung der Taiga in Form einer Kausalkette dar.

2 Erklären Sie die unterschiedliche Ausdehnung des borealen Nadelwaldes in Russland und Nordamerika (M1).

WWW

www.gaisma.com
www.russlandanalysen.de

Ausverkauf der Taiga

Russland verfügt über 22 % der weltweiten Waldflächen, wobei der boreale Nadelwald den größten Anteil einnimmt. Dieser auch als Taiga bezeichnete Wald aus Fichten, Tannen, Lärchen und Kiefern liegt überwiegend im Permafrostbereich. Die Bäume werden hier nur bis zu 0,5 m dick und sind im Schnitt 15-20 m kleiner als Nadelbäume in mitteleuropäischen Wäldern. Die Bestockung ist weniger dicht und die Bäume wachsen deutlich langsamer.

Russland gehört zu den größten Rohholzproduzenten der Erde. Da vor allem verkehrsgünstig gelegene Flächen genutzt werden und 90 % der Unternehmen den Baumbestand völlig roden, kommt es regional zu einer starken Übernutzung der Ressource Wald. In solchen Gebieten haben die Forstwirtschaft und nachgelagerte Industriezweige zwar eine sehr große wirtschaftliche Bedeutung, insgesamt ist der Beitrag zur Wirtschaftsleistung aber eher gering, weil nur ein kleiner Teil der Wertschöpfung in Russland selbst stattfindet. So wird beispielsweise pro Jahr Rundholz im Wert von 1,2 Mrd. US-Dollar nach Finnland exportiert, im Gegenzug aber werden finnische Holz- und Papiererzeugnisse für 3,0 Mrd. US-Dollar importiert. Der volkswirtschaftliche Nutzen wird durch den illegalen Holzeinschlag, der auf 25-50 % der gesamten abgeholzten Fläche geschätzt wird, zusätzlich gemindert. Dabei werden auch als Schutzgebiete ausgewiesene Areale dauerhaft zerstört, sodass diese Flächen ihre wichtige Funktion als Klimaregulator und Wasserspeicher nicht mehr erfüllen können. Schließlich gehen Steuergelder in Milliardenhöhe verloren.

Auch der Nutzen für die Bevölkerung erscheint fraglich. Durch den Kahlschlag verlieren die über dreißig indigenen Völker, die in und von den Wäldern leben, ihre Lebensgrundlage. Darüber hinaus ist der Holzeinschlag, wie auch in Westeuropa, stark mechanisiert: Mit einem einzigen Harvester können während einer Acht-Stunden-Schicht 300 Bäume gefällt werden. Die wenigen Arbeitsplätze werden zudem häufig mit ausländischen Arbeitskräften besetzt. Vor allem asiatische Konzerne, die Lizenzen zum Einschlag erworben haben, setzen ihre eigenen Arbeitskräfte ein.

M2 *Holzarbeiter in der Taiga*

M4 *Norilsk – nördlichste Großstadt der Erde*

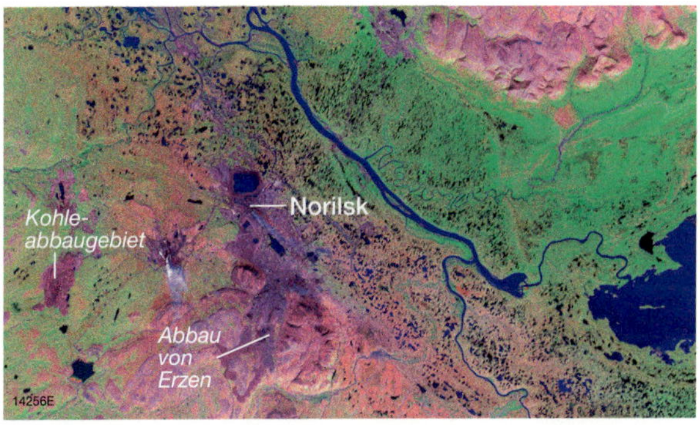

M5 *Umweltverschmutzung im Raum Norilsk*

Exportschlager Palladium

Norilsk ist mit rund 213 000 Einwohnern die nördlichste Großstadt der Erde. Vermutlich wäre dort im Hohen Norden Russlands nie eine größere Siedlung entstanden: An 45 Tagen im Jahr herrscht hier völlige Dunkelheit, die Durchschnittstemperatur beträgt -14 °C und 90-mal im Jahr treten heftige Schneestürme auf. Doch auf Grund der riesigen Mengen an Bodenschätzen wurde in den 1930er-Jahren auf staatliche Weisung mit der Erschließung der Region begonnen. Die Siedlung und die ersten Betriebe wurden von mehr als 400 000 Zwangsarbeitern auf dem Permafrostboden angelegt. Wegen der peripheren Lage von Norilsk und der fehlenden Anbindung an das russische Eisenbahn- und Straßennetz werden die ausgebeuteten Rohstoffe über eine Bahnlinie nach Dudinka transportiert und dann über den Jenissej und den nördlichen Seeweg verschifft.

Die Wirtschaft der Region Norilsk ist heute wie damals einseitig auf den Abbau und die Verhüttung vor allem von Nickel, Palladium, Kupfer und Gold ausgerichtet. 80 % der Beschäftigten sind in diesem Bereich tätig. Die Bergwerke gehören heute der Aktiengesellschaft „Norilsk Nickel“, die aus der Fusion ehemaliger Kombinate hervorgegangen ist, Betriebe auf der ganzen Welt besitzt und im Jahr 2005 bei 7,2 Mrd. US-Dollar Umsatz einen Gewinn von 2,4 Mrd. US-Dollar erzielte. Das Unternehmen ist ein erfolgreicher Global Player, der nicht nur hohe Weltmarktanteile bei der Produktion dieser Metalle hat, sondern auch noch große Vorräte für eine zukünftige Ausbeutung aufweist. So kann sowohl bei Palladium als auch bei Platin die aktuelle Fördermenge in den nächsten zwanzig Jahren aufrechterhalten werden.

Für russische Verhältnisse werden in Norilsk Spitzenlöhne bezahlt: Umgerechnet 1 000 € monatlich erhalten Facharbeiter hier, doch der Preis ist hoch: Bei der Verhüttung der sehr schwefelreichen Metallerze werden über zwei Millionen Tonnen Schwefeldioxid jährlich freigesetzt, dreimal mehr als in Deutschland insgesamt. Hinzu kommen radioaktive Substanzen, Schwermetalle, Feinstaub, Phenole, Stickstoff- und Kohlenstoffoxide. Als Folge dieser Umweltbelastungen liegt die Lebenserwartung der Arbeiter zehn Jahre unter dem ohnehin niedrigen russischen Durchschnitt von 65 Jahren.

Bedeutung der Farben im Falschfarbenbild (M5):
Rosa/Purpur: kahle Flächen
Hellgrün: größtenteils intakte Taiga- und Tundrenareale
Blau: Wasserflächen

	1997	2002	2006
Nickel	6,6	7,7	33,1
Palladium	14 109,6	7 054,8	11 464,0
Gold	9 876,7	14 815,1	22 928,1
Kupfer	1,5	2,4	5,5

M6 *Preise im Jahresdurchschnitt (in US-Dollar pro kg)*

3 Legen Sie Probleme dar, die bei der Erschließung von Lagerstätten in subpolaren Regionen auftreten.

4 Erläutern Sie die in M6 dargestellten Entwicklungen.

5 Vergleichen Sie die Beleuchtungsverhältnisse von Norilsk und München. Verwenden Sie hierzu die Internetadresse www.gaisma.com.

M1 *Erdölförderung im Westsibirischen Tiefland*

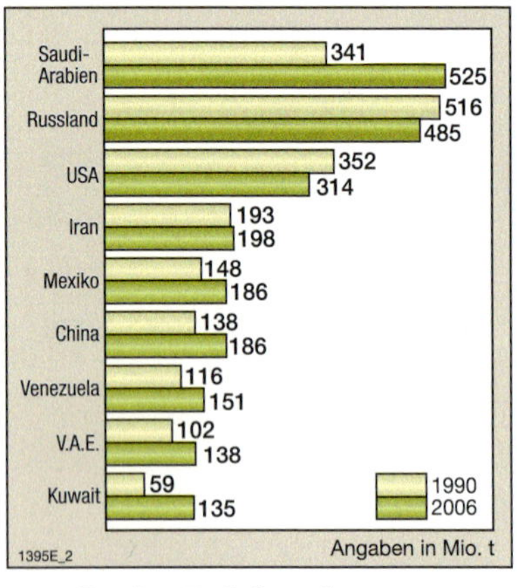

M2 *Größte Erdölproduzenten*

M3 *Brennender Ölsee in der Taiga nach einem Pipelinebruch*

Mit Erdöl und Erdgas zum Global Player

Erdöl und Erdgas haben sich seit den 1960er-Jahren zu den wichtigsten Primär-Energieträgern entwickelt. Experten rechnen beim Erdgas für die Zukunft mit einer weiteren Bedeutungszunahme, da die Erdgasvorräte weltweit voraussichtlich für 60 Jahre reichen werden und damit immerhin 20 Jahre länger als die Erdölreserven.

Erschließung von peripheren Gebieten und ökologische Probleme

Russland verfügt – gemeinsam mit dem Nahen Osten – über die bedeutendsten Erdöl- und Erdgasvorräte weltweit. Sie befinden sich vor allem in der Kaspischen Senke, im westlichen Uralvorland und in Westsibirien. Exploration und Abbau dieser Lagerstätten sind sehr kostenintensiv. Da die Förderung zunehmend in peripheren Regionen erfolgen muss, ist der Aufwand für den Ausbau der Infrastruktur besonders in den Permafrostgebieten sehr hoch. Auch Fragen eines möglichen Klimawandels spielen künftig eine Rolle beim Rohstoffabbau in Sibirien. Die Stabilität der Pipelinesysteme ist bei einem dauerhaften Auftauen des Permafrostbodes gefährdet und verursacht weitere Kosten für regelmäßige gründliche Inspektionen sowie die Wartung bestehender Leitungen. Schon heute erfordern die ökologischen Probleme, die durch die Erdöl- und Erdgasförderung entstehen, hohe Investitionen im Bereich des Umweltschutzes. Lecks in den Pipelines führen immer wieder zum Austritt großer Mengen Erdöl und Erdgas, die Grundwasser, Flüsse und Atmosphäre belasten. Auch die Wasserpegel der Flüsse sinken, weil auf Grund des tief abgefallenen Drucks in den Ölreservoirs Wasser in den Grundwasserhorizont gepumpt werden muss.

Energiekonzerne Russlands	Umsatz (Mrd. €)	Gewinn (Mrd. €)	Mitarbeiter	Börsenwert (Mrd. US-$)
ГАЗПРОМ Gazprom	35,0	5,8	396800	254,6
ЛУКОЙЛ Lukoil	44,8	5,2	145400	64,8
zum Vergleich: **Energiekonzerne Deutschlands** e.on	56,4	7,4	79900	82,1
RWE	41,8	2,2	85900	48,3

14258E

M4 *Russische und deutsche Energiekonzerne im Vergleich 2005*

Die Ostsee-Pipeline

Da viele Lagerstätten sehr weit vom europäischen Markt entfernt sind, stellt der Transport zu den Abnehmern ein erhebliches Problem dar: 150 km Pipeline kosten etwa 1 Milliarde Euro, sodass der Ausbau eines funktionierenden Versorgungsnetzes nur durch finanzkräftige Global Player zu leisten ist. So ist der Bau der Ostsee-Pipeline (auch Nordeuropäische Gasleitung genannt) ein deutsch-russisches Gemeinschaftsprojekt, an dem die deutschen Unternehmen E.ON und BASF zu 49 % und der russische GAZPROM-Konzern zu 51 % beteiligt sind. Bereits ab 2010 soll Erdgas vom russischen Hafen Wyborg nordwestlich von St. Petersburg nach Greifswald in Deutschland transportiert werden.

1 Erklären Sie, aus welchen Gründen die Erdölförderung im Norden Russlands zur Schädigung des Ökosystems führen kann.

2 Registrieren Sie mit Hilfe des Internets (www.boerse-go.de/rohstoffe) die Preisentwicklung bei Erdöl und Erdgas über einen längeren Zeitraum und stellen Sie diese graphisch dar.

3 Gestalten Sie unter Einbeziehung des Internets eine Wandzeitung mit Informationen über die Ostsee-Pipeline.

M5 *Erdöllagerstätten, Fördergebiete und Pipelinenetz in Russland*

1 Zeigen Sie anhand der Atlaskarte „Deutschland – Rohstoffabhängigkeit", inwiefern Deutschland auf den Import von Rohstoffen angewiesen ist.

2 Nennen Sie Maßnahmen, um die Abhängigkeit von russischen Energielieferungen zu verringern.

3 Geben Sie mögliche Gründe für die unterschiedlichen Abgabepreise russischen Erdgases an (M2).

4 Erstellen Sie mit Hilfe des Internet ein Unternehmensprofil für den Global Player E.ON und vergleichen Sie die Ergebnisse mit M1 und M6.

Schaffung von Abhängigkeiten

Interview: „Deutschland macht sich abhängig“
ARD-Interview zum Bau der Ostsee-Gas-Pipeline mit dem Energieexperten Dr. Friedemann Müller von der Stiftung Wissenschaft und Politik in Berlin (13.11.2007)

tagesschau: Wie bedeutsam ist die Nordeuropäische Pipeline für Deutschland?

Müller: Sie ist insofern wichtig, als die Nachfrage nach Erdgas stärker steigt als bei Öl und die Eigenproduktion zurückgeht. Diese Lücke müssen wir füllen.

tagesschau: Der Anteil des russischen Gases auf dem deutschen Markt steigt durch die Pipeline noch einmal deutlich. Macht sich Deutschland nicht immer abhängiger von Russland?

Müller: Deutschland macht sich schon lange abhängig. Russland wird auf Dauer gar nicht die Nachfrage in Deutschland und Europa decken können, weil es seine Gasexporte diversifiziert. Derzeit liefert Russland fast ausschließlich nach Europa, und das wird sich ändern. Es entwickelt große Pipeline-Projekte in Richtung China, Japan und Südkorea. Der Kuchen wird also anders verteilt, und möglicherweise wollen auch die Amerikaner etwas abhaben. Russland kann künftig Deutschland sagen, dass es auch andere Abnehmer für sein Gas hat. Deutschland hängt somit sehr stark von Russland ab, weil es praktisch der einzige außereuropäische Lieferant ist. […]

tagesschau: Der Kreml hat in den vergangenen Jahren immer wieder ausgenutzt, dass Nachbarn wie die Ukraine nahezu komplett von Energielieferungen aus Russland anhängig sind. Liegt da nicht die Versuchung nahe, auch Westeuropa mit dem Gas- oder Ölhahn zu gängeln?

Müller: Diejenigen, die an einer engen Verflechtung mit Russland interessiert sind, antworten auf diese Frage immer, Russland habe auch zu Zeiten des Kalten Krieges den Ölhahn nie zugedreht. Das ist auch richtig. Aber die Abhängigkeit als solche ist ein Wert an sich. Auch eine Atombombe muss man nicht einsetzen, um als Atommacht gewisse Verfügbarkeiten im weltpolitischen Spiel zu haben. So ist es auch hier. Russland hat in Zukunft Alternativen zu seinen Handelspartnern in Europa, Deutschland hängt aber am Tropf des russischen Gases. […]

M1 *Gazprom im deutschen Fußballgeschäft*

Land/Region	Preis für 1 000 m³ Gazprom-Erdgas 2007 (US-$)	Veränderung gegenüber 2006 (%)
Russland	49	+7
Weißrussland	100	+113
Armenien	110	0
Ukraine	130	+37
Moldau	170	+6
Aserbaidschan	235	+114
Georgien	235	+114
Baltikum	240	+96
Westeuropa	260	+4

M2 *Preispolitik von Gazprom*

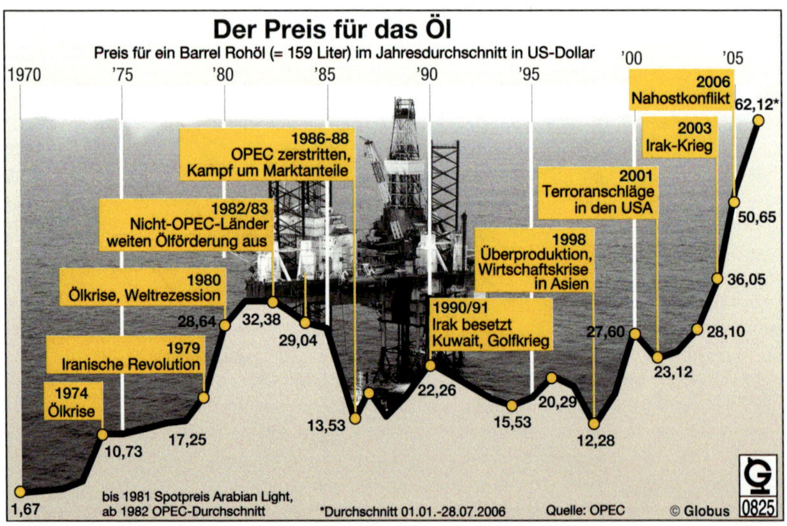

M3 *Entwicklung des Erdölpreises*

tagesschau: Gäbe es für Deutschland denn Alternativen?
Müller: Russland verfügt zwar über die größten Gasreserven der Welt. Aber Katar und Iran besitzen zusammen mehr Erdgas. Beide Länder sind nicht weiter entfernt als Westsibirien. […] Daher könnte Europa sich in eine Position bringen, die viel günstiger ist als die von Nordamerika oder Ostasien. 80 Prozent der Welterdgasreserven liegen in einem Umkreis von 4 500 Kilometern um Berlin. Über diese Entfernung kann man rentabel mit Pipelines operieren. Keine andere Industrieregion ist so günstig gelegen. Das müsste man nutzen. […]
tagesschau: Der Endverbraucher will einen möglichst niedrigen Preis. Kann Russland den garantieren?
Müller: Nein. Russland ist natürlich an einem hohen Preis interessiert. Gas hat keinen echten Marktpreis, weil die Bindung an den Ölpreis einen echten Wettbewerb zwischen Öl und Gas unterbindet. Das Gas profitiert jetzt von den gigantischen Ölpreisen, und das kommt Russland massiv zu Gute. […] Dabei könnten wir in Europa einen wirklichen Wettbewerb organisieren. Wenn wir ein Leitungsnetz hätten, über das Gas aus Nordafrika, Russland, der Golfregion, Zentralasien und dem Kaspischen Raum zu uns kommen könnte, könnte sich ein freier Gaspreis herausbilden, der unabhängig ist vom Öl. Weil das Angebot an Gas so viel größer ist als das Angebot an Öl […], wäre damit zu rechnen, dass der Gaspreis im Vergleich zum Öl und im Vergleich mit den langfristig fixierten Preisen in den Verträgen mit Russland sinkt.
tagesschau: ... und das wird durch diese Pipeline verhindert?
Müller: Die Pipeline sorgt dafür, dass Russland der Hauptlieferant Deutschlands und Europas bleibt. Die Wirklichkeit ist: Deutschland hängt in einem Maße von Russland ab, das gigantisch ist – wenn man es daran misst, welchen Wettbewerb man haben könnte, wenn man nur wollte.

M4 *Interview mit einem Energieexperten*

M5 *Kontrollraum in der Gazprom-Zentrale in Moskau*

Der „russische Riese" 2005

Die größten Öl- und Gasfördergesellschaften
(Mrd. Öläquivalent)

1. Gazprom	254
2. Saudi Aramco	250
3. PDVSA (Venezuela)	248
4. Qatar Petroleum	199
5. Iraqi Oil Ministery	137

Gazprom

Anteil am russischen BIP	>8%
Umsatz	44 Mrd. US-$
Gewinn	7,5 Mrd.US-$
Mitarbeiter	396 800

Kerngeschäft Gas

Anteil an der russischen Gasproduktion	85,5%
Anteil an den Welt-Gasreserven	17,0%
Länge der Gazprom-Pipelines	463 400 km

Gasgeschäft umfasst:
Exploration, Förderung, Transport, Raffinerien, innerrussischen Vertrieb, Forschungsinstitute

sonstige Energieträger

Erdöl
Anteil an den russischen Erdöl-Reserven 25%

Strom
Anteil am russischen Strom-Marktführer JES AG >10%

Kohle
Strebt die Kontrolle über den größten russischen Kohleförderer Suek durch ein Joint Venture an.

Ausland

Deutschland:
Beteiligung an Wingas (49,99%), VNG-Verbundnetz (5,26%), Wintershall Erdgas Handelshaus (50%); Sponsoring FC Schalke 04
global:
Erschließung neuer Gasfelder weltweit

Sonstiges

Medien
Gazprom-Media, kontrolliert u.a.:
Presse (Iswestija, Sem Dnej);
TV- und Radio-Sender:
NTW, NTW Plus, TNT, Echo Moskwy, Perwoje popularnoje radio, Radio Next.

Beteiligung an Reifenherstellern, FC Zenit St. Petersburg, Haushaltsgerätehersteller, Fluggesellschaft, Immobilien- und Bauunternehmen, Banken und Investmentgesellschaften.

14261E

M6 *Gazprom-Unternehmensprofil*

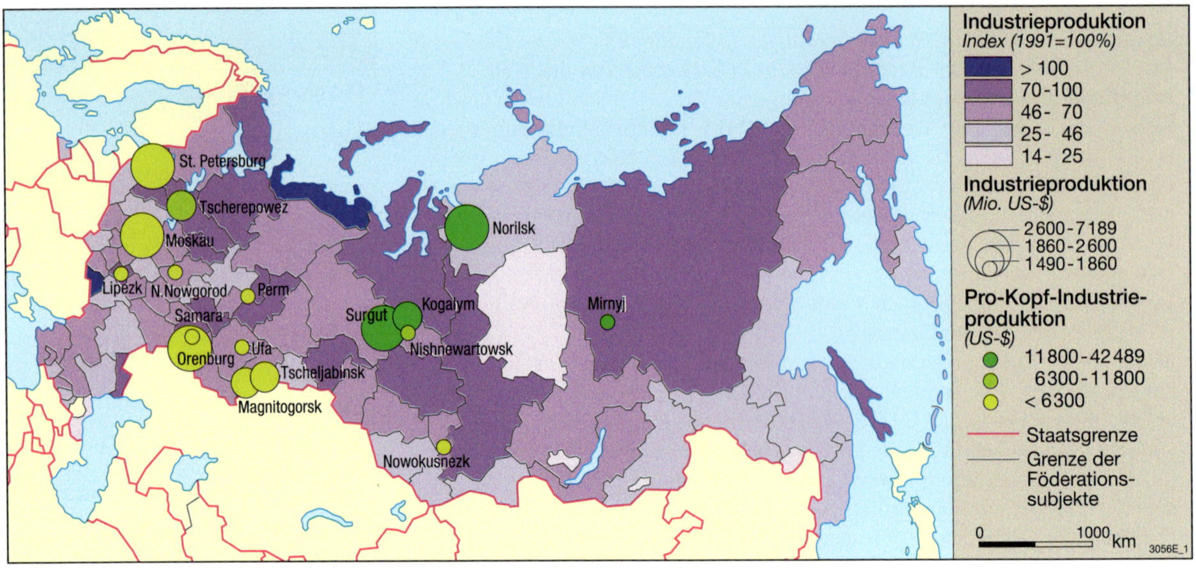

M1 *Industriestandorte in Russland 2001*

Info

Baikal-Amur-Magistrale (BAM)

Eisenbahnverbindung, die parallel zur Transsibirischen Eisenbahn (Transsib) verläuft. Kernstück ist die ca. 3100 km lange Strecke von Ust-Kut an der Lena nach Komsomolsk am Amur (Bau 1973 - 1984).

1 Benennen Sie die drei Räume mit der höchsten Pro-Kopf-Industrieproduktion Russlands und geben Sie jeweils Gründe für deren Spitzenstellung an (M1, Atlas, Internet).

2 Arbeiten Sie in Gruppen die Ursachen für die Entstehung der drei Industrieräume heraus (M2 - M4, Atlas).

Industrie – Niedergang und Transformation

In Russland setzte sich die Industrialisierung später durch als im übrigen Europa. Um 1900 gab es nur drei industrielle Schwerpunkträume: Das Gebiet um Moskau mit einer bedeutenden Textil- sowie Schwerindustrie, St. Petersburg und Riga mit Werften und Maschinenbau sowie den südlichen Hüttenbezirk mit den Zentren Donez-Becken und Kriwoi Rog.

Der Erste Weltkrieg, die Zerstörungen während des Bürgerkriegs und die überstürzte Verstaatlichung führten zu einem Einbruch der Industrieproduktion um 80 % zwischen 1913 und 1920. Neben dem Wiederaufbau sollte in den Folgejahren durch den Zusammenschluss von Einzelbetrieben zu **Kombinaten** die Effizienz der Produktion gesteigert werden.

Bis zum Ende des Zweiten Weltkrieges lag der Schwerpunkt auf dem Auf- und Ausbau energie- bzw. rohstoffabhängiger Branchen. Später wurden auch andere Industriezweige gefördert. Ein besonderes Augenmerk galt stets der Rüstungsindustrie. Durch die Einrichtung von über 20 **Territorialen Produktionskomplexen (TPK)** und die Fertigstellung der Baikal-Amur-Magistrale (BAM) sollten zudem verstärkt periphere Räume erschlossen werden. Man erkannte aber bereits zu Sowjetzeiten, dass viele Projekte in ihren Dimensionen überzogen und auch nicht finanzierbar waren. 1991 waren so lediglich zwei TPK, Bratsk und Südjakutien, im ursprünglich geplanten Umfang ausgebaut. Danach wurde der TPK-Gedanke nicht weiterverfolgt, stattdessen setzte eine starke Deindustrialisierung ein: Die Jahrzehnte vom Weltmarkt abgeschottete Industrie war unter marktwirtschaftlichen Bedingungen nicht wettbewerbsfähig. Da sich zudem die Partnerstaaten der Sowjetunion nach deren Auflösung umorientierten, fielen traditionelle Exportmärkte weg. Die rasche Privatisierung der Betriebe verschärfte die wirtschaftlichen Krisen in den 1990er-Jahren und führte zudem zu extremen sozialen Disparitäten.

Zur Beschleunigung der Industrialisierung sollten traditionelle Standorte zu Produktionskombinaten weiterentwickelt und die Erschließung Sibiriens mit allen Mitteln vorangetrieben werden.
Ein Kombinat war eine konzernartige, also horizontal und vertikal integrierte Gruppe von Betrieben. Im ersten Fünfjahresplan von 1928 wurde die Umsetzung des Projekts in Angriff genommen. In wenigen Jahren wurden mit Hilfe von Tausenden Jugendlichen und Zwangsarbeitern aus Straflagern die ursprünglich unabhängigen Standorte von Magnitogorsk und Nowokusnezk zum Ural-Kusnezker-Kombinat (UKK) ausgebaut: Über eine 2200 km lange Eisenbahnverbindung wurden die Steinkohlenreviere des Kusnezk-Beckens, hier lagerten große Mengen verkokbarer Steinkohle in nur 150 m Tiefe, mit den Eisenerzlagerstätten im Südural verbunden. Über diese Verbindung wurden ab 1932 Magnitogorsk und Jekaterinburg mit Kokskohle, die Zentren im Kusnezk-Becken mit Eisenerz versorgt. Die wechselseitige Verknüpfung der Standorte verhinderte Leerfahrten und ermöglichte den Aufbau einer Eisen- und Stahlindustrie sowie nachgelagerter Industriezweige in beiden Räumen. Das UKK war nach 1945 auch Zentrum der Rüstungsindustrie. Nach der Entdeckung der Lagerstätten im Karaganda-Becken wurde auch diese Region in das Kombinat integriert.

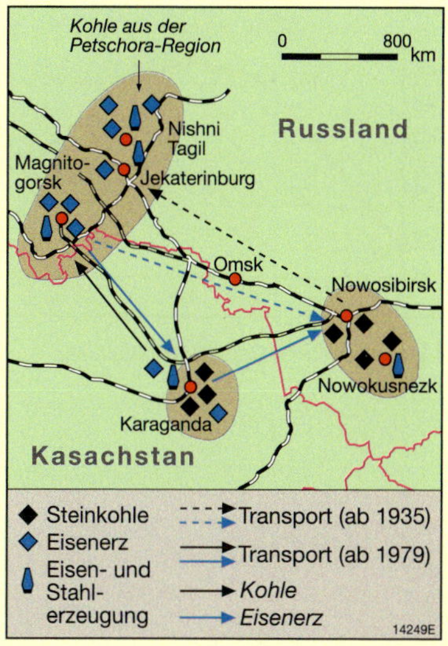

M2 *Das Ural-Kusnezker Kombinat*

Zur Erschließung der rohstoffreichen, aber schwach bevölkerten Regionen östlich des Ural wurden nach dem Zweiten Weltkrieg Territoriale Produktionskomplexe (TPK) gegründet. Das TPK-Konzept sah die komplette Erschließung eines abgegrenzten Raumes vor: Im Gegensatz zu den Kombinaten ging es nicht nur um die Entwicklung eines bestimmten Produktionsbereichs, sondern auch um den Aufbau autarker Siedlungen. In Bratsk – bis 1945 ein unbedeutendes Dorf in der Taiga – wurde das Konzept umgesetzt, da das hydroenergetische Potenzial der Angara genutzt werden konnte, der Holzreichtum und die Bodenschätze Ansätze zur Industrialisierung boten und im Süden von Bratsk Landwirtschaft betrieben werden konnte, sodass eine Versorgung der Bevölkerung aus dem Umland möglich war. Mit dem Anschluss an die BAM in den 1970er-Jahren war eine weitere Bedingung für einen TPK erfüllt. Die Betriebe in Bratsk wurden nach 1990 meist erfolgreich privatisiert. Das Zellstoffkombinat wurde von einem russischen Konzern übernommen, modernisiert und produziert heute vor allem für den chinesischen Markt.

M3 *Bratsk – Modell für die Erschließung Sibiriens*

Auf Grund des geringen Motorisierungsgrades und des wachsenden Wohlstandes der Bevölkerung gilt Russland als einer der automobilen Wachstumsmärkte weltweit. Vom Boom auf dem russischen Automarkt profitieren vor allem ausländische Hersteller. Da die Regierung den Import ausländischer Autos inzwischen mit hohen Zöllen belegt, haben viele internationale Konzerne eigene Werke in Russland errichtet. Volkswagen eröffnete im Herbst 2007 ein eigenes Werk in Kaluga. An dem 160 km von Moskau entfernten Standort wurden 3500 Arbeitsplätze geschaffen. Während zunächst lediglich vorgefertigte, importierte Komponenten montiert werden, soll bis 2009 eine Vollfertigung mit Karosseriebau, Lackiererei und Montage für einen speziell für Russland zu entwickelnden Kleinwagen aufgebaut werden. Ab 2010 sollen dann der Touareg und der Polo in Kaluga vom Band laufen. Andere Konzerne sind ebenfalls in Russland vertreten. So haben Toyota und Ford Fertigungsstätten in St. Petersburg und General Motors produziert in einem Joint Venture mit dem russischen Unternehmen Avtovaz in der „Lada-Stadt" Togliatti Geländewagen.

M4 *Kaluga – neuer Standort der Autoindustrie*

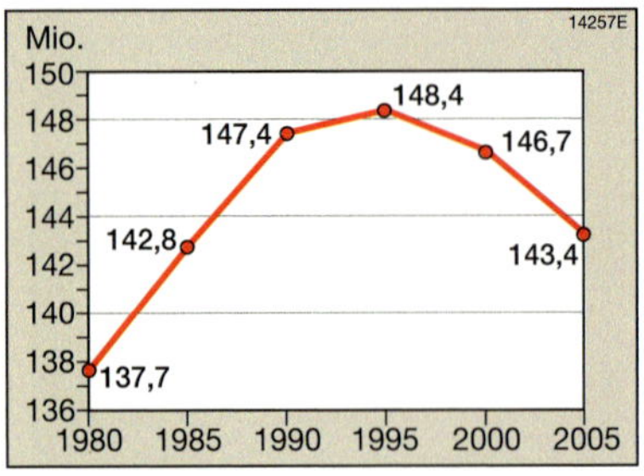

M1 *Bevölkerungsentwicklung*

M4 *Aufgelassene Siedlung in Russland*

Wanderungsbewegungen in Russland

Wanderungen – staatlich gelenkt bis 1991

In der Sowjetunion versuchte man wie im Zarenreich den Einflussbereich der russischen Kultur auf die eingegliederten Territorien auszuweiten. Wichtige Positionen wurden mit Russen besetzt und Russisch als Amtssprache festgelegt. In der Folge kam es zu umfangreichen, auf die Teilrepubliken gerichteten Wanderungsbewegungen. Eine zweite Wanderungswelle wurde ebenfalls vom Staat initiiert: Durch finanzielle Anreize, staatlichen Druck oder auf freiwilliger Basis wurden Arbeitskräfte zur Erschließung peripherer Regionen entsandt. So wurde 1932 die Stadt Komsomolsk durch Freiwillige der kommunistischen Jugendorganisation gegründet und zu einem Industriezentrum ausgebaut.

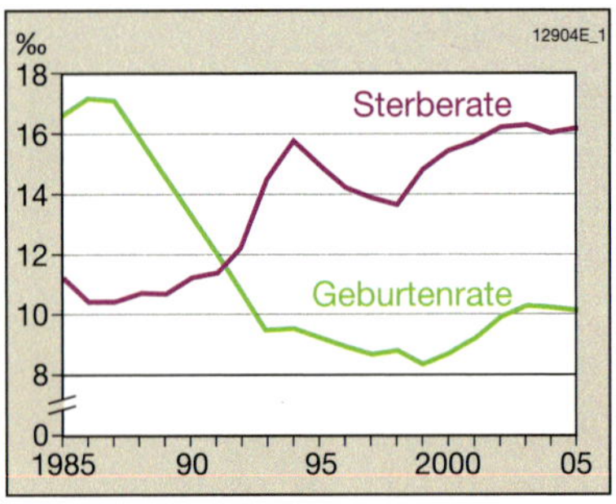

M2 *Entwicklung der Geburten- und Sterberate*

Wirtschaftlich motivierte Wanderungen heute

Da der Immobilienmarkt vom Staat kontrolliert wurde, waren Umzüge innerhalb der Sowjetunion nicht ohne weiteres möglich. Dies änderte sich nach 1991: Der Staat reduzierte Subventionen, entledigte sich durch Privatisierung seiner Unternehmen und strich die Vergünstigungen für Beschäftigte, die fernab der Zivilisation unter extremen klimatischen Bedingungen lebten und arbeiteten. Die Folge war ein regelrechter Exodus aus den peripheren Regionen Sibiriens, der so weit führte, dass bestehende Siedlungen komplett aufgegeben werden mussten. Die Menschen wanderten meist in Regionen im Süden und Westen Russlands ab, manche suchten sich auch eine Beschäftigung im Ausland. Zur gleichen Zeit kehrten viele Russen aus den inzwischen unabhängigen ehemaligen Sowjetrepubliken nach Russland zurück, weil eine Bevorzugung der Russen entfiel bzw. die russische Minderheit Repressalien ausgesetzt war. Auf dem heutigen Territorium Russlands leben mehr als 100 Völker meist friedlich zusammen. In manchen Regionen kommt es aber auch zu Konflikten, so etwa in Tschetschenien, einer autonomen, nach völliger Unabhängigkeit strebenden Republik. Die dortigen bürgerkriegsähnlichen Auseinandersetzungen haben zur massiven Abwanderung von Russen geführt. Neben großräumigen Wanderungen kam es auch zu stärkeren Wanderungsbewegungen zwischen städtischen und ländlichen Siedlungen. Dabei überwog zunächst die Stadt-Land-Wanderung, da die Versorgungslage in den Städten Anfang der 1990er-Jahre katastrophal war.

	1985	1995	2005
	Einwanderer nach Russland		
nahes Ausland	876 808	841 500	268 598
fernes Ausland	323	545	8 632
	Auswanderer aus Russland		
nahes Ausland	701 991	229 300	36 109
fernes Ausland	3 089	110 313	33 689

M3 *Außenwanderung*

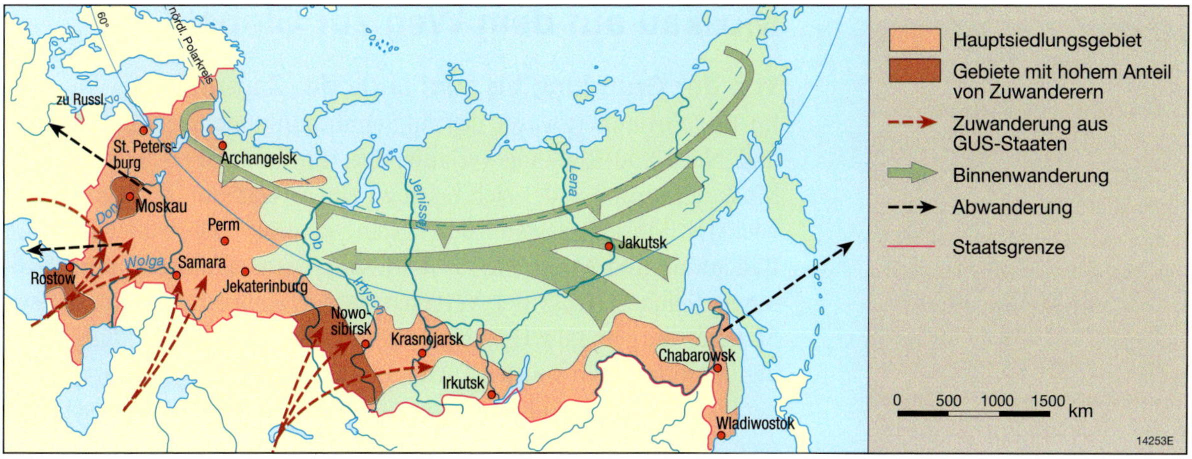

M5 *Hauptströme der Migration seit 1990*

Igor Sokolov wurde in Samara geboren. Nach Abschluss seines Studiums der Agrarwissenschaften 1973 wurde er Direktor einer Baumwollplantage im turkmenischen Taschaus. 2003 kehrte er mittellos nach Russland zurück, nachdem der damalige turkmenische Staatspräsident ein 1993 mit Russland geschlossenes Abkommen über die doppelte Staatsbürgerschaft aufhob. Die Besitzer zweier Pässe mussten sich innerhalb von 60 Tagen für eine Staatsbürgerschaft entscheiden. Die Russen in Turkmenistan wurden vor die Wahl gestellt: Entweder sie werden Turkmenen und können dann den totalitären Staat kaum mehr verlassen, oder sie entscheiden sich für ihren russischen Pass, müssen dann aber alles in Turkmenistan aufgeben.

M6 *Rückwanderung aus ehemaligen Sowjetrepubliken*

Dr. Saenko ist Arzt und war zwei Jahre in einer Moskauer Klinik beschäftigt. 2005 wanderte er nach Deutschland aus und nahm eine Assistenzarzt-Stelle in Cottbus an. Er gehört zu den rund 1600 Ärzten aus der ehemaligen Sowjetunion, die inzwischen in Deutschland arbeiten. Da das russische Gesundheitssystem seit Jahren unterfinanziert ist, stehen benötigte Medikamente und technische Hilfsmittel häufig nicht zur Verfügung. Die Klinikmitarbeiter werden so schlecht bezahlt, dass ein gesetzlich versicherter Patient bei fast jedem Arztbesuch mit der Notwendigkeit konfrontiert wird, für die nach dem Gesetz kostenlose Behandlung zu bezahlen. Auch ist es nicht unüblich, dass der Patient Medikamente oder Verbandsmaterial selbst mitbringt.

M7 *Auswanderung aus Russland*

Alexej Stachanow wohnte bis 1997 in Sangar. Nach dem Verlust seines Arbeitsplatzes im Steinkohlenbergwerk, das von Beginn an die wirtschaftliche Grundlage der Siedlung war, zog er nach Nowokusnezk. Die Stilllegung der Zeche resultierte aus einer Neubewertung der Kostenfrage unter marktwirtschaftlichen Rahmenbedingungen. Schon früher arbeitete das Bergwerk nicht kostendeckend, und so musste der Staat erhebliche Mittel zuschießen, um die Produktion aufrechtzuerhalten. Da die Subventionszahlungen aber im Laufe der 1990er-Jahre eingestellt wurden, führte dies unweigerlich zur Zahlungsunfähigkeit und damit zur Aufgabe des Betriebs.

M8 *Ost-West-Wanderung*

1 Erläutern Sie mit Hilfe von M2 und M3 die in M1 dargestellte Bevölkerungsentwicklung.

2 Erstellen Sie eine Mindmap über die in Russland vorkommenden Wanderungstypen (M5 - M8). Berücksichtigen Sie die Pull- und Push-Faktoren.

3 Arbeiten Sie ein Kurzreferat über den Tschetschenien-Konflikt aus (Internet).

Info

Global City

Global Cities wie New York, Tokio, London und Paris sind urbane Zentren von globaler Bedeutung. Sie haben eine herausragende politische, vor allem aber auch wirtschaftliche sowie administrative Bedeutung und nehmen deshalb sowohl national als auch international eine wichtige Position ein. Entscheidend ist, dass diese Städte in einem weltweiten Netz von Global Cities enge internationale Verflechtungen untereinander besitzen. Sie gelten als die Schaltzentren der Globalisierung, denn dort konzentrieren sich die Firmensitze weltweit agierender Wirtschafts- und Finanzunternehmen.

Moskau auf dem Weg zur Global City

Von der Gründung bis zum Ende des Zarenreichs

Im 12. Jahrhundert wurde das am Schnittpunkt mehrerer in Ost-West- und Nord-Süd-Richtung verlaufender Handelsstraßen liegende Fort Moskau gegründet, das sich rasch zu einem Warenumschlagplatz entwickelte. Moskau gewann durch seine zentrale Lage zunehmend an Bedeutung und wurde im 15. Jahrhundert zur Hauptstadt des Russischen Reiches. Trotz der Verlagerung der Hauptstadtfunktion nach St. Petersburg im Jahr 1712 hielt die wirtschaftliche Entwicklung an. In den Manufakturen wurden Tuche, Porzellan und andere Konsumgüter hergestellt, aber auch Kriegsgüter und Uniformen für die russische Armee. Im Zuge der Industrialisierung entstanden dann im 19. Jahrhundert die ersten Textil- und Maschinenfabriken und die Stadt entwickelte sich zum zentralen Eisenbahnknotenpunkt Russlands. Zudem erlebte Moskau nach der Aufhebung der Leibeigenschaft 1861 einen enormen Bevölkerungszuwachs und zählte 1917 bereits über zwei Millionen Einwohner.

Hauptstadt der Weltmacht Sowjetunion

Nach der Oktoberrevolution 1917 wurde Moskau erneut Hauptstadt. Vom Kreml aus wurde von nun an die Union der Sozialistischen Sowjetrepubliken, die Sowjetunion oder UdSSR, zentral verwaltet und gelenkt. Nach dem Willen der kommunistischen Führung sollte die Hauptstadt der neuen Weltmacht als eine Art „Vorzeigestadt“ die Leistungsfähigkeit der sowjetischen Wirtschaft widerspiegeln.

Der sozialistische Städtebau veränderte nicht nur in der Sowjetunion historisch gewachsene Städte und prägte die neu entstehenden Stadtviertel. Wesentliche Strukturelemente der **sozialistischen Stadt** waren die Magistrale, eine ins Zentrum der Stadt führende Prachtstraße, an der alle wichtigen Verwaltungs-, Partei- und Kultureinrichtungen sowie Warenhäuser und Geschäfte lagen, und der zentrale Platz, Aufmarschplatz für politische Demonstrationen und Militärparaden. Der Rote Platz in Nachbarschaft zum Kreml wurde durch den Bau des Lenin-Mausoleums zum politischen Mittelpunkt Moskaus und des gesamten Landes.

Um die steigende Nachfrage nach Wohnraum befriedigen zu können, wurden in den Außenbezirken der auf über acht Millionen Menschen angewachsenen Stadt großflächig standardisierte Wohnquartiere in industrieller Plattenbauweise errichtet, die einem modernen Wohnen im Sinne einer klassenlosen sozialistischen Gesellschaft entsprechen sollten. Einen freien Wohnungsmarkt, der durch Angebot und Nachfrage bestimmt wird, gab es in der Sowjetunion nicht. Alle Wohnungen gehörten staatlichen Unternehmen, die Mieten waren gesetzlich geregelt und ein Umzug musste bei der Stadtverwaltung beantragt werden. Trotzdem gab es lange Wartelisten für Wohnungssuchende, da der Staat den Zuzug von vor allem jungen Menschen und Familien in das wirtschaftliche und kulturelle Zentrum nicht stoppen konnte.

1 Beschreiben Sie mit Hilfe des Atlas (Karte: Moskau – Innere Stadt) die funktionale Gliederung der russischen Hauptstadt.

2 Erläutern Sie anhand des Textes, inwiefern Veränderungen im Stadtbild Moskaus auch Veränderungen in der Funktion der Stadt widerspiegeln.

3 Zeigen Sie Maßnahmen auf, mit denen die Stadtverwaltung Moskaus die Infrastruktur der Stadt verbessern möchte (M2).

M1 *Das alte Moskau – Blick auf den Kreml*

M3 *Das neue Moskau*

Moskau als globales Macht- und Wirtschaftszentrum

Die Auflösung der Sowjetunion und die Einführung der Marktwirtschaft haben seit den 1990er-Jahren die Bedeutung Moskaus und das Stadtbild verändert. Schrittweise soll die Stadt vom Industrie- zum Dienstleistungszentrum umgebaut werden. Die zunehmende Einbindung Russlands in den internationalen Wirtschafts- und Finanzmarkt lässt die Nachfrage nach Büroräumen für in- und ausländische Firmen steigen. Mit Freigabe der Bodenpreise führt diese Entwicklung allerdings auch zur sozialen Segregation und zur Verdrängung der ärmeren Wohnbevölkerung, darunter viele Zuwanderer aus den ehemaligen GUS-Staaten und China, aus der Innenstadt. Gleichzeitig werden prestigeträchtige Gebäude im Zentrum für die einkommensstarken Schichten luxuriös saniert. Schon heute erfüllt Moskau viele der Kriterien, die für Global Cities gelten: Die Stadt ist mit einem sich rapide entwickelnden Dienstleistungssektor ein wichtiges Finanzzentrum, ein bedeutender Verkehrsknotenpunkt und Sitz zahlreicher transnationaler Unternehmen. Die vergleichsweise hohe Kaufkraft der Moskauer Bevölkerung lässt auch westeuropäische Handelsketten viele Supermärkte eröffnen und an der Peripherie moderne großflächige Einkaufs- und Freizeitzentren entstehen.

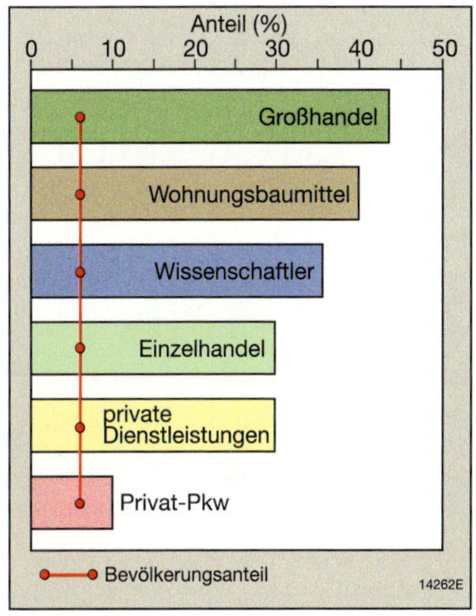

M4 *Stellenwert Moskaus in der russischen Wirtschaft 2002*

Rund zwei Fünftel des Territoriums sollen eine Umgestaltung erfahren. Neben modernen Wohnhäusern und riesigen Bürokomplexen werden auch Freizeiteinrichtungen geschaffen. Insbesondere die Stadtbezirke sollen eine gut entwickelte Infrastruktur erhalten. All die bisherigen Mängel, das Fehlen von Läden mit Waren des täglichen Bedarfs, von Theatern, Kinos, Bibliotheken, Parks und Sportsälen, aber auch Verkehrsprobleme, sollen überwunden werden.
An der Moskauer Peripherie sollen sieben Zentren neben dem einen historischen Zentrum mit dem Kreml als Kernpunkt entstehen. Industriebetriebe werden möglichst weit aus dem Moskauer Stadtzentrum verlegt.
Die Stadtverwaltung will das Geschäftsleben intensivieren. Zu diesem Zweck soll in der Nähe des Regierungssitzes ein supermodernes Viertel mit Wolkenkratzern der Moskauer City, ein „Manhattan" an der Moskwa, errichtet werden, in dem sich auch Hotels, Freizeit- und Handelseinrichtungen sowie ein Aquapark befinden werden.

M2 *Planungen zur Entwicklung Moskaus bis 2020*

M5 *Moskau – Gazprom-Zentrale*

Info

G8-Gruppe

Gruppe der führenden Wirtschaftsnationen, die zusammen etwa zwei Drittel des Welt-Bruttonationaleinkommens erwirtschaften. Mitglieder sind seit 1976 die USA, Kanada, Japan, Frankreich, Großbritannien, Italien und Deutschland. 1998 wurde die Gruppe der G7 durch die Aufnahme Russlands zur G8-Gruppe erweitert.

1 Begründen Sie den Anspruch Russlands, eine Weltmacht zu sein, aus Sicht eines russischen Politikers.

2 Begründen Sie die Erweiterung der G7- zur G8-Gruppe durch die Aufnahme Russlands.

3 Erläutern Sie die russischen Gebietsansprüche in der Arktis.

Russland – eine Weltmacht?

Neue Weltmacht Russland?

Das Internationale Wirtschaftsforum in St. Petersburg hat sich zu einem der wichtigsten Wirtschaftstreffen der Welt entwickelt. Im Juni 2007 trafen sich 6000 Konzernchefs und Politiker aus 60 Ländern zum elften Mal in der Ostseemetropole. Entsprechend selbstbewusst präsentierten sich die Gastgeber. Nach Ansicht eines führenden Regierungsmitgliedes kann und muss Russland bis 2020 dem Umfang des Bruttoinlandsprodukts zufolge unter die fünf weltgrößten Volkswirtschaften gelangen, viele soziale und ökonomische Indikatoren weisen darauf hin, dass sich das Land bis dahin den hoch entwickelten Staaten dicht annähert. „Russland wird bis 2020 eine führende Position auf dem Hightech-Markt einnehmen, etwa im Bereich der Atomindustrie, dem Flugzeug- und Schiffsbau oder der Produktion von Raketenträgern und der Ausrüstungen für die Weltraumfahrt", erläuterte der russische Vizepremierminister Sergej Iwanow. In diesen Branchen hat die Regierung zahlreiche Betriebe zu Staatsunternehmen zusammengefasst, über die sie die Aufsicht führt.

Iwanow prognostiziert, dass bis zu diesem Zeitpunkt mindestens 50 % der Bürger Russlands zur Mittelschicht gehören. Ihr Lebensstandard werde sich dem der Mittelschichten anderer entwickelter Länder anpassen. Zugleich gab er zu, dass bereits jetzt die Schere zwischen den Einkommen innerhalb der russischen Gesellschaft immer weiter auseinandergeht, es Wohnungsprobleme gibt und die Infrastruktur unterentwickelt ist.

Besondere Aufmerksamkeit widmet die russische Regierung den Sonderwirtschaftszonen sowie Gemeinschaftsunternehmen mit ausländischen Investoren.

Russlands Präsident Putin strebe den Beitritt Russlands zur Welthandelsorganisation WTO an. Gleichzeitig fordere er eine Verringerung der Abhängigkeit vom US-Dollar und benannte den russischen Rubel als alternative Währungsreserve in der Finanzwelt. (nach: www.dw-world.de)

M2 *Bericht vom Internationalen Wirtschaftsforum 2007*

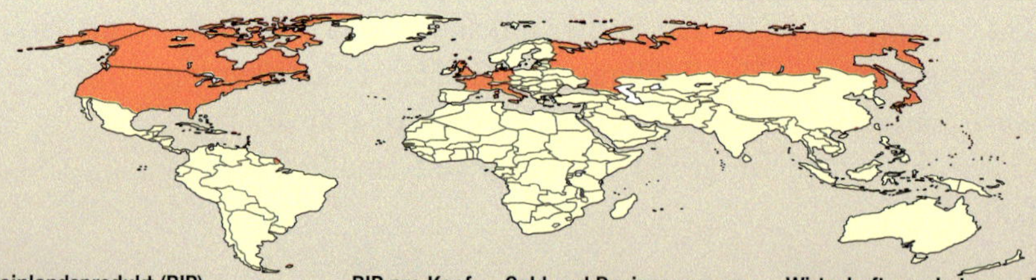

	Bruttoinlandsprodukt (BIP) (Mrd. US-$)	BIP pro Kopf (US-$)	Gold und Devisenreserven (Mrd. US-$)	Wirtschaftswachstum (Durchschn. 2000-05)	Bevölkerung (Mio.)
USA	12456	41519	64	2,8%	300,0
Japan	4567	35739	847	1,7%	127,8
Deutschland	2797	33798	102	1,1%	82,6
Großbritannien	2230	36790	79	2,6%	60,6
Frankreich	2128	35445	74	2,0%	60,0
Italien	1766	30651	66	1,0%	57,6
Kanada	1132	34843	33	3,0%	32,5
Russland	723	5063	182	6,8%	142,8

M1 *Wirtschaftsleistung der G8-Staaten 2005*

Wege aus der Krise

Im Rahmen des so genannten Megaprojekts „Demographie“ wird seit 2006 versucht, die demographische Krise zu entschärfen. Die Einzelprojekte „Bezahlbarer Wohnraum“, „Landwirtschaft“, „Gesundheitsversorgung“ und „Bildung“ richten sich vor allem an Familien, für die es bei dem zweiten Kind zusätzliche Unterstützung gibt. Nach Meinung von Kritikern werden die bereitgestellten Mittel jedoch bei weitem nicht ausreichen, um einen demographischen Umschwung herbeizuführen.
2007 initiierte Staatspräsident Putin deshalb das „Staatsprogramm zur Stärkung der Zuwanderung von Mitbürgern in die Russische Föderation“, das vor allem ethnische Russen zur Rückkehr nach Russland bewegen soll, doch selbst damit können nach Schätzungen von Experten lediglich 20% des Bevölkerungsrückgangs kompensiert werden.
(Quelle: DER SPIEGEL, 09/2007)

M3 *Maßnahmen zur Bewältigung der demographischen Krise*

M6 *„DER SPIEGEL“ (28/2006)*

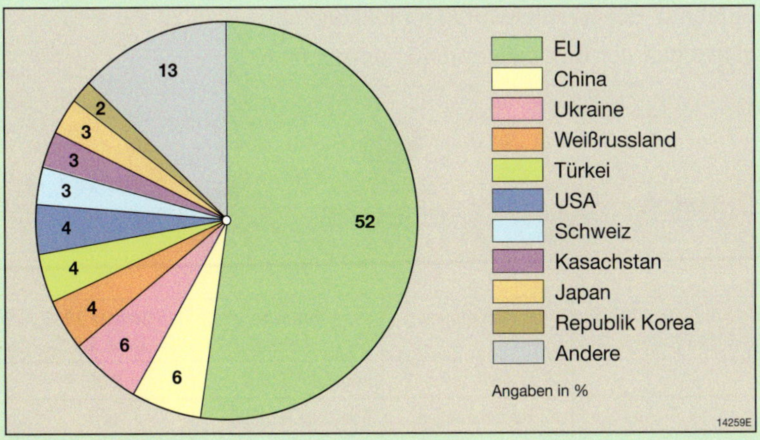

M4 *Die wichtigsten Handelspartner Russlands 2005*

M7 *Demonstration gegen Putin*

Russland bringt Ansprüche auf Nordpol vor die UNO

Russland erhebt Anspruch auf 1,2 Mio. km² in der Arktis

Murmansk/Moskau. Russland erhebt Anspruch auf 1,2 Millionen Quadratkilometer Schelfgebiet in der Arktis und die dort vorhandenen Vorräte an Öl, Gas und sonstigen Bodenschätzen. Begründet wird der Anspruch damit, dass eine ozeanographische Expedition feststellen konnte, dass das arktische Schelfgebiet eine direkte Fortsetzung der sibirischen Festlandsplatte ist. Die entsprechenden Beweise seien durch eine Expedition an Bord des Atomeisbrechers „Rossija“ im Mai dieses Jahres gesammelt worden. Die Auswertung werde 2009 abgeschlossen sein, teilt die Nachrichtenagentur Rosbalt mit. Die Energieressourcen im fraglichen Gebiet belaufen sich auf etwa 10 Milliarden Tonnen Steinkohleeinheiten.
(Quelle: mig/.rufo/Moskau)

M5 *Russlands Offensive im Norden*

M8 *Militärparade auf dem Roten Platz in Moskau*

1. Landschaften Russlands

Ordnen Sie die auf den Seiten 118/119 dargestellten Landschaftsbilder (A - F) mit Hilfe des Atlas entsprechenden Regionen in Russland zu.

2. Industrie

Ein Konzept der wirtschaftlichen Erschließung Sibiriens in sowjetischer Zeit waren die Territorialen Produktionskomplexe (TPK).

a) Beschreiben Sie die räumlichen Voraussetzungen, die für deren Gründung ausschlaggebend waren, und überprüfen Sie, inwieweit diese Kriterien für den Raum Norilsk zutreffen.

Die folgende Übersicht zeigt die zehn umsatzstärksten russischen Unternehmen sowie die Logos einiger dieser Firmen.

b) Begründen Sie den – im Vergleich zu den größten US-amerikanischen Unternehmen – geringen Bekanntheitsgrad dieser Unternehmen in der westlichen Öffentlichkeit.

c) Erläutern Sie die geringe Branchenvielfalt der hier genannten Unternehmen.

NORILSK NICKEL · SeverStal · THK-BP · LUKOIL OIL COMPANY · СУРГУТНЕФТЕГАЗ · SBERBANK · ГАЗПРОМ

Unternehmen	Branche	Umsatz 2006 (Mrd. US-$)	Unternehmen	Branche	Umsatz 2006 (Mrd. US-$)
1. Gazprom	Rohstoffe (Erdgas)	79,2	6. Rosneft	Rohstoffe (Erdöl)	21,6
2. Lukoil	Rohstoffe (Erdöl)	54,5	7. Surgutneftegas	Rohstoffe (Erdöl)	19,4
3. RAO EES Rossij	Energie	32,9	8. Sberbank	Finanzen	14,3
4. Rossijskije Schelesnye Dorogi	Transportwesen	31,2	9. Sewerstal	Metallurgie (Eisen, Stahl)	12,4
5. TNK-BP	Rohstoffe (Erdöl)	22,2	10. Tatneft	Rohstoffe (Erdöl)	11,7

3. Entwicklung der Altersstruktur im Vergleich

Das Diagramm zeigt die Altersstruktur ausgewählter Staaten für die Jahre 1960 bis 2006 und 2050 (Prognose).

a) Setzen Sie die dargestellten Daten in ein gestapeltes Säulendiagramm um.

b) Vergleichen Sie die Altersstrukturen der dargestellten Staaten für das Jahr 2006 und geben Sie mögliche Gründe für die bestehenden Unterschiede an.

c) Informieren Sie sich im Internet, wie im Bereich der Bevölkerungsforschung Prognosedaten gewonnen werden und setzen Sie sich kritisch mit der Methodik auseinander.

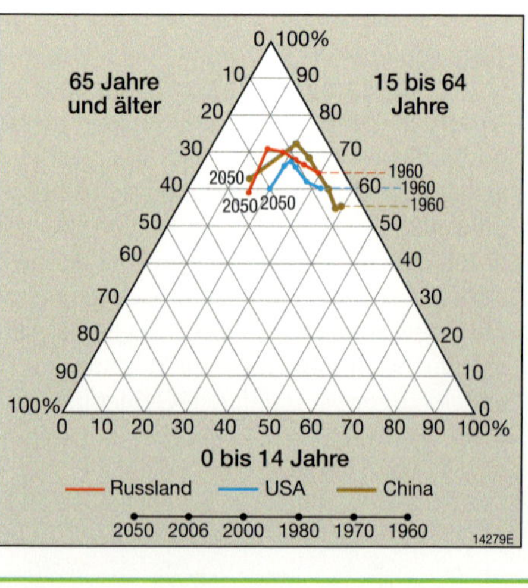

4. Naturraum und Territorialentwicklung

a) Ordnen Sie die Nachfolgestaaten der Sowjetunion in einer Übersicht folgenden Kategorien zu: Europa, Baltikum, Kaukasus, Zentralasien.

b) Benennen Sie die in der Karte gekennzeichneten Gewässer und Städte.

c) Während der gesamten russischen Geschichte spielte Sibirien eine wichtige Rolle. Informieren Sie sich über die Bedeutung dieses Raumes in den unterschiedlichen Epochen.

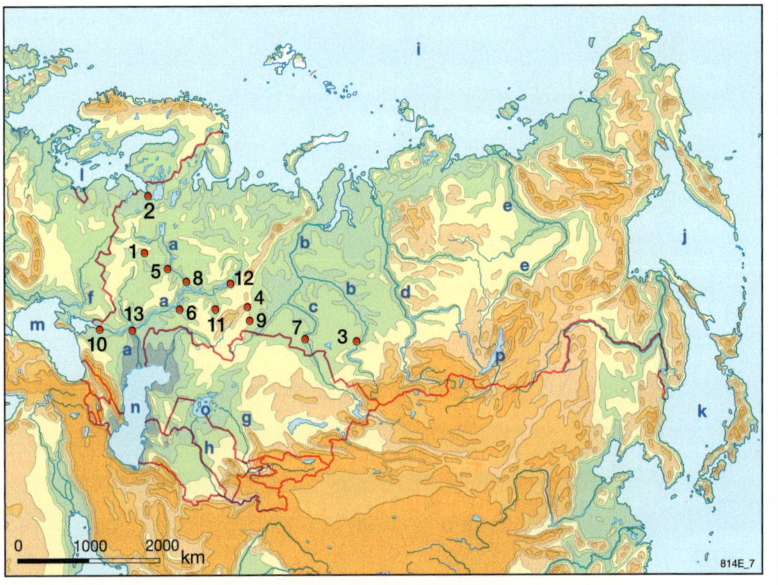

5. Transformation der russischen Landwirtschaft

Die Tabelle zeigt die Außenhandelsdaten für ausgewählte Agrargüter (1 000 t).

a) Beschreiben und begründen Sie die grundlegenden Entwicklungen.

b) Informieren Sie sich, inwiefern die internationale Agrarpolitik den Aufbau einer leistungsfähigen Milch- und Fleischwirtschaft in Russland hemmt.

		1992	1999	2005
Butter	Import	108,4	28,2	82,0
	Export	0,1	2,1	3,5
Gerste	Import	1 369,7	475,4	251,5
	Export	0,1	99,7	1 767,7
Kartoffeln	Import	373,4	201,6	376,6
	Export	0,8	9,3	26,6
Schweinefleisch	Import	19,2	401,6	503,7
	Export	–	0,1	0,0
Weizen	Import	6 474,7	5 332,8	577,1
	Export	1,3	650,8	10 332,7

6. Russlands Energiepolitik

Im Januar 2006 erschien die abgebildete Karikatur in einer deutschen Tageszeitung. Informieren Sie sich im Internet über den dargestellten Sachverhalt und erläutern Sie die Problematik.

Wichtige Begriffe

Kältegrenze
Kolchose
Kollektivierung
Kombinat
Sowchose
sozialistische Stadt
Territorialer Produktionskomplex (TPK)
Transformation

Abflug/Departure
Time Zeit
Flight Flug
Destination/via Richtung /über
Counter Remarks Schalter Bemerkungen
1335 BZ 892 Minsk MHP End of Board
1500 W3 665 Mailand MXP A12/A13
1700 UKA2545 London STN A15/A16
1755 SU 114 Moskau SVO A01-A03
1935 W3 607 München A12/A13
2200 LTE 301 Porto A11-A13
2210 UKA2549 London STN A15/A16
*** New Day ***
0400 AB 2728 Monastir/Hannover B19-B21
DE 5716 Palma Mallorca/Stuttg B19-B22
A13-A15
National
1809
京都念慈菴
川貝枇杷膏
老牌蜜煉
新世界院線
中國院線
大世界院線

Globale Herausforderungen

1 Arbeiten Sie in Gruppen. Erläutern Sie die Rückwirkungen der Globalisierung auf Deutschland (M1 - M4).

Globalisierung in der „Einen Welt"

„Globalisierung" bezeichnet die Entwicklung zunehmender internationaler Verflechtungen rund um den Globus. Dabei erweisen sich die Schlüsselprobleme weltweiten Ausmaßes wie Bevölkerungswachstum, Armut und Umweltbelastungen als neue Herausforderungen für die Menschheit, die nur gemeinsam in der „Einen Welt" gelöst werden können. Die Befürworter der Globalisierung glauben, die Lösung ökonomischer, politischer, sozialer und ökologischer Fragestellungen sei nur noch im weltweiten Maßstab möglich, die Globalisierungsgegner dagegen kritisieren die Verringerung nationaler Einflussnahme auf die Entscheidungsfindung und die wachsende Abhängigkeit von global agierenden Organisationen und Wirtschaftsunternehmen.

Versammlung der Vereinten Nationen

Traditionell ist die Politik eines Landes der Wahrung nationaler Interessen verpflichtet. Ein wesentliches Merkmal der Globalisierung besteht aber darin, die Bedeutung staatlicher Grenzen zu verringern und grenzüberschreitende Probleme gemeinsam zu lösen. Kann eine Global Governance, eine Art „Welt"-Regierung, notwendige Entscheidungen treffen? Politikwissenschaftler sehen hierfür derzeit keine echte Chance, wie die Erfahrungen mit Beschlüssen internationaler Organisationen zeigen. Selbst die **Vereinten Nationen** (UN) können nur darauf vertrauen, dass die Mitgliedsländer die Beschlüsse freiwillig umsetzen. So sind zum Beispiel UN-Friedensmissionen nur dann möglich, wenn sich auch Staaten finden, die Truppen zur Verfügung stellen. Internationale Abkommen wie das **Kyoto-Protokoll** zur Verringerung der Treibhausgase in der Atmosphäre können erst dann von einzelnen Staaten umgesetzt werden, wenn deren Regierungen und Parlamente zustimmen. Häufig versuchen gerade die Großmächte ihre eigenen Interessen in den Vordergrund zu stellen und verhindern mit ihrem Veto die Umsetzung mehrheitlich getroffener Entscheidungen. Selbst die Gruppe der G8, der acht führenden Wirtschaftsnationen der Welt, zeigt bei ihren jährlichen Gipfeltreffen nur selten Einigkeit über Lösungsansätze globaler Schlüsselprobleme wie etwa der Armut der Entwicklungsländer. Aus diesem Grund mehren sich die Stimmen international agierender globalisierungskritischer Bürgerbewegungen wie „Attac", die ihre Angst vor zunehmenden weltweiten wirtschaftlichen und sozialen Disparitäten in Demonstrationen und Aktionen zum Ausdruck bringen.

M1 *Globales Handeln in der Politik*

Umweltprobleme globalen Ausmaßes sind Klimaveränderungen, Desertifikation, Verschmutzung und Überfischung der Weltmeere, Verknappung der Süßwasserressourcen und der Verbrauch fossiler Rohstoffe. Aber auch regionale und lokale Umweltkatastrophen können globale Folgen hervorrufen. So ziehen mehrjährige Dürren Missernten, Hunger und Armut, soziale Unruhen und grenzüberschreitende Migrationsbewegungen nach sich. Bis Anfang der 1970er-Jahre spielte das Thema Umweltschutz in der internationalen Politik kaum eine Rolle. 1972 veranstalteten die Vereinten Nationen in Stockholm die erste Umweltkonferenz. Ihr Eröffnungstag, der 5. Juni, wird heute noch als Weltumwelttag begangen. Ergebnis der Tagung war die Gründung des UN-Weltumweltprogramms (UNEP), das seinen Sitz in Nairobi (Kenia) hat. Die zunehmende Globalisierung der internationalen Umweltpolitik führte 1992 zur „UN-Konferenz für Umwelt und Entwicklung" in Rio de Janeiro, wo das globale Aktionsprogramm „Agenda 21" zum Schutz der natürlichen Lebensgrundlagen verabschiedet wurde.

M2 *Globales Handeln zum Schutz der Umwelt*

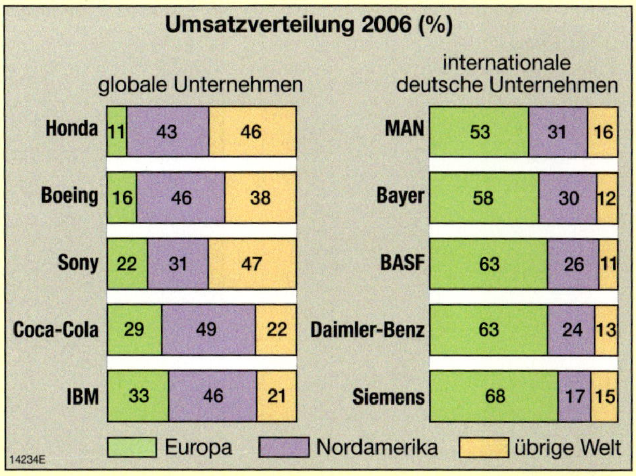

Kern der wirtschaftlichen Globalisierung ist die Ausweitung der internationalen Arbeitsteilung. Dabei bilden sich weltweite Märkte heraus, auf denen Waren und Dienstleistungen gehandelt, Technologien übertragen und Informationen ausgetauscht werden. Wichtige Voraussetzungen hierfür sind die Senkung der Transportkosten durch entsprechende Technologien wie Containerverkehr und Großraumflugzeuge, eine verbesserte Logistik sowie die modernen Informations- und Kommunikationstechniken. Erst diese ermöglichen die notwendige Vernetzung weit entfernt liegender Standorte und Absatzmärkte, wozu auch die stark gesunkenen Kosten für weltweite Telefongespräche oder die Nutzung von Fernmeldesatelliten beigetragen haben. Im Zuge der Globalisierung hat die Bedeutung von multinationalen Unternehmen, die in mehreren Staaten Waren produzieren und Dienstleistungen erbringen, stark zugenommen. Diese Global Player der Weltwirtschaft entziehen sich zunehmend einzelstaatlicher Kontrolle, spielen Standorte und Staaten, Umwelt- und Sozialgesetzgebungen, Subventionen und Zolltarife gegeneinander aus. Heute gibt es über 50 000 global agierende Unternehmen, die etwa ein Drittel des gesamten Welthandels bestreiten. Während in der industriellen Produktion die Standorte der Fabriken inzwischen fast beliebig austauschbar sind, konzentriert sich der Finanzsektor auf wenige Zentren, die Global Cities. So ist auch im Bereich der Kapitalströme die Globalisierung am weitesten fortgeschritten. In jeder Sekunde werden zwischen den Finanzzentren über das Internet milliardenschwere Devisen- und Aktientransfers abgewickelt – ohne jegliche staatliche Kontrolle und Aufsicht.

M3 *Globales Handeln in der Wirtschaft*

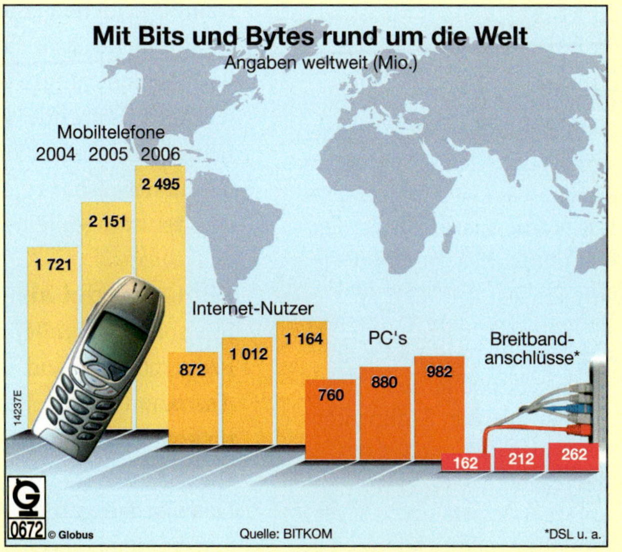

Karl V., im 16. Jahrhundert Kaiser des Heiligen Römischen Reiches und König von Spanien, konnte mit Fug und Recht behaupten, dass in seinem Reich die Sonne nie unterging. Heute sind es die Mitglieder des Managements globaler Konzerne, für die die Zeit nicht mehr stillsteht: Ihr Geschäft läuft rund um die Uhr und rund um den Globus unter Aufhebung bisher gültiger Grenzen von Raum und Zeit. Vor allem in den letzten zwei Jahrhunderten ist die Welt durch immer neue und schnellere Kommunikationstechniken, angefangen mit der Telegrafie (1837) über das Telefon (1861) und den Rundfunk (1906), enger zusammengerückt. Revolutionär war die Entwicklung des Halbleiters, der in Schaltkreisen zusammengefasst als Chip Daten speichern und verarbeiten kann. Mobiles Telefonieren (1958), Personal Computer (1971) und schließlich das Internet (1991) bilden die Voraussetzung für die globale Vernetzung der etwa eine Milliarde Personalcomputer und verbinden deren Nutzer grenzenlos über Kontinente hinweg miteinander. In der Bundesrepublik Deutschland besitzt inzwischen mehr als ein Drittel der Bevölkerung einen Internetanschluss. Aber auch in den ärmsten Ländern der Welt wächst der Nutzerkreis ständig und ermöglicht diesen einen ungehinderten Zugang zum globalen Wissen über das in den 1990er-Jahren entwickelte World Wide Web (www). Dieses universell zugängliche Trägersystem für Informationen aller Art eröffnet die äußerst attraktive Möglichkeit, per Mausklick Querverbindungen zu anderen Informationsquellen herzustellen. Heute kann jede das Internet benutzende Person ohne großen eigenen Aufwand weltweit Informationen einholen und auch vermitteln – gleichsam auf Wellen von Informationen „surfen“.

M4 *Globale Kommunikation*

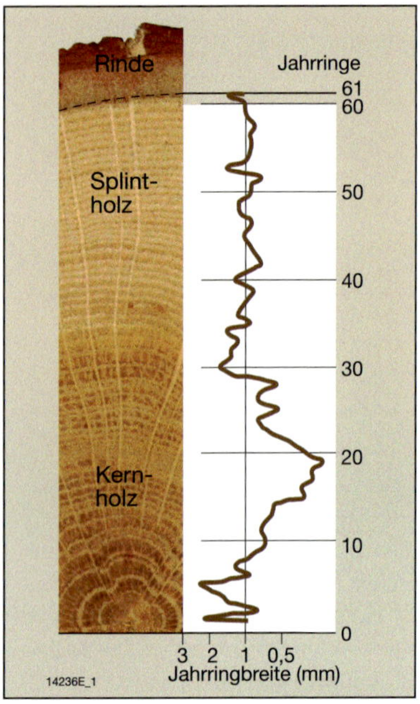

M1 *Die Dendrochronologie schließt aus den Jahresringen auf die Wachstumsbedingungen des Baumes*

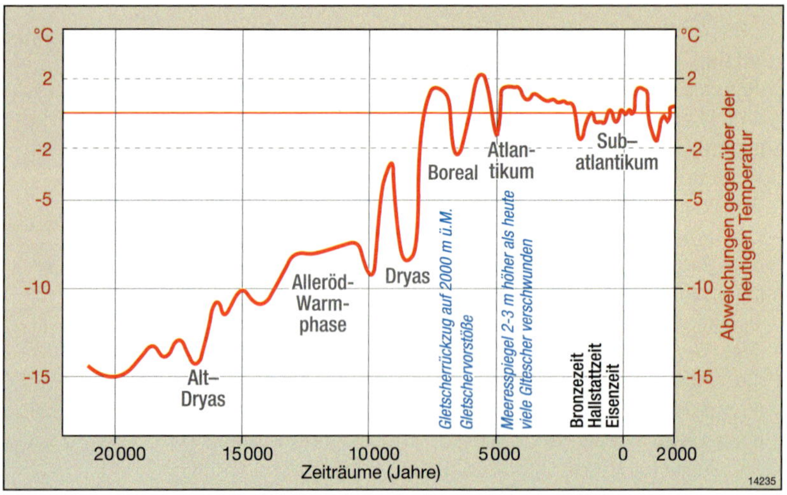

M2 *Temperaturverlauf in Mitteleuropa seit der letzten Eiszeit*

Klimawandel als globale Herausforderung

Klimawandel aktuell

„Hagel dellt in München Hunderte von Pkws ein", „Hurrikan verursacht Überflutung von New Orleans", „Dürrewelle bedroht Teile Australiens", „Gletscher schmelzen weltweit ab", „Fünf der heißesten Sommer Mitteleuropas in den letzten 10 Jahren". Sind solche Wetterextreme Anzeichen einer Klimaänderung? Vieles spricht dafür. Einerseits ist auffallend, dass sich die Wetterextreme häufen, wie Beobachtungen der Versicherungswirtschaft deutlich machen. Andererseits stimmen weltweit Tausende von Wissenschaftlern, welche die gegenwärtigen Klimatrends erforschen, darin überein: Die Temperaturen auf der Erde nehmen messbar zu, Atmosphäre und Meere erwärmen sich, ein Klimawandel ist in vollem Gange.

Klimawandel als natürlicher Vorgang

Ein solcher Wandel des Klimas ist nichts Außergewöhnliches. In der Erdgeschichte sind lange Perioden gleichbleibenden Klimas eher die Ausnahme als die Regel. Im Eiszeitalter führten deutliche Temperaturrückgänge zu mindestens vier Gletschervorstößen in Nord- und Süddeutschland bis weit in die Tiefländer bzw. Gebirgsvorländer hinein. Dazwischen gab es Warmzeiten mit Temperaturen, die teilweise über den heutigen lagen und ein völliges Abschmelzen der Gletscher zur Folge hatten. Vor mehr als 1000 Jahren besiedelten die Wikinger den Süden Grönlands („grünes Land") und konnten dort Ackerbau und Viehzucht betreiben. Etwa ab 1400 hingegen setzte die „kleine Eiszeit" ein. Die Wikinger verließen Grönland und in den deutschen Mittelgebirgen sank die Siedlungsgrenze um mindestens 200 Höhenmeter. Seit dem 19. Jahrhundert wird wieder eine Erwärmung beobachtet. Diese könnte ein natürlicher Vorgang, also die Temperaturzunahme innerhalb einer Warmzeit des Eiszeitalters sein.

Info

Das Klima vergangener Epochen

Die Paläoklimatologie rekonstruiert das Klima vergangener Epochen auf vielfältige Weise. Bohrkerne aus dem Inlandeis Grönlands und der Antarktis ermöglichen Aussagen über Temperaturen und Zusammensetzung der Atmosphäre der letzten 500000 Jahre.
Aus ozeanischen Sedimenten lassen sich Temperatur der Meeresoberfläche, Salzgehalt des Meerwassers sowie Meereisbildung rekonstruieren. Die Pollenanalyse aus Sedimenten zeigt die nacheiszeitliche Vegetationsgeschichte auf. Auch Moränen, Gletscherschliffe, Löss, Dünen, Salzlagerstätten oder Kalk geben Aufschluss über das Klima ihrer Entstehungszeit.

M3 *Der Triftgletscher im Berner Oberland 1948 und 2006*

M4 *Windhoseschäden in Nürnberg 2007*

Beeinflussung des Klimas durch den Menschen

Auffällig ist jedoch, dass der Beginn der heutigen Erwärmung nahezu mit dem Einsetzen des Industriezeitalters zusammenfällt. Zudem haben seit Mitte des 20. Jahrhunderts die Erderwärmung und auch die vom Menschen verursachten Emissionen in die Atmosphäre stark zugenommen. Vor allem das unsichtbare Gas Kohlenstoffdioxid (CO_2) wird durch die Verbrennung fossiler Energieträger ständig in ungeheuren Mengen erzeugt und dürfte wesentlich zur Erwärmung der Erdatmosphäre beitragen. Aber auch andere klimawirksame Gase wie Methan (CH_4) und Lachgas (N_2O) gelangen beispielsweise durch Reisanbau und Rinderzucht in die Lufthülle der Erde. Deshalb geht der überwiegende Teil der Klimaforscher davon aus, dass die Erderwärmung in erheblichem Maße anthropogen bedingt ist.

Schutz der Erdatmosphäre als Aufgabe globaler Umweltpolitik

Zahllose Prognosen von computergestützten Klimamodellen verheißen für die Zukunft der Erde bzw. der Menschheit wenig Gutes. Vorwiegend werden Schreckensszenarien vorhergesagt: Abschmelzen der Gebirgsgletscher und der arktischen Eiskappe, dadurch Anstieg des Meeresspiegels und Überflutung niedrig gelegener Küstenbereiche, Versteppung weiter Gebiete im Inneren der Kontinente, Zunahme der Wirbelstürme, Zusammenbrechen vieler empfindlicher Ökosysteme. Klimaforscher gehen davon aus, dass die Geschwindigkeit der Erderwärmung mit ihren Folgen von der Menge der emittierten Klimagase abhängt. Daher besteht die Notwendigkeit, die Emissionen unter allen Umständen möglichst schnell und stark zu reduzieren. Diese globale Aufgabe ist nur zu bewältigen, wenn alle mit allen Kräften daran mitwirken: die Vereinten Nationen, die Europäische Union und andere Zusammenschlüsse, die Regierungen aller Staaten, die Wirtschaft, die Verwaltungen von Provinzen und Gemeinden sowie jeder Einzelne.

1 Berichten Sie über Methoden, Klimate vergangener Epochen zu beschreiben (M1, Info, Internet).

2 „Solange es Menschen gibt, ist das Klima konstant geblieben." Nehmen sie zu dieser Aussage kritisch Stellung.

3 Erörtern Sie, inwieweit die derzeitige Erwärmung der Atmosphäre auf natürliche bzw. anthropogene Ursachen zurückzuführen ist.

4 Begründen Sie, dass die Reduktion der klimawirksamen Gase in der Atmosphäre nur global als Aufgabe bewältigt werden kann.

M1 *Glashaus als „Treibhaus“. Im Gartenbau nutzt man den Treibhauseffekt seit langem: Als Folge der im Glashaus durch die Sonneneinstrahlung deutlich erhöhten Temperaturen treiben im Frühjahr die Pflanzen früher aus und wachsen schneller und üppiger.*

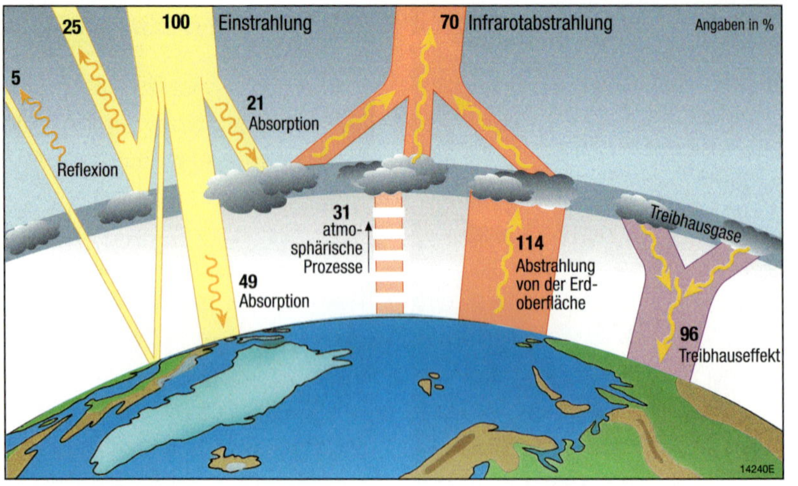

M3 *Strahlungsbilanz der Erde*

Der natürliche Treibhauseffekt

Die Atmosphäre als „Glashaus“

Im Inneren eines Glashauses erwärmen eindringende Sonnenstrahlen Boden und Gegenstände. Die hiervon ausgehende langwellige **Wärmestrahlung** kann wegen des Glases nicht nach außen dringen, sondern verbleibt innerhalb des Raumes, dessen Luft sich erwärmt. Dies bezeichnet man als Glashaus- oder **Treibhauseffekt**.

Für den natürlichen Treibhauseffekt der Erde ist die Atmosphäre verantwortlich. Sonnenlicht kann reine Luftschichten ohne weiteres durchdringen: Fast die Hälfte der eingestrahlten Energie erreicht die Erdoberfläche. Dort wird sie in Wärmestrahlung umgewandelt. Die Rolle der Glasscheiben eines Treibhauses übernehmen in der Atmosphäre die Moleküle von **Treibhausgasen**, welche die von der Erdoberfläche ausgehende Wärmestrahlung absorbieren und wieder nach allen Seiten abstrahlen. Diese abgestrahlte Energie gelangt zum Teil auf die Erde zurück. Die Erdoberfläche wird dadurch zusätzlich erwärmt. Dies nennt man den natürlichen Treibhauseffekt.

Am Boden der beiden Kolben befindet sich ein geschwärzter Karton.
Einen Kolben füllt man mit Luft, den anderen mit CO_2.
In den beiden U-Rohren befindet sich zur Druckanzeige gefärbtes Wasser: Beiderseits auf gleichen Wasserstand achten!
Bei geöffneten Hähnen an den U-Rohren erfolgt Druckausgleich. Vor dem Einschalten der Lampe Hähne schließen!
Beobachtungen über einige Minuten (Stoppuhr) notieren.

M2 *Modellversuch zum Treibhauseffekt*

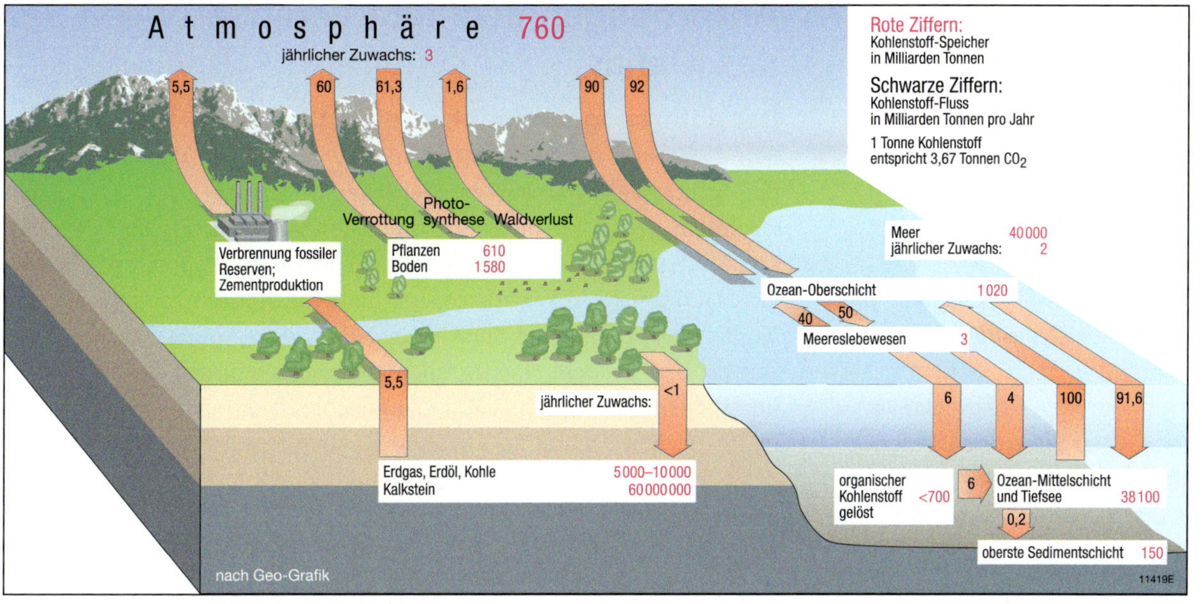

M4 *Der natürliche Kohlenstoffkreislauf*

Treibhausgase im natürlichen Gleichgewicht

Bei den für den Treibhauseffekt verantwortlichen Stoffen handelt es sich fast ausschließlich um Spurengase. Lediglich Wassermoleküle treten in relativ großen Mengen auf, bei allen anderen liegt der Anteil am Luftvolumen weit unter einem Promille.

Unbeeinflusst vom Menschen befinden sich die Treibhausgase weitgehend in einem natürlichen Gleichgewicht. Ihre Konzentrationen bleiben in etwa konstant. Werden sie durch natürliche Vorgänge verändert, so treten Ausgleichsmechanismen in Kraft, die wieder für den ursprünglichen Zustand sorgen. Wird etwa die CO_2-Konzentration durch einen Vulkanausbruch erhöht, so sorgen unter anderem Wälder dafür, das hinzugekommene CO_2 durch verstärkte Photosynthese wieder abzubauen und in Form von Biomasse in ihren Pflanzenkörpern zu speichern.

Ausgeglicheneres und wärmeres Klima

Der natürliche Treibhauseffekt ist von erheblicher Bedeutung. Ohne ihn gäbe es kein höheres Leben auf der Erde, denn die dann auftretenden Temperaturen wären zu extrem, vergleichbar denen auf dem Mond: Dort herrschen auf der Tagseite am Boden Temperaturen von etwa 130 °C, auf der Nachtseite von etwa -160 °C. Auf der Erde schwächt der Treibhauseffekt solche Temperaturgegensätze stark ab. Selbst an den Polen werden sie bei weitem nicht erreicht. Zudem bewirkt der Treibhauseffekt insgesamt eine Erwärmung der Atmosphäre und der Erdoberfläche, weil sonst die Durchschnittstemperatur auf der Erde bei nur -18 °C liegen würde statt der lebensfreundlicheren 15 °C, die man, gemittelt über alle Klimazonen, errechnet. Allerdings ist ein zu starker Treibhauseffekt auch nicht wünschenswert. So herrschen auf unserem Nachbarplaneten Venus, auf dem der Treibhauseffekt extrem ausgeprägt ist, nicht weniger als 460 °C.

1 Erläutern Sie ausführlich die Prozesse, denen die von der Sonne auf die Erde eingestrahlte Energie unterliegt (M3).

2 Führen Sie im Unterricht den Modellversuch zum Treibhauseffekt durch (M2). Erklären Sie die Beobachtungen.

3 Von Treibhauseffekt spricht man bei einem Glashaus, aber auch bei der Erdatmosphäre. Stellen Sie Gemeinsamkeiten und Unterschiede heraus (M1, M3, Text).

4 Zeigen Sie die Bedeutung des natürlichen Treibhauseffekts für das Leben auf der Erde auf.

5 Erläutern Sie, in welchen Formen der Kohlenstoff im natürlichen Kreislauf vorkommt (M4).

1 Erläutern Sie die Entstehung des anthropogen bedingten Treibhauseffekts.

2 Beschreiben und beurteilen Sie die unterschiedlichen Darstellungsformen in M1.

3 Schildern Sie Aufgaben und Arbeitsweise des IPCC (Info, Internet).

4 Geben Sie einen Überblick über die Kernaussagen des 4. IPCC-Klimaberichts (M2, M3).

5 Berichten Sie über Einwände und Bedenken gegenüber dem IPCC-Klimabericht (M4, Internet).

WWW

www.ipcc.ch/

Anthropogen bedingte Veränderungen des Klimas

Der anthropogene Treibhauseffekt

Seit 1750 sind die Konzentrationen verschiedener Treibhausgase in der Atmosphäre durch vom Menschen verursachte Emissionen beträchtlich gestiegen: die von Kohlenstoffdioxid (CO_2) um 35 %, die von Methan (CH_4) um 148 % und die von Distickstoffmonoxid (Lachgas N_2O) um 18 %. Zusätzlich sind neue Substanzen wie halogenierte Kohlenwasserstoffe und Schwefelhexafluorid in großen Mengen in die Atmosphäre gelangt. Nachweislich beeinflussen diese Gase den Strahlungshaushalt im System „Erde/Atmosphäre", wobei physikalisch eine deutliche Erwärmung zu erwarten ist. In der Tat führt die Mehrheit der Klimaforscher die zu beobachtende Zunahme der Temperaturen weitestgehend auf diese vom Menschen verursachten Emissionen zurück. Insbesondere die im IPCC zusammenarbeitenden Wissenschaftler vertreten im Weltklimabericht 2007 diese Auffassung mit Nachdruck. Einer der Autoren dieses Berichts formuliert es ganz eindeutig: „Der Bericht stellt ganz klar fest, dass der Mensch überwiegend an der globalen Erwärmung Schuld hat. Natürliche Faktoren spielen eine völlig untergeordnete Rolle". Zum natürlichen Treibhauseffekt tritt somit ein zusätzlicher anthropogener Treibhauseffekt.

Allerdings teilen nicht alle Wissenschaftler diese Auffassung. So werde, sagen einige, die Möglichkeit von natürlichen, auch kurzfristig auftretenden Temperaturschwankungen, wie sie in der Vergangenheit immer wieder beobachtet wurden, zu wenig berücksichtigt. Eine gewisse Skepsis sei auch angebracht gegenüber den Computersimulationen, auf denen alle Vorhersagen beruhten. Sie seien keine Abbildungen der Realität, da nicht alle Klimafaktoren in ausreichendem Maß berücksichtigt werden könnten, etwa der Einfluss veränderter Wolkenbildung. Schließlich seien auch die meist als katastrophal dargestellten Auswirkungen einer Erderwärmung nicht nur einseitig negativ zu bewerten.

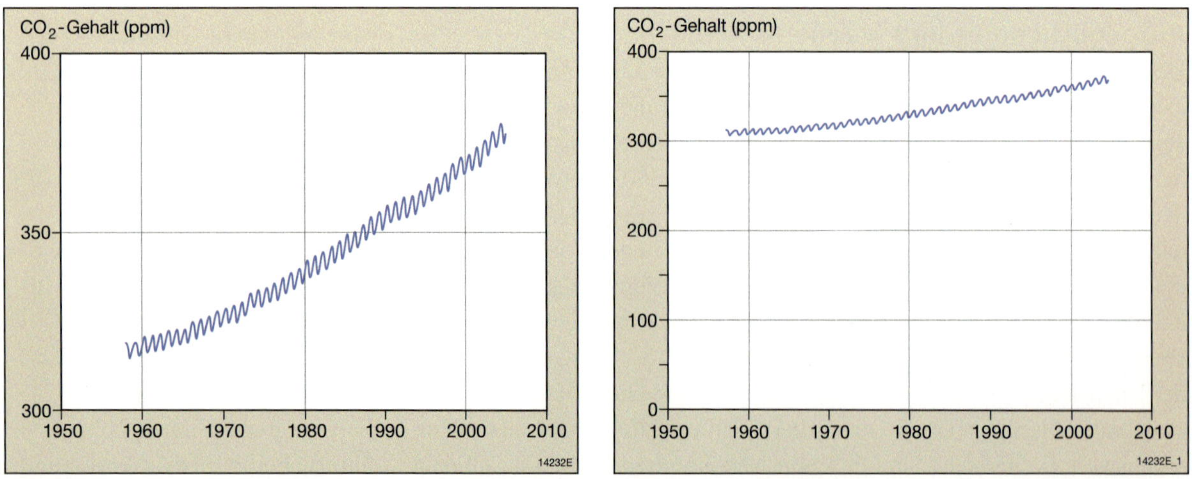

M1 *CO_2-Anstieg in der Atmosphäre 1958-2005, GAW-Station Hawaii (unterschiedliche Darstellungen)*

Teil I vom 02.02.2007 untermauert, dass der Klimawandel in vollem Gang sei. Seine Hauptursache liege im anthropogen bedingten Treibhauseffekt. Nur grundlegendes und schnelles globales Umsteuern könne die schlimmsten Folgen noch halbwegs in Grenzen halten. Die Erderwärmung sei laut IPCC „beispiellos“: Elf der letzten zwölf Jahre befänden sich unter den zwölf wärmsten Jahren seit Beginn der Aufzeichnungen 1850. In den nächsten beiden Dekaden werde die Temperatur jeweils um 0,2 °C steigen. Auch wenn die Konzentration der Treibhausgase im Jahr 2000 auf dem damaligen Stand eingefroren worden wäre, müsste wegen der Trägheit des Klimasystems noch mit einer Erwärmung von 0,1 °C pro Dekade gerechnet werden. Für die Entwicklung bis 2100 hat das IPCC sechs Szenarien vorgelegt: Nach der günstigsten Prognose werde eine Erwärmung um 1,1 bis 2,9 °C erfolgen, nach der ungünstigsten steige die Temperatur bis zu 6,4 °C.

M2 *Aus dem IPCC-Klimabericht 2007 – wissenschaftliche Grundlagen*

Teil III vom 04.05.2007 behandelt die Möglichkeiten, die zunehmende Erwärmung zu bremsen und zu verhindern, dass die globale Temperatur um mehr als 2 °C gegenüber dem vorindustriellen Niveau ansteigt. Das Nichtüberschreiten der 2 °C-Schwelle gilt als entscheidend dafür, dass der Klimawandel noch verkraftbar bleibt und katastrophale Folgen (z. B. Versiegen des Golfstroms, starker Anstieg des Meeresspiegels durch Abschmelzen der Eismassen Grönlands) nicht eintreten. Dieses Ziel halten die IPCC-Wissenschaftler für erreichbar, aber nur dann, wenn der weltweite Treibhausgasausstoß spätestens ab dem Jahr 2015 sinke, und zwar so schnell, dass bis 2050 eine Reduktion um 50 %, in den Industrieländern sogar um über 80 % im Vergleich zum Jahr 1990 erzielt werde. Die dafür notwendigen Technologien und Maßnahmen (Energiesparen, Energieeffizienz, erneuerbare Energien) stünden zur Verfügung. Der erforderliche Aufwand liege bei nur maximal 0,12 % des weltweiten BIP pro Jahr. Auch CO_2-Sequestrierung (Endlagerung oder Deponierung von CO_2) und Atomenergie nennt der IPCC-Bericht als Möglichkeiten zur Treibhausgas-Reduktion.

M3 *Aus dem IPCC-Klimabericht 2007 – mögliche Klimaschutz-Maßnahmen*

Die IPCC-Berichte genießen zwar weithin einen guten Ruf in der Fachwelt, erfahren jedoch auch Kritik. Das Konsens-Prinzip unterdrücke tendenziell kontroverse Forschungsergebnisse und könne so die Forschung behindern. Kritisiert wird auch die Auswahl der wissenschaftlichen Autoren durch Vertreter von Nationalstaaten, die über die Auswahl schon im Vorfeld auf die Inhalte der Berichte Einfluss nehmen könnten. Hinzu kämen die häufig nicht unerheblichen Abschwächungen und Verwässerungen bis hin zu Abänderungen der ursprünglichen wissenschaftlichen Vorlagen durch Regierungsvertreter; letztere seien an Weisungen ihrer jeweiligen Regierungen gebunden, die eher an kurz- und mittelfristigen Interessen orientiert seien und sich weniger der Wissenschaftlichkeit verpflichtet fühlten. Die Abschätzungen zukünftiger Klimaänderungen beruhten auf Simulationen von Klimamodellen, die durch angenommene Emissionsentwicklungen angetrieben würden. Letztere hingen von einer Reihe kaum vorhersehbarer Faktoren ab. Insofern seien die Szenarien keine Vorhersagen, sondern plausible, nicht notwendigerweise wahrscheinliche Entwicklungen. Als weitere Unsicherheit kämen Modellunzulänglichkeiten hinzu.

M4 *Kritische Stimmen zum IPCC-Klimabericht 2007*

Info

IPCC

IPCC (**I**ntergovernmental **P**anel on **C**limate **C**hange, Zwischenstaatlicher Ausschuss für Klimaänderungen), gegründet 1988, Sitz in Genf.
Das IPCC, auch als Weltklimarat bezeichnet, soll umfassend, objektiv und ergebnisoffen die wissenschaftlichen, technischen und sozioökonomischen Informationen über den vom Menschen verursachten Klimawandel zusammentragen und bewerten. Es soll die Folgen und Risiken der Klimaänderung abschätzen und ausloten, wie man sie abschwächen oder sich an sie anpassen kann.
Die IPCC-Berichte aus den Jahren 1990, 1995, 2001 und 2007 basieren auf Hunderten Modellrechnungen, ausgefeilten Computersimulationen, zahllosen Studien und Messreihen, die von etwa 2500 Experten erarbeitet wurden.
Auf die Formulierung der Ergebnisse hat auch die Politik Einfluss genommen.
2007 hat das IPCC den Friedensnobelpreis erhalten.

Szenario	Temperaturanstieg (°C)	Meeresspiegelanstieg (cm)
B1	1,1-2,9	18-38
A1T	1,4-3,8	20-45
B2	1,4-3,8	20-43
A1B	1,7-4,4	21-48
A2	2,0-5,4	23-51
A1FI	2,4-6,4	26-59

z. B.: B1 – Halbierung der Emissionen von Klimagasen innerhalb der nächsten Jahrzehnte; A1FI – ungebremstes Wachstum des Energiebedarfs, Bevorzugung fossiler Energieträger.

M5 *IPCC-Szenarien 2007 für 2090-2099, relativ zu 1980-1999*

M1 *Logo des Erdgipfels von Johannesburg 2002*

www

www.bmu.de
www.worldsummit2002.de

Info

Agenda 21

Die Agenda 21 listet in 40 Kapiteln umfassende umwelt- und entwicklungspolitische Handlungsanweisungen für nachhaltige Entwicklung auf, z. B.:
- Armutsbekämpfung,
- Veränderung der Konsumgewohnheiten,
- Schutz der menschlichen Gesundheit,
- Schutz der Erdatmosphäre,
- Bekämpfung der Entwaldung,
- Förderung einer nachhaltigen Landwirtschaft,
- Schutz der Ozeane,
- Schutz der Güte und Menge der Süßwasserressourcen,
- globaler Aktionsplan für Frauen,
- Initiativen der Kommunen zur Unterstützung der Agenda 21,
- Förderung der Schulbildung.

Nachhaltigkeit als Leitbild künftiger Entwicklung

Nachhaltigkeit als politische Idee

Nachhaltigkeit ist heute ein zentrales Anliegen nationaler und internationaler Politik. Es zielt darauf, wirtschaftlichen Wohlstand zu ermöglichen, für sozialen Ausgleich zu sorgen und die natürlichen Lebensgrundlagen für zukünftige Generationen zu erhalten. Ausgangspunkt der weltweiten Diskussion um das Konzept der **nachhaltigen Entwicklung** war der 1987 vorgelegte Abschlussbericht der Weltkommission für Umwelt und Entwicklung, nach der Vorsitzenden auch als „Brundtland-Kommission“ bekannt. Dort wird eine Entwicklung als nachhaltig definiert, welche die Bedürfnisse der Gegenwart befriedigt ohne zu riskieren, dass die Bedürfnisse künftiger Generationen nicht mehr befriedigt werden können.

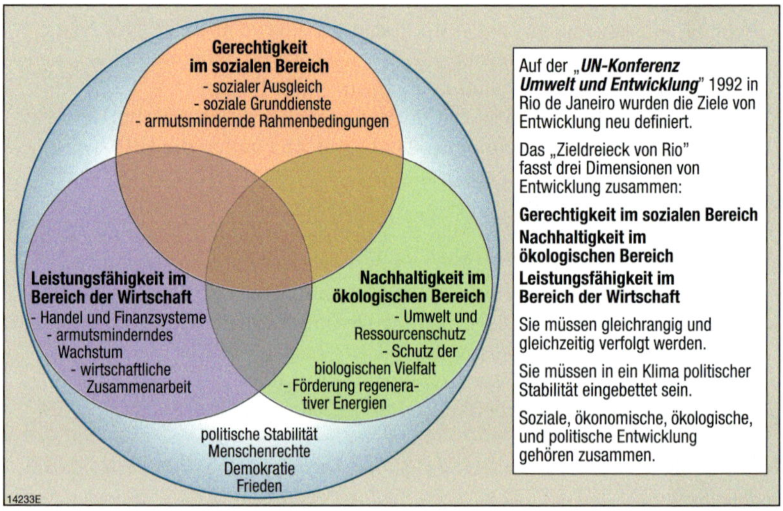

M2 *Das Konzept der nachhaltigen Entwicklung*

Ziele einer nachhaltigen Entwicklung

Im Konzept der nachhaltigen Entwicklung werden drei Problemfelder unterschieden: die ökonomische, ökologische und soziale Dimension zukünftiger Entwicklung. Ziel der ökonomischen Nachhaltigkeit ist die Sicherung langfristiger Erträge, die aus der behutsamen Nutzung vorhandener Ressourcen erwächst und im Gegensatz zu einem kurzfristigen Streben nach maximalem Gewinn durch Ausbeutung begrenzter Rohstoffe steht. Die soziale Dimension stellt die Frage nach der Verteilungsgerechtigkeit in den Mittelpunkt der Diskussion und bezieht sich auf den Zugang zu Chancen und Ressourcen sowohl innerhalb einzelner Länder als auch im globalen Verteilungskonflikt zwischen den Wirtschaftsmächten einerseits und den Entwicklungsländern andererseits. Vorrangiges Ziel der ökologischen Nachhaltigkeit ist die Erhaltung der natürlichen Lebensbedingungen zur Sicherung der menschlichen Existenz auf dem Planeten Erde.

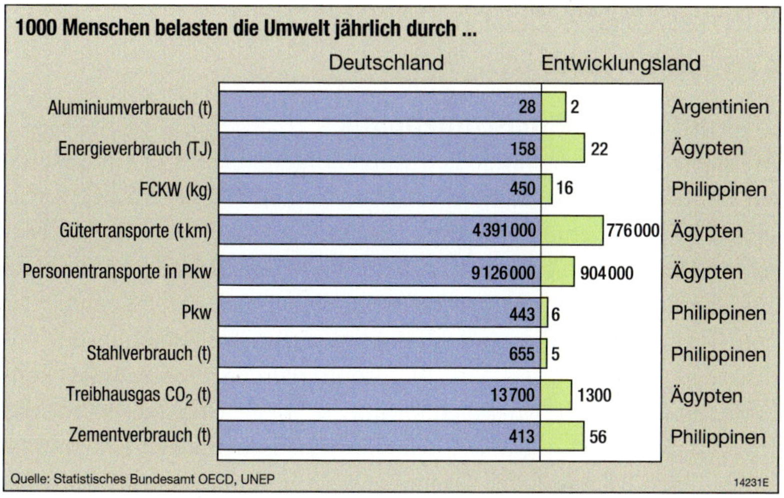

M3 *Umweltbelastungen in Deutschland und in Entwicklungsländern*

Politische Umsetzung durch internationale Vereinbarungen

In Zeiten der Globalisierung hat das Konzept der nachhaltigen Entwicklung einen hohen Stellenwert in der internationalen Politik erhalten. Globale Umwelt- und Entwicklungsprobleme können nur gemeinsam in enger Zusammenarbeit gelöst werden. 1992 hat sich die internationale Staatengemeinschaft auf der „UN-Konferenz für Umwelt und Entwicklung“ in Rio de Janeiro darauf verständigt, mit Hilfe der dort beschlossenen Agenda 21 die soziale Kluft zwischen den reichen und armen Staaten zu schließen. 2002 schließlich hat die Staatengemeinschaft auf dem „Erdgipfel für nachhaltige Entwicklung“ in Johannesburg die zentralen Umwelt- und Entwicklungsziele benannt und beschlossen. Heute bildet ein Geflecht von Umweltverträgen das Rückgrat der internationalen Umweltpolitik. Letztlich entscheidet aber jeder Einzelne mit seinem Handeln über den Erfolg dieser Abkommen.

M4 *Interessengegensätze*

Info

Ziele des „Erdgipfels für nachhaltige Entwicklung“ 2002 in Johannesburg

- Bis zum Jahr 2010 soll der Rückgang der Biodiversität (Artenvielfalt) deutlich reduziert werden.
- Bis zum Jahr 2015 soll die Anzahl der Menschen, die in absoluter Armut lebt, um 500 Millionen gesenkte werden, weltweit alle Kinder eine Grundschulbildung erhalten und der Anteil der Menschen, die keinen Zugang zu sanitärer Grundversorgung haben, halbiert werden.
- Bis zum Jahr 2020 soll eine Minimierung der gesundheits- und umweltschädlichen Auswirkungen bei der Produktion und dem Gebrauch von Chemikalien erreicht werden.

1 Erläutern Sie die Zielsetzungen der „UN-Konferenz“ in Rio 1992 und des „Erdgipfels“ in Johannesburg 2002.

2 Erklären Sie die Aussage der Karikatur (M4).

3 Informieren Sie sich über die Umsetzung der Agenda 21 in ihrem Wohnort.

4 Diskutieren Sie Ihren persönlichen Beitrag im Rahmen einer nachhaltigen Entwicklung.

Klimaschutz durch nachhaltige Entwicklung

Internationale Klimaschutzpolitik

Auf einer ersten internationalen Klimakonferenz 1979 in Genf wurde auf politischer Ebene zum ersten Mal eine durch CO_2-Anstieg verursachte Klimaänderung prognostiziert. Umfassende internationale Forschungsprogramme schlossen sich an. Ende der 1980er-Jahre erfolgte der Übergang von der naturwissenschaftlichen Bestandsaufnahme zur politischen Diskussion über Maßnahmen zur Eindämmung des anthropogenen Treibhauseffekts. In Toronto wurden 1988 erstmals konkrete klimapolitische Vorgaben formuliert. Im gleichen Jahr wurde das IPCC (vgl. S. 151) gegründet, das die wissenschaftlichen Erkenntnisse über den Klimawandel zusammenstellt und bewertet sowie realistische und international akzeptierte Strategien zur Bewältigung des anthropogenen Treibhauseffekts formulieren soll. Die 1992 in Rio de Janeiro verabschiedete Klimarahmenkonvention fordert die Stabilisierung der Treibhausgaskonzentration in der Atmosphäre, und zwar so, „dass sich die Ökosysteme auf natürliche Weise den Klimaänderungen anpassen können, die Nahrungsmittelerzeugung nicht bedroht wird und die wirtschaftliche Entwicklung auf nachhaltige Weise fortgeführt werden kann". Das darauf aufbauende Kyoto-Protokoll von 1997 hat den OECD-Staaten sowie den ehemals sozialistischen Industriestaaten erstmals völkerrechtlich verbindlich eine Reduktion der Treibhausgas-Emissionen vorgeschrieben.

Inzwischen wird der Klimaschutz als so entscheidend für die Entwicklung auf der Erde empfunden, dass er regelmäßig auf der Tagesordnung internationaler Konferenzen oder Treffen hochrangiger Politiker steht. Zukünftige Ziele sind neue Regelungen für die Zeit nach dem Auslaufen der Vereinbarungen des Kyoto-Protokolls 2012 sowie die Reduzierung der Emissionen auch in Entwicklungs- und Schwellenländern.

WWW

UN-Klimaschutz-Konvention
www.unfccc.int
Emissionshandel
www.dehst.de
Atmosfair
www.atmosfair.de
Klimabund
www.klimabund.de
25-Mio.-Dollar-Preis
www.virginearth.com
Klima-Allianz
www.die-klima-allianz.de
Initiative 2 Grad
www.initiative2grad.de
Weltzukunftsrat
www.worldfuturecouncil.org
The Climate Group
www.theclimategroup.org
Young Global Leaders
www.younggloballeaders.org
Climate Savers
www.climatesaverscomputing.org
Klimazwei
www.klimazwei.de
Umweltdirektorat der EU-Kommission
www.ec.europa.eu/environment/climat/home_en.htm

M1 *Ausgewählte Klimaschutz-Projekte im Internet*

M2 *Solaranlage auf dem Dach einer Turnhalle*

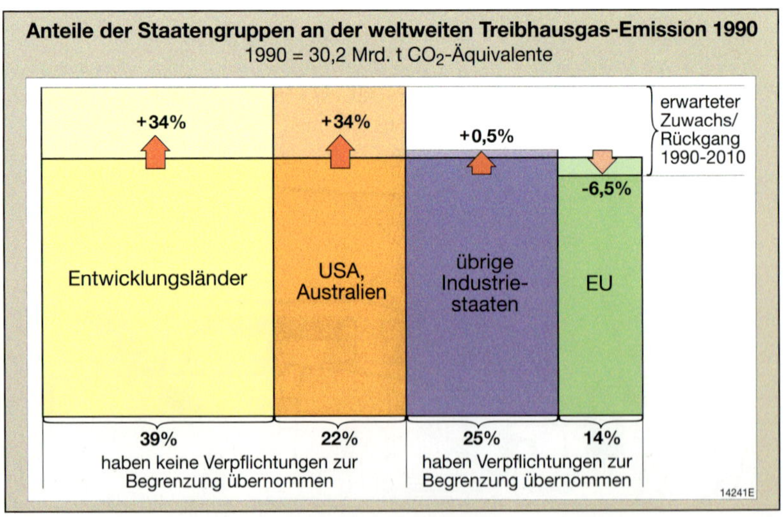

M3 *Entwicklung der Treibhausgas-Emissionen*

Klimaschutzpolitik in Deutschland

Die Regierungen der Bundesrepublik Deutschland sehen das Land als Vorreiter der internationalen Klimapolitik. Bereits Ende der 1980er-Jahre diskutierten Kommissionen des Deutschen Bundestages Ursachen und Folgen der Erderwärmung, was 1990 in einem nationalen CO_2-Minderungsprogramm seinen Niederschlag fand. Seitdem sind zahlreiche Maßnahmen getroffen worden, um dem Ziel einer nachhaltigen Klimapolitik näherzukommen. Viele Gesetze und Verordnungen zielen auf die Förderung neuer Technologien, etwa auf die Erzeugung erneuerbarer Energien aus Wind, Sonne und Biomasse, die Wärmedämmung von Gebäuden, die Minderung des Energieverbrauchs in Heizungsanlagen oder die Kraft-Wärme-Kopplung.

Um gesetzliche Regelungen zu vermeiden, gibt es seit 1995 Selbstverpflichtungen der deutschen Wirtschaft, Emissionen in bestimmten Bereichen zu mindern. 1998 wurde mit der Öko-Steuer auf Mineralölprodukte, Erdgas und Strom erstmals eine ökologische Komponente in das Steuersystem eingeführt. Mit dem aus dem Kyoto-Protokoll resultierenden Emissionshandel erreichte die Nutzung marktsteuernder Klimaschutzinstrumente eine neue Qualität. Mit einem umfangreichen Maßnahmenbündel soll das 2005 fortgeschriebene Nationale Klimaschutzprogramm sicherstellen, dass die international zugesagte Reduzierung der Treibhausgasemissionen – um 21 % im Zeitraum 2008 - 2012 bezogen auf 1990 – in Deutschland erreicht wird.

Im April 2007 hat die Bundesregierung mit der Klimaagenda 2020 ein noch anspruchsvolleres Ziel gesetzt: Senkung der Treibhausgas-Emissionen um 40 % bis 2020. Die Umsetzung soll mit einem grundlegenden Umbau der Industriegesellschaft einhergehen. Dazu gehören eine ambitionierte Steigerung der Energieeffizienz und ein massiver Ausbau der erneuerbaren Energien, aber auch offensive Forschung und Entwicklung, rasche Marktdurchdringung für neue, effiziente Produkte, innovative Produktionsprozesse sowie neue Verkehrskonzepte.

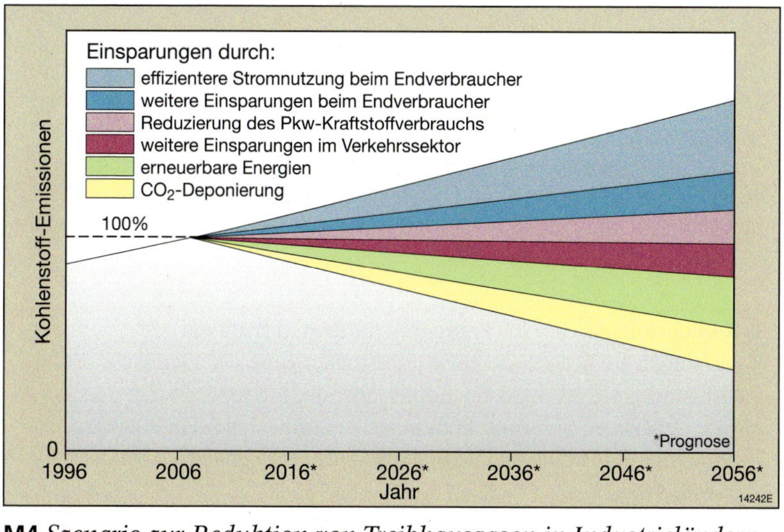

M4 *Szenario zur Reduktion von Treibhausgasen in Industrieländern*

WWW

www.bmu.de
www.klima-sucht-schutz.de
www.germanwatch.org

1 Vergleichen Sie Zielvorstellungen und bisherige Ergebnisse internationaler Klimaschutzpolitik (M3).

2 Erläutern Sie die im Rahmen des Kyoto-Protokolls eingeführten flexiblen Klimaschutzmechanismen (Internet-Recherche).

3 Beschreiben und erörtern Sie das in M4 vorgestellte Szenario zur Reduktion von Treibhausgasemissionen in Industrieländern.

4 Berichten Sie über einzelne Klimaschutz-Initiativen (M1).

5 Fertigen Sie eine Liste von Maßnahmen, mit denen jeder Einzelne in den Bereichen Mobilität, Ernährung und Wohnen zur Reduzierung von Treibhausgasemissionen beitragen kann.

1. Nachhaltige Entwicklung und Globalisierung

a) Übertragen Sie das Modell der nachhaltigen Entwicklung in Ihr Heft.
b) Ordnen Sie folgende Aussagen den Teilen der Triade zu: Bevölkerungsentwicklung, Erhaltung von Wald, Ernährungssicherung, Bildung, Gewässerschutz, Handelsbeziehungen, Bodenerhalt, Arbeitsbeschaffung, Schutz der Atmosphäre, Friedenssicherung, Artenschutz, Strukturwandel, Entschuldung, Beseitigung von Armut, Entwicklungszusammenarbeit, Gleichberechtigung von Frauen.

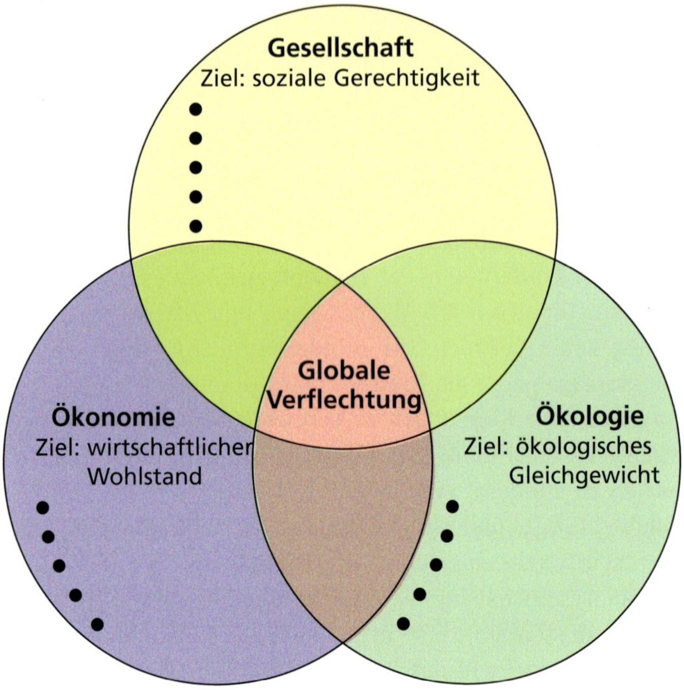

2. Klimawandel

a) Stellen Sie in einer beschrifteten Skizze die wesentlichen physikalischen Vorgänge des natürlichen Treibhauseffekts dar.
b) Geben Sie die Ursachen für den anthropogenen Treibhauseffekt an.
c) Stellen Sie die Folgen des Klimawandels mit Hilfe der Materialien 1–3 dar.

Wichtige Begriffe

Globalisierung
Klimawandel
Kyoto-Protokoll
nachhaltige Entwicklung
Treibhauseffekt
Treibhausgas
Vereinte Nationen
Wärmestrahlung

1. Meeresspiegelanstieg
Weiteres Abschmelzen des Inlandeises auf Grönland und in der Antarktis wird den Meeresspiegel bis 2050 um 30 bis 50 cm höher steigen lassen. Küstenstädte wie Hamburg, London und New York wären von Überflutungen bedroht. Teure Deiche können sich die ärmeren Staaten nicht leisten. Bangladesch würde große Teile seines Landes ans Meer verlieren. Ganze Südsee-Inseln verschwinden in den Fluten. Die hydrometeorologischen Ereignisse, zu denen auch Erdrutsche und Dürren zählen, verzeichnen einen steilen Anstieg.

2. Extreme Wetterlagen
Häufiger als heute werden extreme Wetterlagen auftreten. Sintflutartige Regenfälle mit katastrophalen Überschwemmungen werden sich mit lang anhaltender Dürre abwechseln. Dort, wo heute die Getreidegürtel liegen, werden Dürreperioden die Ernte vernichten. Die Wüsten werden größer. Weltweit sinkende Erträge verschärfen den Hunger. Dadurch kommt es zu Millionen von Hungerflüchtlingen. Es finden Kriege um klimatisch bevorzugte Gebiete statt.

3. Kohlenstoffspeicher im Permafrost drohen aufzutauen
Vom Permafrost beeinflusste Böden bedecken rund ein Viertel der Erde. Sie können große Mengen an Kohlenstoff speichern, weil sie durch Gefrieren organische Substanz konservieren. Große Teile des Permafrostes werden zukünftig auftauen und dadurch vermehrt Kohlendioxid oder Methan freisetzen.

Arbeitsmethoden – kurz und knapp

Mit dem Atlas arbeiten

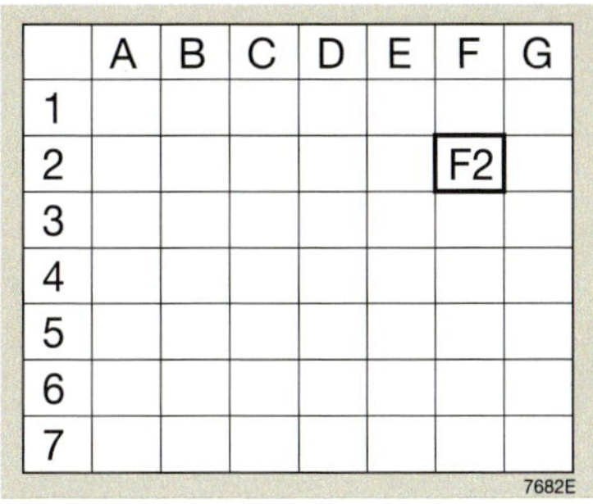

Im Atlas unterscheidet man zwischen physischen und thematischen Karten.
Physische Karten zeigen vor allem die Lage von Städten und Dörfern, den Verlauf von Flüssen und Grenzen sowie Höhen und Tiefen (dargestellt mit Höhenschichten).
Thematische Karten enthalten Angaben zu einem bestimmten Thema.
Jede Karte hat bestimmte Signaturen und einen Maßstab (z. B. 1: 1 000 000 → 1 cm auf der Karte ≙ 1 000 000 cm in der Natur ≙ 10 km).
Orte findet man im Atlas mit Hilfe des Registers und der in den Karten eingezeichneten Planquadrate.

Thematische Karten lesen

Wollen Sie eine Karte lesen, müssen Sie sechs Fragen an die Karte stellen:

1. Wie lautet das Thema der Karte? (→ Abbildungsunterschrift)
2. Welches Gebiet wird dargestellt?
3. Wie groß ist das dargestellte Gebiet? (→ Maßstab, Maßstabsleiste)
4. Was bedeuten die eingetragenen Signaturen? (→ Legende)
5. Welchen Karteninhalt findet man? Sind die Signaturen über die Karte verteilt oder an einigen Punkten konzentriert?
6. Gibt es Zusammenhänge zwischen den Aussagen, die die Beschreibung des Karteninhalts ergeben haben?

Eine Faustskizze zeichnen

1. Zeichnen Sie den groben Umriss des Raumes. Verwenden Sie dabei einfache geometrische Figuren (Dreieck, Rechteck, Oval usw.).
2. Tragen Sie mit unterschiedlichen Farben grob die Lage von Flüssen, Städten und Gebirgen ein.
3. Tragen Sie nach Bedarf Vermerke zu bestimmten Themen (z. B. Thema „Siedlungsraum“) ein.

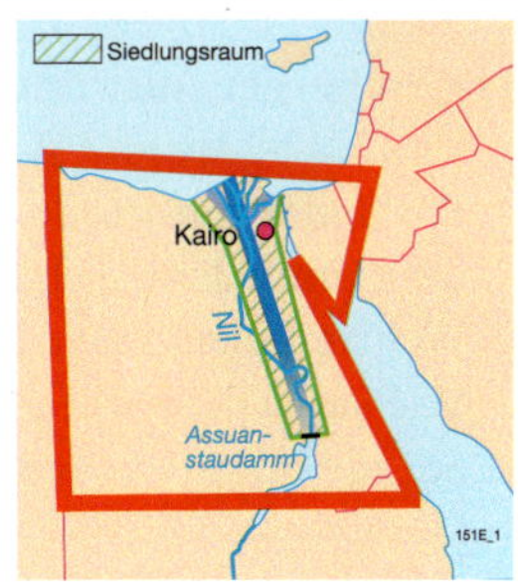

Texte auswerten

Texte können Sie in fünf Schritten auswerten:

1. Lesen Sie den Text aufmerksam durch. Schlagen Sie unbekannte Wörter nach.
2. Gliedern Sie den Text und formulieren Sie Zwischenüberschriften.
3. Schreiben Sie aus jedem Abschnitt die wichtigsten Begriffe, die Schlüsselwörter, heraus.
4. Fassen Sie den Text in vollständigen Sätzen zu einer Inhaltsangabe zusammen.
5. Überlegen Sie, welche Absichten die Autorin oder der Autor dieses Textes verfolgt.

Tabellen auswerten

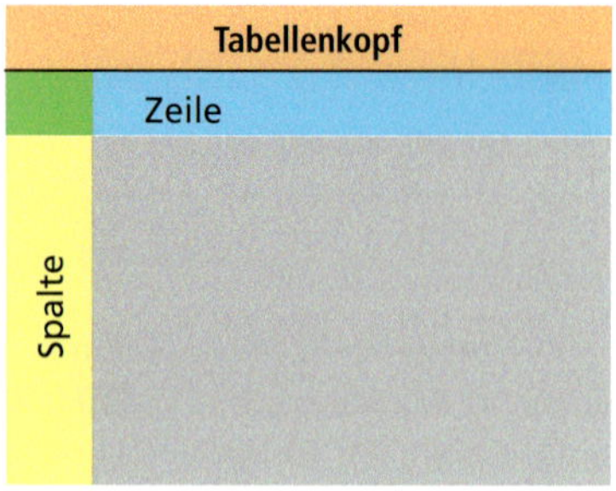

Schritt für Schritt sich einen Überblick verschaffen, beschreiben, erklären:
1. Wie lautet das Thema der Tabelle? (Abbildungsunterschrift, Tabellenkopf)
2. Auf welchen Zeitraum beziehen sich die Aussagen (z. B. ein Jahr oder mehrere Jahre)? Lassen sich Entwicklungen ablesen?
3. Welches sind die Extremwerte? Welche Verteilung haben die Zahlen zwischen den Extremwerten?
4. Kann man die einzelnen Zahlen vergleichen? In welchem Verhältnis stehen die Werte zueinander?
5. Gibt es Zusammenhänge zwischen den Zahlen der einzelnen Spalten?
6. Wie lautet die Gesamtaussage der Tabelle?

Diagramme lesen und zeichnen

Man unterscheidet Säulendiagramme, Balkendiagramme, Kurvendiagramme, Kreisdiagramme, Flächendiagramme.

Diagramme lesen:
1. Zu welchem Thema sind Aussagen vorhanden?
2. Wie sind die einzelnen Werte verteilt? (→ Extremwerte, Verteilung der anderen Werte)
3. Wie lautet die Gesamtaussage des Diagramms?

Diagramme zeichnen – beachten Sie:
1. Zwei Achsen (x-Achse und y-Achse) bilden ein Achsenkreuz, genau im rechten Winkel.
2. Die y-Achse beginnt in der Regel bei null. Sie sollte über den höchsten Wert hinausreichen, damit man auch diesen Wert gut ablesen kann.
3. Bei Diagrammen, die eine Entwicklung aufzeigen, müssen die Abstände zwischen gleich langen Zeitabständen auch gleich groß sein.
4. Die Unterschrift gibt das Thema eines Diagramms an.

Bilder auswerten

Fragen bei der Auswertung eines Bildes:
1. Was? Wo? Wann? Welchen Raum zeigt das Bild? Wo und wann wurde es aufgenommen? Wo liegt der Raum, der abgebildet ist? (→ Atlas)
2. Welche Einzelheiten kann man erkennen?
3. Wie lautet die wichtigste Aussage des Bildes? Fassen Sie alle Informationen zu einer Aussage zusammen.
4. Wie kann man das auf dem Bild Dargestellte erklären?

Was können Sie über den abgebildeten Raum und eventuell auch über das Leben der Menschen sagen, wenn Sie alle Einzelheiten im Zusammenhang betrachten?

Satellitenbilder auswerten

Folgende Fragen sollten Sie bei der Auswertung eines Satellitenbildes stellen:
1. Wie lautet der Titel des Bildes?
2. Welchen Ausschnitt der Erdoberfläche sehen Sie? Suchen Sie im Atlas passende physische und thematische Karten und ordnen Sie das Satellitenbild ein.
3. Zu welchem Zeitpunkt/welcher Jahreszeit wurde das Satellitenbild aufgenommen?
4. Welche Bedeutung haben Farben im Satellitenbild?
5. Was können Sie auf dem Satellitenbild erkennen?
6. Wie können Sie die erkennbaren Einzelheiten/Objekte des Satellitenbildes beschreiben?
7. Welche Erkenntnis gewinnen Sie aus der Auswertung des Bildes?
8. Welche Erklärung kann es für die Ergebnisse der Auswertung geben?

Eine Kausalkette zu einem Text anfertigen

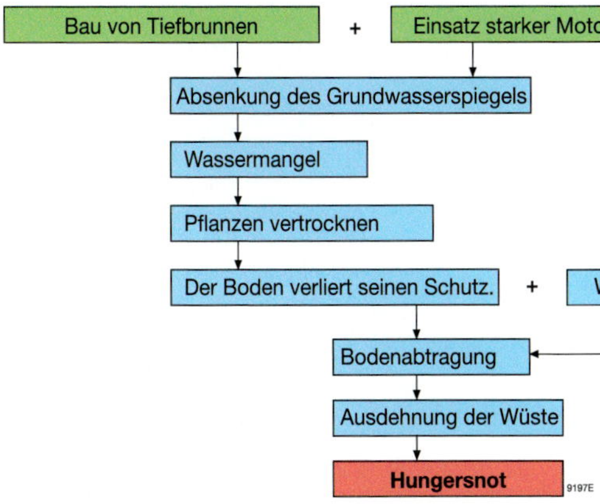

1. Markieren Sie die wichtigen Begriffe und Aussagen im Text.
2. Notieren Sie Begriffe oder Aussagen stichwortartig.
3. Ordnen Sie die Begriffe in logischer Abfolge (z. B. Ursache – Wirkung).
4. Schreiben Sie die Stichwörter nacheinander auf, verbinden Sie diese mit Pfeilen. (Achtung, die Pfeile müssen immer dieselbe Bedeutung haben, z. B. „folgt aus"!)
5. Überlegen Sie, ob mehrere Gründe für eine Wirkung verantwortlich sind.
6. Überlegen Sie, ob auch eine andere Reihenfolge der Stichwörter möglich wäre.

Klimadiagramme auswerten

1. Beschreiben Sie die Lage der Klimastation (Staat, Höhe, Nähe von Städten, Flüssen, ...).
2. Ermitteln Sie die Amplitude der Jahrestemperatur und beschreiben Sie den Verlauf der Temperaturkurve. Bestimmen Sie den Monat mit dem höchsten und dem niedrigsten Wert.
3. Beschreiben Sie die jahreszeitliche Verteilung der Niederschläge.
   Beachten Sie, dass ab 100 mm Niederschlag der Maßstab auf der Niederschlagsskala geändert wird.
4. Bestimmen Sie die Dauer der ariden und der humiden Zeit.
5. Nennen Sie die Werte für die Jahresmitteltemperatur und die jährliche Niederschlagshöhe.
6. Ordnen Sie das Klimadiagramm einer Klima- und Vegetationszone zu.

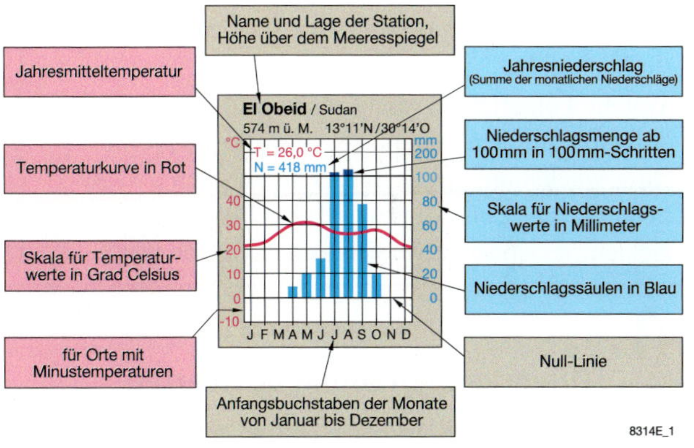

Im Internet Informationen suchen

Um mit Suchmaschinen möglichst brauchbare Seiten zu finden, sollte man ihre Sprache beherrschen. Dazu einige Tipps:

1. Suchmaschinen suchen immer genau nach den Buchstabenfolgen, die man eingibt. Wenn Sie „Tropen" eingeben, kommen nur Seiten, in deren Text das Wort „Tropen" vorkommt. Es wird aber keine Seite zum tropischen Regenwald aufgelistet.
2. Besteht Ihr Suchbegriff aus mehreren Wörtern (z.B. „tropischer Regenwald"), können Sie diese in Anführungszeichen setzen. Dann werden nur die Seiten gesucht, auf denen genau dieser Begriff vorkommt. Tun Sie das nicht, erhalten Sie alle Seiten, auf denen „tropischer" vorkommt und alle Seiten, auf denen „Regenwald" vorkommt.
3. Sie können auch Begriffe ausschließen. Wenn Sie also Seiten suchen, auf denen „Regenwald" vorkommt, aber nicht „tropischer Regenwald" dann setzen Sie direkt vor das Wort „tropischer" ein Minuszeichen. Schon sind alle Seiten zum Thema „tropischer Regenwald" ausgeschlossen.
4. Alle Suchmaschinen geben zum Beispiel unter „Hilfe" oder „Tipps" genaue Erklärungen zu ihrer Suchsprache.

Bevölkerungspyramiden auswerten

1. Welche Form hat die Bevölkerungspyramide? Ähnelt sie eher einer Pyramide, einem Baum, einer Glocke oder einer Urne? (Bsp.: Deutschland oben, Indien darunter)
2. Besitzt die Pyramide eine breite Grundfläche, so bedeutet dies: Es gibt viele Geburten und die Bevölkerung wächst. Bei schmaler Grundfläche nimmt die Bevölkerung ab.
3. Verjüngt sich die Pyramide nach oben, so sterben viele Menschen früh. Öffnet sich die Form nach oben, kann man auf eine hohe Lebenserwartung schließen.
4. Gibt es in der Pyramide auffällige Einschnitte, z.B. durch Naturkatastrophen, Hungerjahre, Kriege?
5. Gibt es Unterschiede zwischen der weiblichen oder männlichen Bevölkerung? In den entwickelten Ländern ist die Lebenserwartung der Frauen deutlich höher.
6. Welche Folgerungen lassen sich aus der Form der Alterspyramide ableiten? (etwa starkes Bevölkerungswachstum, hoher Bedarf an Schulen und Arbeitsplätzen, Überalterung der Bevölkerung, hohe Belastung der Sozialversicherungssysteme usw.)

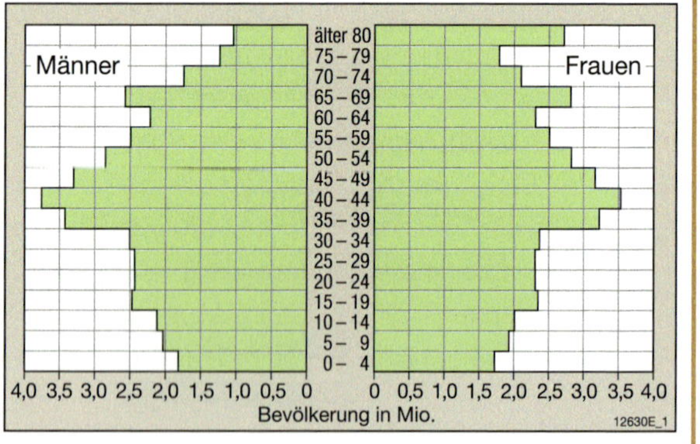

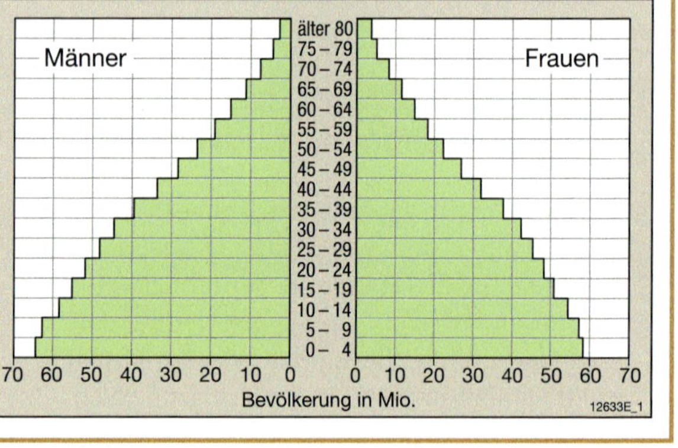

Dreiecksdiagramme auswerten

1. Dreiecksdiagramme werden dann gezeichnet, wenn drei zusammenhängende Anteile (Prozentwerte) graphisch dargestellt werden sollen, welche in der Summe 100 % ergeben, etwa die Anteile der Erwerbstätigen in den drei Wirtschaftsbereichen.
2. Welcher Sachverhalt wird in dem Dreiecksdiagramm dargestellt?
3. Welche Variablen werden auf den drei Achsen dargestellt (z.B. primärer Sektor, sekundärer Sektor, tertiärer Sektor)?
4. Lesen Sie die Werte für die im Diagramm eingetragenen Punkte ab. Die Summe der Anteile muss immer 100 % ergeben.

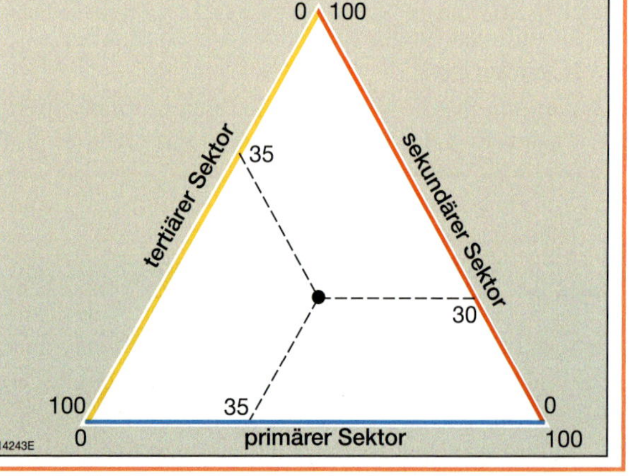

Verschiedene Materialien im Zusammenhang auswerten

1. Formulieren Sie für jedes Material das Thema.
2. Beschreiben und notieren Sie Inhalte, Ort, Zeit, Verlauf, Hauptaspekt, Besonderheit, Gründe, Folgen.
3. Fassen Sie die Aussagen der Materialien zusammen.
4. Ordnen Sie die Ergebnisse nach Unterthemen.

Gesamtdarstellung: Darlegung des Themas (was, wann, wo, wie?), Gründe oder Entstehung, Folgen und Probleme (eventuelle Maßnahmen).

Wichtige Begriffe aus den Jahrgangsstufen 5, 7 und 8

Ackerbau
Form der landwirtschaftlichen Bodennutzung (z. B. Getreide-, Zuckerrübenanbau). Neben Ackerbau gehören Viehhaltung (Grünlandwirtschaft) und Anbau von → Sonderkulturen zur Landwirtschaft.

Agglomeration
Bezeichnung für die räumliche Ballung oder Verdichtung von Bevölkerung und Arbeitsplätzen; weitgehend gleichbedeutend mit → Verdichtungsraum oder → Ballungsraum.

Agrarkolonisation
Programm, bei dem bisher weniger oder ungenutzte Naturräume für die großräumige landwirtschaftliche Nutzung inwertgesetzt werden. Bei der Agrarkolonisation wird meist Bevölkerung aus Regionen mit hohem Bevölkerungsdruck in die neu erschlossenen Gebiete umgesiedelt.

Agroindustrie
Bei dieser Form der Landwirtschaft erfolgen – wie in einem Industrieunternehmen – die Produktionsschritte von der Herstellung über die Verarbeitung bis zur Vermarktung landwirtschaftlicher Produkte in einem Betrieb.

agronomische Trockengrenze
Grenze zwischen Gebieten mit Niederschlagsüberschuss und solchen mit Niederschlagsdefizit. Jenseits der agronomischen Trockengrenze sind die Niederschläge so gering, dass → Regenfeldbau nicht mehr möglich ist und bewässert werden muss.

Aktivraum
Teilraum eines Landes mit sehr hohem Anteil an dessen wirtschaftlicher Leistung. Gekennzeichnet durch eine große Anzahl an Arbeitsplätzen in Industrie und Dienstleistung, durch ein hohes Durchschnittseinkommen der Beschäftigten und durch eine niedrige Arbeitslosenquote. (→ Passivraum)

Anbaugrenze (auch Ackerbaugrenze)
Die durch Temperatur, Niederschlag und Bodenbeschaffenheit bedingte natürliche Grenze des → Ackerbaus.

Anökumene
Gebiete, die vom Menschen nicht dauerhaft besiedelt und genutzt werden.

äquatoriale Tiefdruckrinne
Eine aus bodennahen Tiefdruckgebieten bestehende Zone tiefen Luftdrucks, die im Bereich des Äquators die Erde umspannt.

arid
Von lateinisch aridus = trocken. Bezeichnung für das → Klima eines Trockenraumes, in dem weniger Niederschläge fallen als verdunsten können.

Atmosphäre
Die Atmosphäre ist die Lufthülle der Erde. Sie reicht etwa 1 000 km in die Höhe und besteht aus verschiedenen Gasen und Schichten.

Ballungsraum
Ein Ballungsraum ist ein Gebiet, in dem sehr viele Menschen auf engem Raum leben. Hier gibt es viele Arbeitsplätze und ein gut ausgebautes Verkehrsnetz.

Bevölkerungsexplosion
Bildhafter Ausdruck für das starke Wachstum der Bevölkerung.

Bewässerungslandwirtschaft
Form des landwirtschaftlichen Anbaus in niederschlagsarmen Gebieten, bei der Wasser auf die Felder geleitet wird und die Pflanzen bewässert werden.

borealer Nadelwald
Von griechisch boreas = Norden. Nadelwaldzone (z.B. Taiga) der nördlichen Erdhalbkugel. Der boreale Nadelwald ist artenarm und wächst nur sehr langsam.

Brandrodung
Sie dient dazu, Felder im → tropischen Regenwald und den → Savannen anzulegen. Hierbei werden die großen Bäume gefällt und anschließend mit den anderen Pflanzen verbrannt.

Bruttonationaleinkommen
(auch Bruttosozialprodukt)
Jährlich von den Bürgern eines Staates erbrachte wirtschaftliche Gesamtleistung.

Cash crop
Agrarprodukt, das auf dem Weltmarkt verkauft wird.

Container
Ein großer, geschlossener Stahlbehälter, dessen Außenmaße nach TEU (Twenty Feet Eqivalent Unit oder 20 x 8 x 8 Fuß) weltweit genormt sind (6,05 m lang, 2,44 m breit und 2,44 m hoch).

Dauerfeldbau
Landwirtschaftliche Nutzung, bei der jedes Jahr ohne Unterbrechung Feldbau betrieben wird.

Dauerfrostboden
Bis in große Tiefe gefrorener Boden, der im Sommer nur einige Meter an der Oberfläche, nicht aber in der Tiefe auftaut. Dauerfrostböden wurden während der → Eiszeiten gebildet.

Dauerkultur
Bei dieser Form der Landwirtschaft stehen die Nutzpflanzen mehrere Jahre oder dauerhaft auf den gleichen Flächen (meist Baum- oder Strauchkulturen wie Obstbäume oder Wein).

Delta (griech. Großbuchstabe Delta = Δ)
Mündungsbereich eines Flusses mit vielen Seitenarmen. Durch Verringerung der Fließgeschwindigkeit lagert hier der Fluss mitgeführte Stoffe (z. B. Schlamm) ab.

Desertifikation
Ausbreitung der Wüste, auch durch menschliche Eingriffe, z.B. durch Überweidung oder Grundwasserabsenkung.

Disparitäten
Ungleichheiten zwischen Gebieten eines Landes in der Wirtschaftskraft und in der Anzahl der Arbeitsplätze. Diese haben Auswirkungen auf die Lebensbedingungen der Menschen.

Dornstrauchsavanne (auch Dornsavanne)
Vegetationstyp der → wechselfeuchten Tropen. Infolge kurzer Regenzeit (etwa 3 Monate) und langer Trockenzeit (etwa 9 Monate) gedeihen v.a. schütteres Gras, einzelne laubabwerfende Bäume, Dornsträucher und Sukkulenten. Die Böden bilden häufig harte Krusten, der aufliegende lockere Oberboden ist erosionsgefährdet.

Eiszeit
Abschnitt der Erdgeschichte mit niedrigen Temperaturen, in dem Teile der Erdoberfläche von mächtigen Eismassen bedeckt waren. Die letzte Eiszeit endete vor etwa 10 000 Jahren. Die Zeiträume zwischen den Eiszeiten nennt man Warmzeiten.

endogene Kraft
Kraft aus dem Erdinneren, die Veränderungen der Erdoberfläche bewirkt. Spannungen in der → Lithosphäre können zu → Erdbeben führen und aufsteigendes Magma zu → Vulkanismus.

Energieträger
Stoffe, die in Energie umgewandelt werden können. Dies sind die fossilen Energieträger Erdöl, Kohle und Erdgas, die Kernbrennstoffe, z. B. Uran und Deuterium, und die regenerativen Energieträger, wie Solarenergie, Wasserkraft, Windkraft, Biomasse und Erdwärme.

Entwicklungsland
Land, das im Vergleich zu einem Industrieland weniger weit entwickelt ist. Entwicklungsländer werden auch als Dritte-Welt-Länder bezeichnet.

Erdbeben
Erschütterung der Erdoberfläche, die meistens durch ruckartiges Verschieben der Platten der → Lithosphäre hervorgerufen wird.

Erosion
Abtragung von Gestein und Boden der Erdoberfläche durch Wasser, Eis, Wind und die Schwerkraft.

Eurasien
Name für die größte Landmasse der Erde, die sich aus dem → Kontinent Europa und dem östlich angrenzenden Kontinent Asien zum Doppelkontinent Eurasien zusammensetzt.

exogene Kraft
Kraft, die von außen auf die Erde einwirkt und deren Oberfläche verändert (vor allem Schwerkraft, Wasser, Eis, Wind).

Faltengebirge
Gebirge, bei dem die waagerecht abgelagerten Gesteinsschichten der Erdkruste gefaltet und anschließend hoch über den Meeresspiegel herausgehoben wurden.

Favela
Elendsviertel am Rand von Großstädten in Lateinamerika.

Feuchtsavanne
Vegetationstyp der → wechselfeuchten Tropen. Eine lange Regenzeit (etwa 9 Monate) und eine nur kurze Trockenzeit (etwa 3 Monate) ermöglichen das Wachstum von übermannshohem Gras und dichten Baumgruppen.

Fjord
Weit ins Landesinnere reichende Bucht, entstanden aus Gletschertälern (Trogtäler, U-Täler), in die seit dem Ende der letzten → Eiszeit das Meer eingedrungen ist.

Folienkultur
Anbau von Nutzpflanzen unter Plastikfolien, unter denen durch Wärmespeicherung der Sonnenenergie höhere Ernteerträge erzielt werden können.

Food crop
Nutzpflanze, die meist zur Eigenversorgung (Subsistenzwirtschaft) angebaut wird.

Fremdlingsfluss
Ein Fluss, der aus einem niederschlagsreichen Gebiet kommt und durch ein Trockengebiet fließt.

Frostsprengung
Langsames Zerlegen größerer Gesteinsbrocken in kleinere Stücke durch die Ausdehnung gefrierenden Wassers in den Gesteinsklüften.

Fruchtwechsel
Um dem Boden nicht immer dieselben Nährstoffe zu entziehen, wird auf einer landwirtschaftlichen Fläche regelmäßig, meist dreijährig, die Folge der Anbaufrüchte gewechselt.

Gezeiten
Unter Gezeiten versteht man die regelmäßige Hebung und Absenkung des Meeresspiegels an der Küste. Das Ansteigen des Wassers nennt man Flut, das Sinken Ebbe.

Glashauskultur
Anbau von Nutzpflanzen in Gewächshäusern zur Förderung des Pflanzenwachstums und zur Erhöhung der Ernteerträge.

glaziale Serie
Von lateinisch glacies = Eis. Regelmäßige Abfolge von naturräumlichen Einheiten, die das Eis und seine Schmelzwässer während der → Eiszeiten geformt haben. Glaziale Serie im Alpenvorland: Grundmoräne, Endmoräne, Schotterebene. Glaziale Serie in Norddeutschland: Grundmoräne, Endmoräne, Sander, Urstromtal.

Golfstrom
Warme → Meeresströmung, die aus dem Golf von Mexiko kommt, den nördlichen Atlantischen Ozean quert und die Küsten West- und Nordeuropas umspült.
Der Golfstrom hat großen Einfluss auf das → Klima im Westen Europas.

Grundbedürfnisse
Die wichtigsten Grundbedürfnisse des Menschen zum Leben sind Nahrung, Trinkwasser, Kleidung, Unterkunft, Bildung, Arbeit und ärztliche Versorgung.

Hartlaubgewächse
Typische Pflanzen des Mittelmeerraums, die durch kleine, derbe, immergrüne Blätter an die heißen, trockenen Sommer angepasst sind.

Hightech-Industrie
Hightech ist die englische Abkürzung für Hochtechnologie. Hightech-Produkte erfordern einen besonders hohen wissenschaftlichen und finanziellen Entwicklungsaufwand.

Hochgebirge
Gebirge mit Höhen über 2 000 m, meist mit schroffen, steil aufragenden Bergen und tief eingeschnittenen Tälern. Auf den höchsten Erhebungen gibt es häufig Gletscher.

Höhenstufen der Vegetation
Infolge der Temperaturabnahme um ca. 0,5 °C pro 100 Höhenmeter entsteht in Gebirgen eine regelmäßige vertikale Abfolge unterschiedlicher Vegetationsformen, die Höhenstufen der Vegetation.
Je nach Höhe der Niederschläge (z. B. → Luv- oder → Leeseite des Gebirges) können sich auf gleicher Höhe die Vegetationsformen unterscheiden.

Human Development Index (HDI)
Methode zur Berechnung des Entwicklungsstandes eines Landes mit Hilfe verschiedener statistischer Angaben, z. B. des → Bruttonationaleinkommens pro Kopf, der Lebenserwartung und des Anteils der Analphabeten.

humid
Von lateinisch humidus = feucht. Bezeichnung für das → Klima eines Gebiets, in dem mehr Niederschläge fallen als verdunsten können.

Industrialisierung
Entstehung und Ausbreitung der Industrie, besonders durch technische Neuerungen und Erfindungen.

informeller Sektor
Für → Entwicklungsländer typischer, vom Staat nicht erfasster Bereich des Klein- und Dienstleistungsgewerbes, z. B. Straßenhandel, Schuhputzer.

Infrastruktur
Dazu zählen alle Einrichtungen, die zur Entwicklung eines Raumes notwendig sind (Verkehrswege, Wasser- und Stromleitungen, Kanalisation, Müllentsorgung, Bildungseinrichtungen, Krankenhäuser).

innertropische Konvergenzzone (ITC)
Äquatornahe Tiefdruckzone (→ äquatoriale Tiefdruckrinne), in der die aufeinander zuströmenden → Passate der beiden Erdhalbkugeln konvergieren.

Intensivierung
In der Landwirtschaft werden Maßnahmen zur Steigerung der Ernteerträge als Intensivierung bezeichnet. Durch den Einsatz von hochwertigem Saatgut, von Pflanzenschutz- und Düngemitteln sowie durch eine zeitaufwändigere Bodenbearbeitung durch Maschinen (Mechanisierung) können höhere Erträge erzielt werden.

Intensivlandwirtschaft
Eine Form der landwirtschaftlichen Nutzung mit hohem Kapital- und Arbeitsein-

satz, z. B. durch Bewässerung, Düngung und Schädlingsbekämpfung.

Jahreszeitenklima
→ Klima, bei dem die Temperaturschwankungen innerhalb eines Jahres größer sind als die innerhalb eines Tages. Jahreszeitenklimate sind typisch für alle Zonen außerhalb der → Tropen.

Klima
Klima ist der durchschnittliche Zustand der → Klimaelemente während eines langen Zeitraumes (viele Jahre oder Jahrzehnte) an einem bestimmten Ort.

Klimaelemente
Klimaelemente sind z. B. Temperatur, Niederschlag, Bewölkung, Sonneneinstrahlung und Wind.

Klimaregion
Ein größerer Teil eines → Kontinents mit weitgehend einheitlichem → Klima.

Kontinent
Festlandsmasse, die von anderen Kontinenten durch eine natürliche Abgrenzung (z. B. ein Meer, ein Gebirge) getrennt ist.

kontinentales Klima (auch Landklima)
Klimatyp im Inneren Europas (und anderer → Kontinente), bei dem der Einfluss eines Meeres nur gering ist. Große Temperaturunterschiede zwischen Sommer und Winter sowie geringe Niederschläge sind kennzeichnend.

Kulturerdteil
Ein Kulturerdteil wird durch gleiche oder ähnliche Merkmale der Kultur geprägt. Die Grenzen zwischen den Kulturerdteilen sind meist fließend.

Landflucht
Landbewohner ziehen in die Stadt, weil ihre → Grundbedürfnisse auf dem Land nicht mehr befriedigt werden können und die Menschen bessere Lebensbedingungen in der Stadt erwarten.

Landklima (→ kontinentales Klima)

ländlicher Raum
Darunter versteht man ein Gebiet, das gekennzeichnet ist durch eine geringe Bevölkerungsdichte, das Fehlen größerer Städte, eine große Anzahl von Beschäftigten in der Landwirtschaft, einen Mangel an Arbeitsplätzen im → sekundären und → tertiären Sektor sowie eine geringe Verkehrserschließung.

Landwechselwirtschaft
Mehr oder weniger regelhafter Wechsel der Landnutzung als Acker-, Grün- oder Waldland.

Latifundium
Spanische Bezeichnung für einen landwirtschaftlichen Großgrundbesitz.

Leeseite
Bezeichnung für die dem Wind abgewandte Seite. Bei einem Gebirge ist es die Regenschattenseite.

Lithosphäre
Gesteinshülle der Erde. Zur Lithosphäre gehören die Erdkruste und die obere, feste Schicht des Erdmantels. Die Lithosphäre besteht aus Platten, die sich auf der zähflüssigen Schicht des Erdmantels bewegen.

Luvseite
Bezeichnung für die dem Wind zugewandte Seite. Bei einem Gebirge ist es die Regenseite.

Marginalsiedlung
Siedlungen am Stadtrand mit sehr eingeschränkter Bewohnbarkeit (z. B. auf Müllhalden oder an steilen Hängen). Die Bevölkerung dieser Siedlungen lebt meist unterhalb der Armutsgrenze.

maritimes Klima
(auch ozeanisches Klima oder Seeklima) Klimatyp an den Westküsten Europas (und anderer → Kontinente), bei dem der Einfluss eines Meeres sehr stark ist. Hohe Niederschläge sowie relativ ausgeglichene Temperaturen sind kennzeichnend.

Massentierhaltung
Bei der Massentierhaltung werden von einem Betrieb oftmals Tausende von Nutztieren (z. B. Schweine, Puten, Hühner) gehalten. Um Kosten zu sparen, sind in diesen spezialisierten Betrieben die Arbeitsabläufe (z. B. Füttern, Entmisten) stark automatisiert.

Massentourismus
Diese Form des Fremdenverkehrs findet sich in Ferienregionen mit sehr hohen Urlauberzahlen. Der Begriff wird häufig abwertend im Sinne einer Kritik an den Auswüchsen des Tourismus gebraucht.

Meeresströmung
Über weite Entfernungen im Meer fließendes Wasser. Es wird meist durch regelmäßig wehende Winde bewegt. Es gibt warme und kalte Meeresströmungen.

Megastadt
Großstadt mit mehr als 5 Mio. Einwohnern.

Metropole
Politisches, wirtschaftliches und kulturelles Zentrum einer Region mit vielfältigem Angebot an Waren und Dienstleistungen sowie zahlreichen kulturellen Einrichtungen wie Kinos, Theater, Opernhäuser, Bildungseinrichtungen, usw.

Metropolisierung
Entwicklung einer die anderen Städte eines Landes an Größe und Bedeutung weit überragenden Metropole.

Migration
Jegliche Art von Verlagerung des Wohnstandortes auf Dauer. Migrationen (auch Wanderungen) können über kurze Entfernungen stattfinden (z. B. Umzug aus der Innenstadt an den Stadtrand), regionalen (z. B. Wohnortverlagerung innerhalb eines Landes/einer Region), internationalen oder gar globalen Charakter haben (z. B. Zustrom von Flüchtlingen aus Afrika nach Europa).

Mittelgebirge
Gebirge mit abgerundeten Formen und Höhen von bis zu 2 000 m. Die Mittelgebirge Deutschlands sind größtenteils bewaldet.

Mobilität
Räumliche Mobilität nennt man die Bewegung im Raum, beispielsweise die tägliche Fahrt zur Schule und zur Arbeitsstätte, die Urlaubsreise oder den Umzug von einer Stadt in die andere.

Monokultur
Anbau einer einzigen Nutzpflanze.

Monsun
Beständig wehende, halbjährlich die Richtung wechselnde Winde in den → Tropen.

natürliches Bevölkerungswachstum
Ist die Anzahl der Geburten in der Bevölkerung eines Landes größer als die Anzahl der Sterbefälle, spricht man vom natürlichen Bevölkerungswachstum.

Niederschlagsvariabilität
Schwankung des Jahresniederschlags in einer Region über einen längeren Zeit-raum.

Nomade
Angehöriger einer Volksgruppe, die mit ihrer Viehherde von Weideplatz zu Weideplatz zieht und all ihren Besitz mit sich führt.

Nomadismus
Wirtschaftsweise der → Nomaden am Rand der Trockenräume.

Oase
Nutzbare Fläche in der Wüste, wo Grund- oder Flusswasser Landwirtschaft ermöglichen.

ökologische Landwirtschaft
Öko-Bauern betreiben eine Landwirtschaft, die im Einklang mit der Natur steht. Hierbei wird ein vielfältiger → Ackerbau mit artgerechter Tierhaltung kombiniert. Die Bodenbearbeitung erfolgt möglichst schonend ohne chemische Pflanzenschutzmittel und unter Verwendung von natürlichem Dünger (beispielsweise Stallmist).

Ökosystem
In einem Ökosystem stehen die Umweltbereiche → Klima, Tiere, Pflanzen, Wasser, Boden, Gesteine und Menschen in enger Wechselwirkung. Je nachdem, welche Lebensbedingungen herrschen, entwickeln sich unterschiedliche Ökosysteme (z. B. Wiese, Wald, Gewässer oder Moor).

OPEC
1960 gegründeter Zusammenschluss Erdöl exportierender Länder (**O**rganization of **P**etroleum **E**xporting **C**ountries).

Ozean
Die einzelnen, durch → Kontinente getrennten Teile des Weltmeeres; dies sind Atlantischer, Indischer und Pazifischer Ozean. Auch die gesamte Wassermasse des Meeres wird Ozean genannt.

ozeanisches Klima (→ maritimes Klima)

Passat
Wind, der während des ganzen Jahres vom → subtropischen Hochdruckgürtel zur → innertropischen Konvergenzzone strömt.

Passatzirkulation
Tropischer Luftkreislauf, bei dem die → Passate im Bereich der → ITC konvergieren, wobei anschließend die Luft in große Höhen aufsteigt, dort zu den Seiten abfließt, im Bereich der → subtropischen Hochdruckgürtel absinkt und wieder zu Passaten wird.

Passivraum
Raum eines Landes, der einen niedrigen Anteil an dessen wirtschaftlicher Gesamtleistung aufweist. Er ist gekennzeichnet durch eine geringe Anzahl an Arbeitsplätzen in Industrie und Dienstleistungen, durch einen großen Anteil des primären Wirtschaftssektors, durch ein geringes Durchschnittseinkommen der Beschäftigten und durch eine hohe Arbeitslosenquote. Vor allem junge Menschen wandern aus Passivräumen ab in → Aktivräume.

Plantage
Eine Plantage ist ein landwirtschaftlicher Großbetrieb in den → Tropen. Hier werden Nutzpflanzen (z. B. Bananen, Kaffee, Tee, Kautschuk) meistens in → Monokultur für den Weltmarkt angebaut. Eine Plantage besitzt Einrichtungen zur Verarbeitung, Aufbereitung und Verpackung der Früchte bzw. deren Produkte.

Peripherie
Der Begriff bezeichnet allgemein die Randlage eines Raumes. Räume an der Peripherie sind weniger dicht besiedelt und besitzen eine weniger gut ausgebaute → Infrastruktur.

primärer Sektor
Der Teil der Wirtschaft, der die Bereiche Landwirtschaft, Forstwirtschaft, Fischerei und die Gewinnung von Rohstoffen umfasst („erster Bereich").

Pull-Faktor
So nennt man bei einer Wanderung (→ Migration) die positiven Bedingungen im Zielgebiet, die den Migranten „anziehen".

Push-Faktor
So nennt man bei einer Wanderung (→ Migration) die negativen Bedingungen im Herkunftsgebiet, die den Migranten „abstoßen".

Randmeer
Ein Randmeer (z. B. Nordsee) ist ein vom → Ozean durch Inseln und Halbinseln abgetrennter Meeresteil an einem Kontinentrand.

Regenfeldbau
Anbau ohne künstliche Bewässerung. Für das Wachstum der Pflanzen reichen die Niederschläge aus.

Rossbreiten
Die → subtropischen Hochdruckgürtel auf der Nord- bzw. Südhalbkugel.

sanfter Tourismus
Besondere Form des Tourismus, der die Natur schonen soll. An Stelle des Autos werden öffentliche Verkehrsmittel benutzt, die Hotels und Ferienhäuser werden im landestypischen Stil gebaut, um das Landschaftsbild zu erhalten und so die kulturelle Eigenart des Raumes zu wahren.

Sanierung
Unter Sanierung versteht man die Erneuerung und Instandhaltung von Gebäuden. Dazu gehören Arbeiten an der Fassade und im Inneren der Gebäude.

Savanne
Graslandschaften mit einzelnen Baumgruppen in den → wechselfeuchten Tropen.

Schelf
Teil des Festlandsockels zwischen Küste und Kontinentalabhang, der bis zu 200 m tief ist. Viele Inseln sind dem Schelf aufgesetzt. Er ist wegen seines Fischreichtums und seiner Bodenschätze ein wichtiger Wirtschaftsraum der Küstenstaaten.

Schwellenland
Land, das sich im Übergang vom → Entwicklungs- zum Industrieland befindet.

Sedimentation
Ablagerung von verwittertem Gesteinsmaterial, das von Wasser, Eis oder Wind transportiert wurde (→ Erosion).

Seeklima (→ maritimes Klima)

sekundärer Sektor
Die Weiterverarbeitung der Rohstoffe, die der → primäre Sektor erzeugt, erfolgt in Industrie- und Handwerksbetrieben. Diesen Teil fasst man im sekundären Sektor („zweiter Bereich") zusammen.

Slum
Städtisches Wohngebiet sozialer Randgruppen mit schlechtem baulichen Zustand der Häuser. (→ Marginalsiedlung)

Sonderkultur
Nutzpflanzen, die mit hohem Aufwand an Arbeitskraft und Geld auf kleinen Flächen angebaut werden. Sie stellen hohe Ansprüche an → Klima und Bodenbeschaffenheit, liefern aber auch hohe Erträge pro Hektar (z. B. Obst, Gemüse).

Spezialisierung
Beschränkung der landwirtschaftlichen Tätigkeit auf den Anbau weniger ausgesuchter Pflanzen (z. B. Weizen, Wein, Zuckerrüben) oder auf die Haltung einer bestimmten Sorte Vieh.

Standortfaktor
Standortfaktoren sind Voraussetzungen, die für oder gegen die Ansiedlung eines Betriebes an einem Ort sprechen.

Stockwerkanbau
In Südeuropa werden wegen hoher Sonneneinstrahlung Anbaufrüchte so gepflanzt, dass höhere Pflanzen (z. B. Olivenbäume) als Schattenspender für niedrigere Pflanzen (z. B. Getreide, Gemüse) dienen.

Subsistenzwirtschaft
Landwirtschaftliche Wirtschaftsform, bei der die Erträge hauptsächlich der Selbstversorgung der Familie dienen.

Subtropen
Übergangszonen zwischen → Tropen und gemäßigten Zonen (Mittelbreiten). Im Sommer bestimmen trocken-heiße Luftmassen der → Rossbreiten, im Winter wandernde Hoch- und Tiefdruckgebiete der Mittelbreiten das Wettergeschehen.

subtropischer Hochdruckgürtel
Im Bereich der Wendekreise gelegene Zone hohen Luftdrucks, aus einzelnen, meist stationären Hochdruckgebieten bestehend.

Suburbanisierung
Die Abwanderung der Stadtbevölkerung an den Stadtrand oder in das benachbarte Umland führt dazu, dass sich städtische Räume großflächig in die umliegenden Gemeinden ausdehnen und sich das Leben dort verändert.

Tageszeitenklima
→ Klima, bei dem die Temperaturschwankungen innerhalb eines Tages größer sind als die innerhalb eines Jahres. Tageszeitenklima ist typisch für die → Tropen.

Taiga (→ borealer Nadelwald)

Technologiepark
Industriegebiet, in dem sich v. a. junge Unternehmen ansiedeln. Diese entwickeln oft moderne Produkte, z. B. aus dem Hightech-Bereich. Dabei arbeiten sie z. B. eng mit Universitäten und Fachhochschulen zusammen.

Terms of Trade
Verhältnis zwischen Export- und Importpreisen eines Landes.

tertiärer Sektor
Den tertiären Sektor („dritter Bereich") nennt man auch Dienstleistungssektor, in dem die Beschäftigten als Verkäufer, Bankangestellte, Lehrer, Ärzte oder Entwickler von Computerprogrammen arbeiten und Dienstleistungen erbracht werden.

Tiefland
Flaches bis leicht hügeliges Land, dessen Erhebungen höchstens 200 m über dem Meer (ü. M.) liegen.

Trockenfeldbau
Anbauform in Gebieten mit geringem Niederschlag, in denen eine ein- oder mehrjährige Brache zur Speicherung des Regenwassers im Boden notwendig ist.

Trockensavanne
Vegetationstyp der → wechselfeuchten Tropen. Bei etwa gleich langer Regen- und Trockenzeit gedeihen hohes Gras und an die Trockenzeit angepasste Bäume. Die Böden sind mineralstoffarm und neigen zur Krustenbildung.

Tropen
Die heiße Zone der Erde zu beiden Seiten des Äquators. Bis zu den Wendekreisen steht die Sonne jedes Jahr ein- oder zweimal im Zenit. Die Mitteltemperaturen des kältesten Monats liegen in tropischen Tiefländern bei mindestens 18 °C.

Tröpfchenbewässerung
Bewässerungsmethode, bei der sparsam mit Wasser umgegangen wird.
Die Pflanzen erhalten über einen Schlauch mit kleinen Löchern tröpfchenweise nur so viel Wasser, wie sie auch aufnehmen können.

tropischer Regenwald
Immergrüner Wald in den → Tropen.
Hier liegen die Temperaturen das ganze Jahr über zwischen 23 °C und 28 °C und es fallen hohe Niederschläge über 1 500 mm im Jahr. Der Pflanzenwuchs ist üppig, charakteristisch ist der Stockwerkbau der Pflanzen.

Tundra
Vegetationszone nördlich des → borealen Nadelwaldes. Wegen des rauen → Klimas gedeihen hier nur niedere Birken, Zwergsträucher, Flechten, Moose, Gräser und einzelne Blütenpflanzen, häufig eng an den Boden angeschmiegt oder in Polsterform.

Urbanisierung
Veränderungsprozess im → ländlichen Raum, bei dem die Anzahl der in der Landwirtschaft Beschäftigten abnimmt und die Anzahl der in der Industrie sowie im Dienstleistungsgewerbe Beschäftigten zunimmt.
Dörfer verändern ihr Aussehen durch Neubausiedlungen und Industriegebiete. Die Lebensweise der Dorfbewohner ist von der der Stadtbewohner kaum mehr zu unterscheiden.

Verdichtungsraum
Ein Gebiet, dessen Fläche mindestens 100 km^2 groß ist und in dem mindestens 100 000 Menschen wohnen.

Verstädterung
Zunahme der Stadtbevölkerung gegenüber der Landbevölkerung.

Verwitterung
Zersetzung von Gesteinen an der Erdoberfläche unter Einfluss von Wasser, Hitze, Frost, Wurzeln, Kleinstlebewesen.

Viehwirtschaft
Neben dem → Ackerbau wichtigster Zweig der Landwirtschaft. Ziel ist die Milcherzeugung (Milchwirtschaft) oder die Fleischproduktion (z. B. Rinder- oder Schweinemast).

Vulkanismus
Alle Vorgänge und Erscheinungen, die mit dem an die Erdoberfläche dringenden Magma zusammenhängen. Diese Vorgänge treten meist an Plattengrenzen der → Lithosphäre auf oder an isolierten Einzelpunkten der Erdkruste (Hot Spots).

Wachstumspol
Standort mit hohem Wirtschaftswachstum, dessen günstige Entwicklung auf die Umgebung ausstrahlt.

Waldgrenze
Grenzzone im Gebirge, über der geschlossene Wälder wegen der zu niedrigen Temperaturen nicht mehr vorkommen.

Wanderfeldbau
Ursprüngliche Anbauform in den → Tropen. Nach der → Brandrodung werden die Flächen nur wenige Jahre genutzt, da die Bodenfruchtbarkeit rasch abnimmt.
Die Bauern wandern weiter und roden neue Flächen.

wechselfeuchte Tropen
Teil der → Tropen mit ausgeprägter Regen- und Trockenzeit.

Wendekreiswüsten
Wüstengebiete im Bereich der Wendekreise. Ursache dafür sind die → subtropischen Hochdruckgürtel.

Wetter
Aktueller Zustand der → Klimaelemente während eines kurzen Zeitraums (höchstens einige Tage) an einem bestimmten Ort.

Winterregenklima
Klimatyp in Südeuropa; Hauptniederschlag fällt im Winterhalbjahr (Winter → humid, Sommer → arid).

Zenitalregen
Niederschläge, die kurz nach dem → Zenitstand der Sonne einsetzen und die tropischen Regenzeiten bestimmen. Sie sind an das Wandern der → innertropischen Konvergenzzone gebunden.

Zenitstand der Sonne
Stand der Sonne genau senkrecht über dem Beobachtungsort auf der Erdoberfläche, also im Zenit.

Zentralität
Eine Stadt besitzt eine wichtige Bedeutung für das Umland, weil hier nicht nur die eigene Bevölkerung, sondern auch die Menschen jenseits der Stadtgrenzen mit Gütern und Dienstleistungen versorgt werden.

Wichtige Begriffe aus der Jahrgangsstufe 10

Archipel (Seite 51)
Inselgruppen in den Ozeanen.

Asthenosphäre (Seite 54)
Im Erdinnern in 100-700 km Tiefe gelegene etwas plastische Gesteinsschicht, auf der sich die Platten der Lithosphäre gleitend bewegen.

Atoll (Seite 51)
Bezeichnung für ein ringförmiges Korallenriff im Meer, das aus einem abgesunkenen Vulkankegel besteht.

ausländische Direktinvestitionen (Seite 33)
Gründung von Zweigniederlassungen zur Fertigung von Produkten im Ausland bzw. eine Beteiligung an ausländischen Unternehmen.

Bauxit (Seite 85)
Aluminiumerz, das sich aus Aluminium- und Eisenhydroxid (Rotfärbung) zusammensetzt und vor allem unter wechselfeucht-tropischen Bedingungen entstand.

Bevölkerungspolitik (Seite 22)
Staatliche Maßnahmen zur Beeinflussung der natürlichen Bevölkerungsentwicklung.

Bevölkerungspyramide (Seite 21)
(auch Alterspyramide)
Grafische Darstellung der Bevölkerung eines Raumes nach Alter und Geschlecht.

Blizzard (Seite 95)
Schneesturm in Nordamerika, der durch arktische Kaltlufteinbrüche verursacht wird.

Dammfluss (Seite 19)
Fluss, der durch Sedimentation sein Bett über das umgebende Land erhöht hat und von natürlichen oder künstlichen Dämmen gesäumt wird.

Dry farming (Seite 98)
Anbaumethoden im Bereich der Trockengrenze, z. B. Praktizierung mehrjähriger Brache oder spezieller Bodenbearbeitung.

Exportorientierung (Seite 73)
Industrialisierungsstrategie mit dem Ziel, Industrien aufzubauen, deren Erzeugnisse vorwiegend im Ausland verkauft werden.

Feedlot (Seite 97)
Großer, hochtechnisierter Viehmastbetrieb, in dem die Tiere auf eng begrenzten Flächen (Offenstall) gehalten werden.

freie Weidewirtschaft (Seite 84)
Extensive Tierhaltung auf großen, nicht umzäunten Flächen.

Gentrifizierung (Seite 111)
Soziale Aufwertung innerstädtischer Wohngebiete durch den Zuzug von Angehörigen der sozialen Oberschicht, häufig Ergebnis von Maßnahmen der Stadtsanierung.

Global City (Seite 109)
Kontroll- und Steuerzentren der globalen Wirtschaft (z. B. New York und Tokio).

Globalisierung (Seite 144)
Globalisierung bezeichnet die Entwicklung zunehmender internationaler Verflechtungen rund um den Globus.

Global Player (Seite 71)
Bedeutendes, umsatzstarkes Unternehmen, das durch weltweit angesiedelte Produktionsstätten den Weltmarkt beliefert.

Grundstoffindustrie (Seite 32)
Industriezweig, in dem Grundstoffe weiterverarbeitet werden, z. B. Eisen- und Stahlindustrie, chemische Industrie.

Grüne Revolution (Seite 26)
Modernisierung und Intensivierung der Landwirtschaft zur Steigerung der Agrarproduktion, z. B. durch den Anbau neuer Getreidesorten, Bewässerung, aber auch Bereitstellung von Krediten und Schulung der Bauern.

horizontale Integration (Seite 97)
Verflechtung mehrerer Standorte landwirtschaftlicher oder industrieller Unternehmen.

Hot Spot (Seite 52)
Ein relativ ortsfester Schmelzbereich im Erdmantel, über dem an der Oberfläche der Lithosphäre vulkanisches Material gefördert wird.

Hurrikan (Seite 94)
Tropischer Wirbelsturm, der beim Aufeinandertreffen von kalten und feucht-warmen Luftmassen entsteht.

Importsubstitution (Seite 73)
Ersatz importierter Produkte durch heimische Erzeugnisse.

Investitionsgüterindustrie (Seite 32)
Industriezweige, die Wirtschaftsgüter langer Lebensdauer herstellen, z. B. Maschinen, wenn diese gewerblich genutzt werden.

isostatisches Gleichgewicht (Seite 54)
Schwimmgleichgewicht zwischen der Asthenosphäre und den in sie eintauchenden Lithosphärenplatten.

Kältegrenze (Seite 122)
Die durch die Temperatur bedingte natürliche Grenze des Ackerbaus oder des Anbaus bestimmter Pflanzen in den nördlichen Breiten oder im Hochgebirge.

Kastensystem (Seite 25)
Durch den Hinduismus vorgegebene soziale und wirtschaftliche Gliederung der indischen Gesellschaft durch (Berufs-)Kasten.

Klimawandel (Seite 146)
Klimawandel bezeichnet eine Veränderung des Klimas auf der Erde über einen längeren Zeitraum.

Kolchose (Seite 124)
Landwirtschaftlicher Großbetrieb in der Sowjetunion, der durch → Kollektivierung ehemals bäuerlicher Betriebe entstanden ist.

Kollektivierung (Seite 124)
Überführung von landwirtschaftlichem Privatbesitz in genossenschaftliches bzw. staatliches Eigentum.

Kombinat (Seite 132)
In den ehemals kommunistischen Ländern organisatorischer Zusammenschluss von Produktionsstätten verschiedener Produktionsstufen.

Konsumgüterindustrie (Seite 36)
(auch Verbrauchsgüterindustrie)
Industrie, die kurzlebige, für den Verbrauch bestimmte Produkte herstellt (z. B. Lebensmittel, privat genutzte Computer, Pkw).

Konvektion (Seite 57)
Vertikal aufsteigende und damit zusammenhängende absinkende Bewegung, z. B. von Luft- oder Gesteinsmassen.

Kyoto-Protokoll (Seite 144)
1997 in Kyoto (Japan) geschlossenes internationales Abkommen, das erstmals verbindliche Zielwerte für den Ausstoß von → Treibhausgasen im Zeitraum 2005-2012 festschreibt.

Megalopolis (Seite 108)
Bezeichnung für eine ausgedehnte Stadtlandschaft, bestehend aus mehreren städtischen Ballungsräumen mit Kernstädten und Stadtrandsiedlungen.

Mittelozeanischer Rücken (Seite 52)
Lang gestreckte, untermeerische Erhebung, die in allen Ozeanen vorkommt und in die erdumspannenden Bewegungen von kontinentalen und ozeanischen Platten eingebunden ist.

Monolith (Seite 80)
Einzeln stehender Naturstein oder Felsen.

nachhaltige Entwicklung (Seite 152)
Dauerhafte Entwicklung, die den Bedürfnissen der heutigen Gesellschaft entspricht, ohne die Möglichkeiten zukünftiger Generationen zu gefährden.

Nachhaltigkeit (Seite 152)
Die Fähigkeit eines Systems, bei Nutzung Verluste und Verschleiß dauerhaft auszugleichen und gleiche Leistungen ohne Erschöpfung des Systems abzugeben.

Newly Industrializing Country (NIC) (Seite 73)
Land, auch Schwellenland genannt, das in seiner wirtschaftlichen Entwicklung weit fortgeschritten ist und dessen Industrieprodukte zu denen hochentwickelter Staaten auf dem Weltmarkt in Konkurrenz stehen.

Pellet (Seite 85)
Feinkörniges angereichertes Erz, dem durch mechanische Verfahren das taube Gestein entzogen wurde.

Planwirtschaft (Seite 28)
Wirtschaftsordnung, bei der der Staat der Wirtschaft des Landes vorgibt, in welchem Zeitraum sie welche Aufgaben zu erfüllen und welche Ziele sie zu erreichen hat.

Rift Valley (Seite 52)
Tektonischer Graben im Zentrum eines Mittelozeanischen Rückens, durch Seafloor-Spreading entstanden.

Schlüsselindustrie (Seite 32)
Industriezweig, dessen Produkte für die wirtschaftliche Entwicklung eines Landes von Bedeutung sind.

Schwarzerde (Seite 93)
(auch Tschernosem genannt)
Sehr fruchtbarer Steppenboden mit einem bis zu 100 cm mächtigen grau-schwarzem Humushorizont.

Seafloor-Spreading (Seite 55)
Vorgang an den Mittelozeanischen Rücken: Auseinanderweichen ozeanischer Platten unter Entstehung eines tektonischen Grabens, des → Rift Valleys.

Segregation (Seite 110)
Prozess räumlicher Trennung und Abgrenzung sozialer Gruppen oder ethnischer Minderheiten v. a. in städtischen Räumen.

Sonderwirtschaftszone (Seite 38)
Gebiet in einem Land (z. B. eine Stadt, eine Region), das einen Sonderstatus aufweist (z. B. Steuerbefreiung für Investitionen, geringeren Verwaltungsaufwand für Unternehmen). Dadurch werden Anreize für in- und ausländische Investoren geschaffen.

Sowchose (Seite 124)
Staatseigener, meist hochspezialisierter landwirtschaftlicher Betrieb in der ehemaligen Sowjetunion.

sozialistische Stadt (Seite 136)
Stadttyp in ehemals kommunistischen Staaten. Kennzeichen sind das Fehlen privaten Bodeneigentums, zentrale Aufmarschplätze und -straßen, vorherrschender industrieller Siedlungsbau und das Fehlen eines ausgeprägten Hauptgeschäftszentrums. Eine dem Modell in allen Details entsprechende sozialistische Stadt gibt es jedoch nicht.

Steppe (Seite 93)
Waldfreies Grasland in der gemäßigten Zone bzw. im Hochgebirge. Kennzeichen sind sommerliche Trockenheit und geringe Jahresniederschläge.

Subduktionszone (Seite 53)
Absenkungsgebiet einer ozeanischen Platte unter eine andere. Im Bereich der Subduktionszone befinden sich Tiefseegräben.

Subkontinent (Seite 10)
Teil eines Kontinents, der auf Grund seiner Größe, Gestalt und kulturellen Identität als Einheit betrachtet werden kann.

Sunbelt (Seite 106)
Region in den USA, die sich durch mildes, sonniges Klima auszeichnet und mehrere weiche Standortfaktoren in sich vereint.

Territorialer Produktionskomplex (TPK) (Seite 132)
Wirtschaftsregion in der ehemaligen Sowjetunion, vor allem in Sibirien, die günstige Voraussetzungen (eigene Energiebasis, Rohstoffressourcen, verkehrsgünstige Lage) zur Ansiedlung von Industriebetrieben besitzt.

Tigerstaaten (Seite 72)
Bezeichnung für die asiatischen Schwellenländer Südkorea, Singapur, Taiwan und Hongkong.

Tornado (Seite 94)
Kurzlebiger, aber extrem starker Wirbelsturm, der durch das Aufeinandertreffen kalter und warmer Luftmassen über dem mittleren Nordamerika entsteht.

Transformation (Seite 132)
Prozess zur Umwandlung eines wirtschaftlichen, politischen und sozialen Systems; in den ehemals kommunistischen Staaten Übergang von Plan- zur Marktwirtschaft.

Treibhauseffekt (Seite 148)
Die Atmosphäre lässt die kurzwellige Strahlung der Sonne zur Erdoberfläche durch. Die reflektierte langwellige → Wärmestrahlung wird von den → Treibhausgasen absorbiert, wodurch sich die Troposphäre erwärmt. Dieser natürlicher Treibhauseffekt wird durch die anthropogen verursachte Erhöhung der Treibhausgase verstärkt.

Treibhausgase (Seite 148)
Gase in der Atmosphäre, die für den → Treibhauseffekt verantwortlich sind, z. B. Wasserdampf, Kohlenstoffdioxid, Methan, Ozon.

Tsunami (Seite 53)
Hohe Wasserwelle großer Energie und Zerstörungskraft, die am Meeresboden durch Vulkanismus oder Seebeben ausgelöst wird.

Vereinte Nationen (Seite 144)
Deutschsprachige Abkürzung für die UNO (United Nations Organization), eine 1945 gegründete Gemeinschaft mit dem Ziel der Zusammenarbeit im politischen, wirtschaftlichen und kulturellem Bereich. Sitz der UNO ist New York.

verlängerte Werkbank (Seite 32)
Produktionsstätten von Unternehmen im Ausland, die Standortfaktoren wie niedrige Löhne und geringe Energiekosten nutzen.

vertikale Integration (Seite 97)
Verflechtung verschiedener Produktionsstufen von der Güterherstellung bis zur Vermarktung in einem Unternehmen.

Wärmestrahlung (Seite 148)
Langwellige, nicht sichtbare, aber fühlbare Strahlung im Infrarotbereich.

Weltmacht (Seite 114)
Großmacht mit weltweitem politischen und wirtschaftlichen Einfluss, die in der Regel eine größere Anzahl anderer Staaten durch Bündnisse oder vertragliche Bindungen beherrscht oder beeinflusst.

Bildquellenverzeichnis

agenda, Hamburg: 34 M3; Alamy, GB-Abindon: 8 A, 8 F, 44 M1, 84 M4, 85 M5, 91 D, 133 M3; Albrecht, J., Berlin: 56 M4; Archäologischer Dienst des Kantons Bern: 146 M1; Associated Press, Frankfurt/Main: 78 M2, 108 M3, 109 M4, 114 M2 unten rechts, 114 M2 oben links, 139 M7, 152 M1; Bildagentur-online, Burgkunstadt: 142/143 mitte; Bilderberg, Hamburg: 13 info, 128 M1; Blickwinkel, Witten: 90 B; Bølstad, Trygve, N-Oslo: 17 M6; CCC, Pfaffenhofen/www.c5.net: 141 Aufgabe 6; Christoph Friends/Das Fotoarchiv, Essen: 42 M1 links, 114 M2 oben rechts; Colditz, M., Halle: 28 M3, 82 M1; Corbis, Düsseldorf: 8 E, 33 M4, 41 M4, 42 M1 rechts, 64 M1, 80 Hintergrund, 90 A, 111 M6, 116 Aufgabe 2 rechts; Demmrich, André, Berlin: 49 C; Dollinger, Volker, Feuchtwangen: 134 M4, 125 M4; Eckert-Schweins, W., Ingolstadt: 4 oben Mitte, 5 rechts unten; F1 online, Frankfurt/M.: 29 M6; FC Schalke 04 e.V, Gelsenkirchen: 130 M1; Focus, Hamburg: 131 M5; Geospace, Salzburg: 110 M4, 118 F; Gerster, Gerd, CH-Zürich: 53 M4, 97 M4, 101 M4; Getty Images, München: 16 M1, 55 M5, 65 M2, 65 M3, 112 M3, 113 M5, Titel; Globus Infografik, Hamburg: 130 M3, 145 M4; Grabowski, H., Münster: 99 M3; Greenpeace Deutschland e.V., Hamburg: 126 M2, 126 M3, 128 M3; Grotz, R., Stuttgart: 83 M4; Hachette, F-Paris: 62 M1; Hard Rock Cafe International, USA-Orlando: 113 M6; Huber, Bildagentur, Garmisch-Partenkirchen: 9 C; IFA Bilderteam, Ottobrunn: 48 A, 94 M1, 105 M6; IISG/Stefan R. Landsberger Collection/ www.iisg.nl/~landsberger, NL-Amsterdam: 23 M7; images.de, Berlin: 90 E, 114 M2 unten links; Imaginechina, Shanghai: 9 D, 18 M3; Institut für Geophysik, Universität Münster: 57 M6; ITAR-TASS Photo Agency, RU-Moskau: 119 D; Japan-Photo-Archiv, Obersulm: 89 Aufgabe 5; Jüngst, Reiner, Wolfenbüttel: 14 M1; Junker, T., Moritzburg: 119 C; Lade, Helga, Fotoagentur, Frankfurt/M.: 143 oben; laif, Köln: 5 rechts oben, 30 M2, 48 B, 106 M3; Landslides aerial photography, UK-Cambridge: 117 Aufgabe 4 (Alex S. MacLean); Löbmann, S., Berlin: 125/M6; Mauritius, Mittenwald: 4 unten Mitte, 4/5 Mitte, 48 F, 66 M2; NASA, USA: 127 M5; Neumann, K., Gelsenkirchen: 5 rechts Mitte; Nissan global, Japan: 70 M1; NOAA Photo Library: 54 M2; Norilsk Nickel, RU-Norilsk: 127 M4; Okapia Bildarchiv, Frankfurt/M.: 49 D, 148 M1; Picture Press, Hamburg: 91 C, 143 unten; picture-alliance/akg, Frankfurt/Main: 43 M5; picture-alliance/dpa, Frankfurt/Main: 4 links oben; 8 B, 25 M5, 31 M5, 44 M4, 46 unten, 63 M5, 86 M3, 107 M5, 107 M8, 118 B, 125 M5, 133 M4, 137 M3, 137 M5, 139 M8, 142/143 unten, 143 Mitte, 143 unten, 154 M2; picture-alliance/epa, Frankfurt/Main: 16 M2; picture-alliance/ZB, Frankfurt/Main: 137 M1, 142 oben; Pixelio, München: 4 rechts Mitte; Qimonda GmbH & Co. OHG, Dresden: 87 M6; Roberts, G. R., Neuseeland: 49 E; Sammlung Gesellschaft für ökologische Forschung, München: 147 M3; SASI Group (University of Sheffield) and Mark Newman (University of Michigan): 68 M3; Schmid-Fotografie, Duisburg: 147 M4; Schuster, Bildagentur, Oberursel: 76 M3; Sinopictures, Berlin: 37 M3; SPIEGEL-Verlag, Hamburg: 114 M1, 139 M6; Strohbach, D., Berlin: 90 F; Taipeh Wirtschafts- und Kulturbüro, Bonn: 142 Mitte; Topic Media, Ottobrunn: 95 M7; transit, Leipzig: 30 M3; ullstein bild, Berlin: 112 M1; UN Photo, USA-New York: 144 M1; vario images, Bonn: 142/143 oben; vegas-online.de, Herbitzheim: 113 M4; Visum, Hamburg: 4 links unten, 37 M5, 103 M4; Wings Photo Enterprice, Tokio: 67 M4; Wostok-Verlag, Berlin: 118 E; Woszczyna, M.: 105 M8

Hinweis: Für den Fall, dass berechtigte Ansprüche von Rechteinhabern, unbeabsichtigt nicht berücksichtigt wurden, sichert der Verlag die Verfügung im Rahmen der üblichen Vereinbarungen zu.

Das Buch enthält Beiträge von Margit Colditz, Wolfgang Latz, Notburga Protze.

Klimadaten

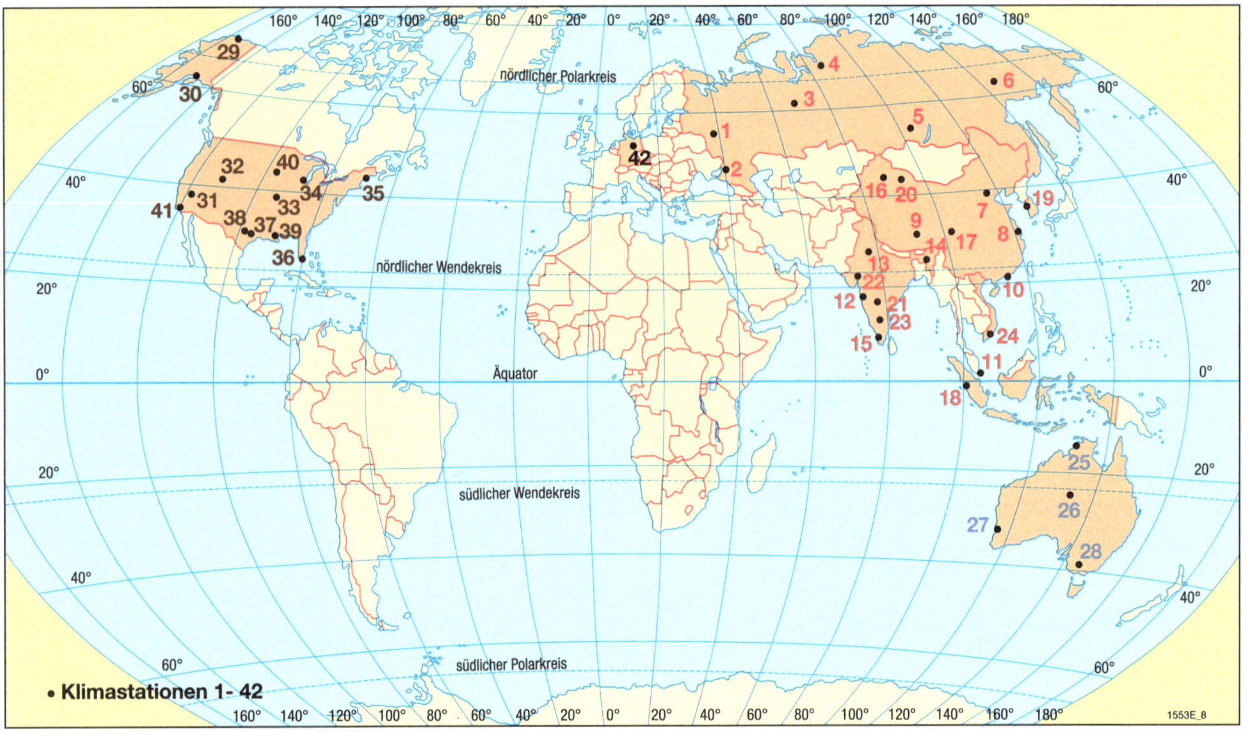

Lage der Klimastationen

Asien (mit Russland)			J	F	M	A	M	J	J	A	S	O	N	D	Jahr
1 Moskau (Moskwa)	(156 m ü. M.)	°C	-10,3	-9,7	-5,0	-5,2	3,7	11,7	15,4	17,8	15,8	4,1	-2,3	-8,0	3,6
(Russland)	55°45' N/37°34' O	mm	31	28	33	35	52	67	74	74	58	51	36	36	575
2 Rostow	(77 m ü. M.)	°C	-4,6	-3,7	1,7	10,8	17,1	21,0	23,1	22,1	16,6	9,1	3,6	-1,3	9,6
(Russland)	47°13' N/39°43' O	mm	50	43	39	47	53	58	54	38	39	32	54	72	579
3 Surgut	(40 m ü. M.)	°C	-22,2	-19,3	-12,8	-4,4	3,6	12,6	16,8	13,9	7,4	-1,7	-13,3	-20,2	-3,3
(Russland)	61°15' N/73°30' O	mm	24	19	23	30	48	55	68	57	60	49	30	29	492
4 Dudinka	(19 m ü. M.)	°C	-28,9	-27,6	-22,4	-15,4	-6,3	4,9	13,8	10,7	3,8	-8,9	-21,2	-25,0	-10,2
(Russland)	69°24' N/86°11' O	mm	41	35	37	34	29	40	45	54	58	57	49	50	529
5 Bratsk	(326 m ü. M.)	°C	-20,5	-18,7	-9,8	-1,0	6,6	14,7	17,6	14,9	8,2	-0,3	-9,3	-17,6	-1,3
(Russland)	56°18' N/101°43' O	mm	14	10	10	16	31	42	56	60	36	22	20	20	337
6 Oimjakon	(740 m ü. M.)	°C	-50,1	-44,3	-32,0	-14,8	1,7	11,4	14,5	10,4	2,4	-14,8	-26,1	-47,1	-16,5
(Russland)	63°16' N/143°9' O	mm	7	6	5	4	10	37	40	37	20	12	11	9	193
7 Peking	(52 m ü. M.)	°C	3,9	4,1	5,9	8,0	11,3	14,4	16,3	16,2	13,8	10,9	6,7	4,7	9,7
(China)	39°57' N/116°19' O	mm	78	53	60	54	55	58	44	55	67	73	76	80	753
8 Shanghai	(5 m ü. M.)	°C	3,4	4,3	8,2	13,7	18,9	23,1	27,1	27,2	23,0	17,7	11,6	5,6	15,3
(China)	31°12' N/121°26' O	mm	45	58	84	94	94	180	147	142	130	71	51	36	1135
9 Lhasa	(3685 m ü. M.)	°C	-1,7	1,1	4,7	8,1	12,2	16,7	16,4	15,6	14,2	8,9	3,9	0,0	8,3
(Autonomes Gebiet Tibet, China)	29°40' N/91°7' O	mm	46	44	42	42	61	62	56	42	46	53	54	63	609
10 Hongkong	(33 m ü. M.)	°C	15,6	15,0	17,5	21,7	25,6	27,5	28,1	28,1	27,2	25,0	20,9	17,5	22,5
(China)	22°18' N/114°10' O	mm	33	46	74	292	394	381	394	361	247	114	43	30	2409
11 Singapur	(10 m ü. M.)	°C	26,4	27,0	27,5	27,5	27,8	27,5	27,5	27,2	27,2	27,0	27,0	27,0	27,2
(Singapur)	1°18' N/103°50' O	mm	251	173	193	188	173	173	170	196	178	208	254	256	2413
12 Bombay (Mumbai)	(11 m ü. M.)	°C	23,9	23,9	26,1	28,1	29,7	28,9	27,2	27,0	27,0	28,1	27,2	25,6	26,9
(Indien)	18°54' N/72°49' O	mm	3	3	3	2	18	485	617	340	264	64	13	3	1815
13 Neu-Delhi	(218 m ü. M.)	°C	13,9	16,7	22,5	28,1	33,3	33,6	31,4	30,0	28,9	26,1	20,0	15,3	25,0
(Indien)	28°35' N/77°12' O	mm	23	18	13	8	13	74	180	173	117	10	3	10	642
14 Cherrapunji	(1313 m ü. M.)	°C	11,7	13,1	16,7	18,3	19,2	20,0	20,3	20,6	20,6	19,2	15,9	12,8	17,5
(Indien)	25°15' N/91°44' O	mm	18	53	185	665	1280	2695	2446	1781	1100	493	69	13	10798